초등
하루 10분
독서 독립

스스로 책 읽는 아이로 키우는 **독서 독립 훈련법**

초등
하루 10분
독서 독립

박은주 지음

메가스터디BOOKS

하루 10분
책 읽기의 기적

저는 교직 경력 30년 차에 들어서 이제 남은 시간이 얼마 남지 않은 교사가 되었습니다. 짧지 않은 기간 동안 초등학생들을 가르치며 제가 아이들에게 가장 주고 싶었던 선물은 바로 '책 읽는 습관'이었습니다.

학부모님들은 책 읽기 중심의 학급 경영을 매우 좋아하십니다. 이런저런 이유로 책을 읽지 않던 아이들이 책을 가까이하는 모습은 부모님 입장에서는 밥을 먹지 않아도 배가 부를 정도로 뿌듯한 광경이라는 얘기를 하십니다. 특히 한글을 뗀 지 얼마 되지 않은 아이들에게 스스로 책을 읽는 습관을 만들어 주는 활동은 매우 만족도가 높습니다.

"선생님, 우리 아이가 한글을 모르고 초등학교에 입학했는데 이제 한글도 술술 읽고 매일 책을 사달라고 졸라요."

이런 이야기를 학부모님들로부터 종종 듣기도 합니다.

코로나로 인해 온라인 수업을 많이 하면서 초등학생들의 개인 학습 격차가 점점 크게 벌어지고 있다고 합니다. 특히 공부 습관이 아직 부족한 저학년 아이들을 둔 엄마들의 고민이 큽니다. 그렇지만 변화무쌍한 시류 가운데서도 혼자서 스스로 책 읽고 자기주도적으로 공부하는 아이들은 바른 가치관을 갖고 어떤 상황에도 흔들리지 않고 꿋꿋이 잘해낼 수 있습니다.

아이들의 진정한 성장과 변화는 인성을 겸비한 실력 향상이 이루어질 때 가능하다 생각합니다. 저는 초임 시절부터 아이들의 인성과 실력이라는 두 마리 토끼를 모두 잡는 최고의 방법인 '책 읽기'를 어떻게 학급에 적용할까 고민이 많았습니다. 독서 교육이 강조되어 2015 개정 교육과정에는 '한 학기 한 권 읽기'를 국어 교과서에 반영한 독서 단원(8차시 이상)이 신설되었습니다. 하지만 독서 습관의 지속과 내면화를 위해서는 한 학기 한 권은 여전히 부족하다고 생각합니다. 1년을 하루 같이 꾸준히 하는 독서가 더 힘을 발휘합니다. 그래서 저는 교실에서 아이들과 매일 아래와 같은 3단계의 활동을 진행하고 있습니다.

1) 10분간 소리 내어 책 읽기
2) 스스로 매일매일 쓰기
3) 읽은 책 이야기 나누기

제가 교실에서 실천해온 독서는 정말 단순합니다. 책을 손에 잡고 싶은 마음을 갖게 해서 매일 읽고 나눈 것뿐입니다. 그런데 이렇게 책을 읽고 난 후 한글을 몰랐던 아이는 한글을 깨우치고, 책이 너무 재미있어서 스스로 책을 찾아 읽는 아이들이 되었습니다. 또한, 책과 관련된 짧은 문장을 매일매일 쓰면서 쓰기 능력이 향상되고, 매일 읽은 책 이야기 나누기를 통해서 자신감을 키우게 되었습니다. 부모는 자녀에게 가장 좋은 것을 주고 싶어 합니다. 저 또한 학교에서 만나는 학생들에게 가장 좋은 것을 주고 싶습니다. 개인적으로 독서의 중요성을 알기 때문에 나누어 주고 싶었습니다.

제가 개인적으로 좋아하는 독서 명언은 중국 시문 전집인 『고문진보』 중 한 구절인 "가난한 자는 책으로 말미암아 부자가 되고 부자는 책으로 말미암아 존귀해진다."입니다. 실로 독서는 한 사람의 운명을 바꾸고, 그 사람의 인생을 존귀하게 만듭니다. 시골 땅 한 평도 없어서 소작농을 하셨던 알코올중독 아버지와 초등학교도 나오지 못해 한글도 모르셨던 어머니 아래의 5남매 중 둘째로 태어난 가난한 산골 소녀였던 제가 초등 교사가 되기까지는 독서의 힘이 절대적이었습니다. 문화 혜택이 전혀 없던 시골에서 학교 도서관은 유일하게 저의 지적 호기심을 채워주는 곳이었습니다. 독서를 강조한 초등학교 6학년 때 담임선생님 덕분에 도서부원이 된 이후 매일 책을 읽고 반납을 하는 것에 재미를 붙여 다독왕 상을 계속 받으며 독서와 가까워지게 되었습니다. 그때 그 밑천으로 책을 읽고 공부하는 습관이 길러졌습니다. 그리고 교사라는 직업을 통해 수많은 아이들을 만나면서 우리 아이들이 살아갈 미래를 책으로 코칭해주는 사람이 되었습니다.

기업가이자 투자가인 나발 라비칸트(Naval Ravikant)는 "위대한 책을 쓰고 싶다면 자신이 먼저 그 책이 되어야 한다."고 말합니다. 이렇게 책을 내려 하니 먼저 '그 책이 되어야 한다'는 말에 부끄러움이 앞섭니다.

모든 인생의 문제를 스스로 알아서 하게끔 양육하셨던 부모님처럼(사실은 사는 게 너무 힘들어 자녀의 삶에 개입할 수 없어서 자녀들이 독립적으로 알아서 크게 두셨던), 저도 저의 두 자녀를 스스로 알아서 하게끔 양육했습니다. 제가 열심히 공부하는 모습을 보여주면 아이들은 알아서 잘하리라 생각했습니다.

사실 저는 집에 있는 제 두 아이보다 제가 맡은 아이들이 우선순위에 있었습니다. 학교에서 바쁜 일로 미처 아이들 시험지 채점을 마치지 못하면 집에 싸들고 와서 마무리를 했습니다. 막상 저희 두 아이 시험지를 채점해준 기억은 거의 없습니다. 맞벌이라 바쁘고, 여러 하는 일이 많아 아이들을 끼고 가르치지 못했습니다. 그래도 제가 놓치지 않겠다 다짐한 것은 아이들의 독서 습관이었습니다. 제가 언제까지나 아이들에게 물고기를 잡아 줄 수 없으니, 물고기를 잡는 방법을 확실히 알려줘야겠다 생각한 거죠.

둘째가 갓 돌이 지날 무렵 집 이사를 하게 되었을 때, 저는 일부러 수원의 선경도서관 아래 위치한 집을 얻었습니다. 이후 아이들은 매일 도서관 앞마당에서 노는 게 일상이 되었습니다. 지금도 저희 두 아이는 그때가 가장 행복한 어린 시절이었다고 추억합니다. 매일 학교가 끝나면 도서관에 들러서 책을 읽고, 집에서 더 읽을 책을 한아름씩 빌려오곤 했습니다. 저는 공부는 못 챙겨도 가급적 책은 최대한 많이 읽어주려고 했고, 아이들이 자려고 누우면 그 이야기 내용을 물어보며 같이 대화를 나누었습니다. 제 생각과는 달리 아이들이 책 내용을 다 꿰고 있는 것에 놀랐던 기억이 납니다.

전 아이들이 아주 어릴 때부터 집 안의 TV는 아예 켜지 않았습니다. 한참 독서지도사 자격증을 준비하던 시기라 학점 이수를 위한 과제가 무척이나 많아서 늘 책을 끼고 살았습니다. 이런 모습을 보면서 자라서인지 지금도 아이들은 TV나 게임보다 책을 더 좋아합니다. 게임보다 먼저 책에 대한 흥미를 가졌기 때문입니다. 그렇게 저의 두 아이는 알아서 스스로 공부하는 아이들로 성장했습니다. 엄마아빠가 가르쳐 주지 않아도 무엇이 중요하고, 어떻게 살아야하는지 책 속에서 길을 찾아 스스로 자신이 원하는 진로를 정하고 미래를 준비하고 있습니다.

제가 굳이 저희 아이들 이야기를 언급한 것은 아이들이 이만큼 성과를 거두며 자란 것은 팔할이 독서의 힘이라고 생각하기 때문입니다. 평범한 형편의 워킹맘으로 살면서 대단한 과외를 시켜준 적도, 공부하라며 옆에서 지키고 앉아 있었던 적도 없었습니다. 아이들이 어릴 때 책과 친해질 수 있도록 도운 것이 제가 한 전부였습니다. 그 덕분에 제 두 아이들은 가장 적절한 때에 독서 독립을 하여 지금은 숙련된 독서가로, 행복한 학습자로 성장했다고 생각합니다.

아이들이 스스로 읽기 독립을 하고, 스스로 공부를 잘 하는 것은 모든 부모님들의 로망입니다. 학교에서도 독서 습관만 잡힌다면 이미 배움의 절반 이상을 달성한 것과 같습니다. 독서 습관을 기르기 위해서 학교에서 하는 많은 활동들이 독서법에 관한 많은 연구와 맥락을 같이 하고 있습니다. 그렇지만 독서법이 제대로 실행되는 것은 한결같이 실천과 의지라고 생각합니다. 여기에 쓰인 글들은 어찌 보면 너무도 쉽고, 누구나 다 아는 이야기일 수 있습니다. 이 방법을 실천하느냐 아니냐가 가장 중요한 관건이겠지요.

이 책은 독서 독립의 최적기를 맞는 초등 저학년을 초점으로 하여 구성되어 있습니다. 그러나 독서 습관을 더 탄탄하게 다지고 싶은 중고학년들에게도 유용할 내용이 많습니다. 어떻게 하면 아이들이 책을 좋아하게 되고, 독서 습관을 길러 궁극적으로 독서 독립을 이룰 수 있을지에 대해 교사 생활을 하며 정리한 노하우를 최대한 담아내려 노력하였습니다.

1장은 초등 하루 10분 책 읽기 습관이 중요한 이유를 말하고자 합니다. 초등학교 저학년 아이들이 책 읽기 습관이 왜 필요한지, 왜 시기를 놓치지 말아야 하는지 깨달으셨으면 합니다. 여기서는 모든 것에는 때가 있듯이 독서에도 골든타임이 있다는 것을 강조하고, 초등 독서 습관의 필요성을 전달하고자 노력하였습니다. 혼자 책 읽는 아이로 성장하기 위해 아이와 학부모가 어떻게 준비해야 할지 방향성을 제시할 것입니다.

2장은 공부 내공을 다지는 독서 독립 1단계로 '소리 내어 읽기'를 소개합니다. 소리 내어 읽는 것의 효과와 중요성, 그리고 엄마와 함께 소리 내어 책 읽는 방법과 원칙, 단계들에 대해 구체적인 방법을 제시하였습니다. 아이들의 독서 습관 형성을 위해 실제 교실에서 사용한 구체적인 방법들도 함께 소개합니다.

3장은 독서 독립 2단계로 스스로 '매일매일 쓰기'에 대해 이야기합니다. 언어는 말하기, 읽기, 쓰기가 함께 갑니다. 글쓰기의 중요성, 글을 단계별로 즐겁게 쓰는 방법을 쓸 수 있는 방법들을 제시하였습니다.

4장은 인성과 사고력을 키워주는 독서 독립 세 번째 단계로, 아이들이 책을 읽고 난 후 할 수 있는 활동을 정리하였습니다. 책을 읽으며 아이와 대화하는 방법, 같이 할 수 있는 간단한 책놀이, 효과적으로 아이를 칭찬하는 방법 등을 사례와 함께 담았습니다. 그리고 독서가 공부가 아닌 놀이와 생활로 다가갈 수 있는 방법들을 모색해볼 것입니다.

5장에서는 학부모님들이 가장 많이 문의하시는 아이 행동 관련 질문과 이때 읽으면 도움이 되는 도서 리스트를 소개합니다. 아이가 학교에 들어가면서 겪게 되는 자아존중감, 감정, 친구 관계 문제 등을 책을 통해서 해결할 수 있는 방안을 제시하였습니다.

열연한 드라마 주인공 배우가 작품을 종영하고 그 작품에서 나오는 것이 힘든 것처럼 저도 1년 동안 함께한 추억을 되새기는 2월이 되면 항상 아쉽고 가슴 뭉클합니다. 1학년을 만난 지난해, 아이들과 다 함께 수많은 책을 읽으며 그 어느 때보다 감사하고, 행복하고, 보람 있었던 한 해를 보냈습니다. 여기 우리 아이들이 책을 통해 변화하고 성장한 독서법에 대한 이야기를 나누고자 합니다. 아울러 제 두 아이에게 했던 독서 습관 기르는 방법, 함께 독후 활동을 했던 경험도 담았습니다. 아이를 혼자 책 읽는 아이로 만들고, 독서 근력을 키워주는 방법을 알고 싶은 학부모 분들에게 도움이 되었으면 하는 바람입니다.

이 책의 내용이 정답이거나, 가장 좋은 방법이라고 말씀드리는 것은 아닙니다. 저보다도 더 훌륭하게 학급에서 독서 교육을 실천하는 선생님들이 많다고 생각합니다. 그저 이 책이 이 땅의 수많은 선생님들이 초등 독서 습관 지도에 관한 더 탁월한 이야기를 풀어내는 작은 시작점 중 하나가 되길 바랍니다. 또한 초등학교 독서 교육의 발전을 위해 생각해보는 기회가 되었으면 합니다. 온라인 수업으로 학력 격차가 벌어져 부모님들의 걱정이 많은 요즘, 진정한 학력인 책 읽기에 눈을 돌려 자녀들에게 올바른 공부의 방향성을 제시하는데 이 책이 조금이라도 도움이 되길 바랍니다. 무엇보다도 행복하게 공부

하고 자신의 미래를 준비해서 아름다운 꽃으로 피어나는 학생들이 많아지길
바랍니다.

　　대한민국의 모든 어린이들이 책 속에서 길을 찾고, 더욱 더 존귀해지는 삶
을 살기를 바랍니다. 책 읽기를 통해 변화하는 아이들의 기적 같은 이야기를
함께 구경하자고 손을 내밀어 청합니다.

　　　　　　　　　　　　　　　　　　　　　　　　　　　　　박은주

차 례

1장

초등 하루 10분 책 읽기 습관,
이래서 중요합니다

30년 차 초등교사가
아이들에게 책을 권하는 이유

📖 초등 교사가 줄 수 있는 최고의 선물은 '독서 습관'입니다

저는 30년 전 첫 발령으로 시골 작은 분교에 부임하여 10명의 2학년 친구들과 교직생활을 시작했습니다. 학생 수가 적다 보니 아이들과 대화를 많이 하고 책을 많이 읽어줄 수 있었습니다. 아마도 이때부터 저의 독서 중심 학급 경영이 시작되었던 것 같습니다.

그동안 1천 명이 훌쩍 넘는 아이들을 담임으로 만나 가르치면서 느낀 점은 책을 가까이하는 아이들은 내면이 탄탄하고, 스스로 공부할 줄 알며, 마음이 건강하다는 것입니다. 이런 아이들과 달리 잠재력은 있으나 기초가 부족해서 공부를 못하는 아이들은 학교생활에 크고 작은 어려움을 겪곤 합니다. 그런 아이들에게 공부를 가르쳐주면 그때는 잘 아는 것 같지만 돌아서면 잊어버립니다. 가장 큰 원인은 해당 학년에 맞는 기본 언어 능력을 갖추지 못해서 배운 것이 내 것이 되지 못하는 데 있습니다. 이처럼 공부 기초가 부족하거나, 열의는 있는데 성적이 잘 나오지 않는 아이들에게는 '꾸준하고 즐거운 책 읽기 습관'이 최고의 처방전임을 실제로 아이들의 변화 과정을 지켜보며 깨닫게 되었습니다.

이런 생각으로 아이들이 교실 속에서 행복감을 느끼고, 배움을 즐기는 아이들로 성장하는 가장 큰 밑거름인 독서 습관을 만들어주기 위해서 꾸준히 지도했습니다. 저는 1년만 가르치는 선생님이지만, 제가 지도해서 아이들이 만나는 한 권의 책은 그 아이의 인생을 바꿀 수 있다는 믿음으로 책을 권하고, 책을 통해 느낀 생각을 글로 쓰도록 도왔습니다. 저라는 사람은 잊어버리더라도 제가 가르쳐준 습관은 남아서 그 아이들의 인생을 이끌 테니까요. 실제로 공부에 관심이 없던 아이들이 책을 읽으면서 공부에 흥미를 갖게 되고 행복한 독서가로 성장하는 것을 옆에서 지켜보는 것은 아이들이 제게 주는 가장 큰 선물이자 교사로서의 가장 큰 자부심입니다.

저는 아이들과 행복한 교실을 만들기 위해서 상담을 공부하고 아이들을 이해하려 노력해왔습니다. 하지만 아무리 교사가 아이들을 이해하고, 갈등이 있는 아이들을 서로 화해시켰다고 해도 그건 임시방편입니다. 아이들 스스로 성장하지 않으면 자신의 문제를 그대로 가져가서 또다른 상황에서 같은 문제를 반복해서 일으키게 됩니다. 공격성이 높은 아이는 언제 어디서든지 문제를 일으키고, 학급의 평화를 깨트리곤 합니다. 어떤 계기를 통해서 바뀌지 않으면 그 아이는 제대로 성장하지 못합니다. 이 문제를 해결하기 위한 방법으로도 독서 습관은 아주 유용합니다. 책을 읽다 보면 아이들은 자기 스스로를 좀 더 잘 이해하게 되고, 다른 친구들과도 더 잘 지내게 됩니다. 독서 습관이 길러진 덕분에 공부를 잘하게 되면서 친구들과 사이가 좋아지는 경우도 많이 경험했습니다. 이는 한두 명의 아이들을 보고 추측한 것이 아니라 짧지 않은 시간 동안 아이들을 관찰하고 지도하며 얻은 결론입니다.

📖 목적 없이 앞만 보고 달리는 스프링복으로 키우지 마세요

학교에서 보면 학원을 너무 많이 다녀서 '삶에 지친 직장인' 같은 모습을 한 학생들이 있습니다. 그런 아이들을 바라볼 때마다 안쓰럽기 짝이 없습니다. 학교에서 충분히 배웠을 아이들이 수업이 끝나고도 밤늦도록 학원 투어를 하는 이유는 무엇일까요?

요즘 같은 무한경쟁 사회에서는 변화의 속도가 너무 빠르다 보니 미래를 예측하기 어려워 불안이 가중됩니다. 사람들의 불안한 마음은 원래의 목적을 잃어버리고 남보다 더 빨리 나가는 속도 전쟁을 만들어버렸습니다. 아프리카 남부 초원에 사는 스프링복(springbok)이라는 동물은 풀을 뜯어먹으려고 뜀박질을 시작하지만 나중에는 목적을 잊어버린 채 무작정 달리다가 달리던 속도를 제어 못하고 낭떠러지에서 그대로 떨어져 버리곤 한다고 합니다. 이렇게 목적 없이 무모하게 앞만 보고 달리는 현상을 '스프링복 현상'이라고 하는데 전 이 이야기를 듣고 자아실현, 행복이라는 삶의 목적을 상실하고 무작정 남들과 함께 달리고 있는 우리의 현실이 떠올랐습니다. 이제는 열심히 앞만 보고 무조건 달리라고 할 것이 아니라 우리 아이가 살아가야 할 미래를 제대로 알고, 아이를 행복한 학습자로 만들기 위해 무엇이 필요한지 부모 세대가 먼저 고민해야 한다고 생각합니다.

🔖 어른들이 아이들의 독서 시간을 뺏고 있습니다

대한민국 사회는 책 읽기를 권하는 사회입니다. 그런데 사람들은 책을 읽지 않습니다. 2019년 국민 독서 실태 조사 결과 연간 성인 종이책 독서율은 52.1%, 독서량은 6.1권으로 2017년보다 각각 7.8%, 2.2권 감소했습니다. 2009년 독서율 71.7%와 비교했을 때 10년 사이 약 20% 감소한 것입니다. 독서의 필요성은 다들 너무도 잘 알고 있어서 아무리 형편이 안 좋아도 집에 전집 한 세트 정도는 있습니다. 그런데 위 결과처럼 1년에 책을 한 권도 안 읽은 사람이 국민의 절반입니다. 성인들의 독서 부진은 책 이외의 다른 콘텐츠 이용(29.1%)과 매체 이용 다변화를 큰 이유로 꼽을 수 있습니다. 한국 사람들이 TV나 영화 같은 영상 매체를 상대적으로 좋아하는 경향도 있는 듯합니다.

성장하는 우리 아이들 역시 선진국에 비해 책을 많이 읽지 못합니다. 설문조사 결과 학생의 주된 독서 장애 요인은 '학교나 학원 때문에 시간이 없어서'였습니다. 우리 교실도 마찬가지입니다. 누구나 독서 교육이 중요하다고 말은 하지만 아이들이 실질적으로 책을 읽고 독서로 자신들의 미래를 꿈꿀 여유는 없습니다. 독서의 필요성은 알지만 책에 흥미를 느끼지 못하는 사람이 성인 절반입니다. 독서의 재미를 모르는 어른들이 아이들에게 지속 발전 가능한 독서 교육을 시킬 수 없는 것은 어쩌면 당연한 일입니다.

이렇게 아이들이 많은 시간과 돈을 들여서 공부해도 공부 효과는 '고비용 저효율'의 늪을 벗어나지 못하고 있습니다. 그나마 읽는 경우도 순수한 독서의 재미를 느끼기보단 학력 향상을 위해 의무적으로 시간을 정해 읽는 것이 대부분이라 진정한 독서가로서 성장은 어려운 것이 현실입니다.

📖 책을 읽지 않은 아이들이 학교에서 느끼는 고통

요즘 아이들은 매우 피곤합니다. 초등학교 3~4학년만 되어도 부모님들은 영어, 수학 같은 과목에 고개를 돌립니다. 점수를 잘 올려준다더라, 글쓰기 논술을 확실히 잡아준다더라, 수학 선행을 잘 해준다더라와 같은 소문을 듣고 사교육을 시킵니다. 고학년이 되면 아이들은 더더욱 학원 가느라 책에 마음을 주지 못합니다. 더 이상 소질 계발은 사치일 뿐이고, 부모의 뜻에 따라 억지춘향이가 되어 스트레스 받으며 공부를 합니다. 부모가 다니라는 학원을 갔다 오면 아이는 스마트폰과 게임으로 보상을 받습니다. 그 과정에서 아이들의 마음은 점점 피폐해져갑니다. 저는 교실에서 이런 아이들을 많이 만났습니다. 공부할 준비가 아직 안 되어 있는데 억지로 떠밀려서 앉아 있는 아이들의 마음이 편안할 리 없습니다. 그 과정에서 제대로 하고 싶지만 이해가 되지 않아서 고통받는 아이들의 울부짖음도 들었습니다.

　이제 초등학교는 단답식 평가보다 과정 중심 서술 논술형 평가로 많이 전환되었습니다. 독서를 통한 문해력 형성이 되지 않은 아이들은 여기서도 문제가 발생합니다. 수학 논술형 문제를 맞닥뜨리고 도대체 무슨 말인지 모르겠다고 하면서 머리를 책상에 찧으며 엉엉 울던 한 4학년 친구의 말이 아직도 기억에 남습니다.

　"선생님, 저 너무 슬퍼요. 무슨 말인지 하나도 모르겠어요. 이제 앞으로 저는 어떻게 살아야 해요?"

　그동안은 그나마 단답식 문제를 맞히면서 자기가 공부를 좀 하는 줄 알았는데 갑자기 시험문제가 너무 어렵게 느껴진 모양이었습니다. 문제가 도무지 무슨 말인지 모르겠다며 우는 아이를 달래며 "앞으로 선생님이랑 천천히 조금씩 노력해보자."라고 말할 수밖에 없었습니다. 이제 곧 5학년인데 어디서부터 무엇을 도와주어야 할지 막막했습니다. 서술형 문장을 이해 못하고, 이해를 못하니 문제도 풀 수 없는 상황이라 더욱 그랬습니다. 다행히 2학기부터 학습에 흥미를 갖고 책도 읽으면서 조금씩 나아졌지만, 그 당시 아이의 속상한 마음이 지금도 생생하게 전해져 옵니다.

　요즘 많이들 언급하는 '문해력'이란 문자 언어로 된 메시지를 단순히 받아들이고 해석하는 것이 아니라 능동적이고 자율적으로 메시지를 생성해내는 것까지를 포함하는 개념입니다. 요즘 학생들은 이 문해력이 부족한 경우가 많습니다. 다문화 가정이나 교육 소외 계층이 늘어나면서 격차가 벌어지는 경향도 있습니다. 또 과거에는 주로 책을 꼼꼼하게 읽고 정보를 습득했던 반면 요즘은 인터넷이나 핸드폰으로 필요한 정보만 골라서 보게 습관이 된 것도 영향을 끼친다고 할 수 있습니다. 최근 발표된 통계를 보면 교과서를 이해할 수 없을 정도로 독해력 수준이 낮은 학생들이 전체의 32.9%에 이릅니다. 의약품 설명서를 이해하지 못하는 '문해가 매우 취약한 수준'의 비율 역시 미국이 23.7%, 핀란드 12.6%, 스웨덴 6.2%인 데 반해 한국은 38%로 경제협력개발기구(OECD) 국가 가운데 하위권을 차지했습니다. 문해력이 떨어지면 글의 의미를 제대로 파악하지 못하고, 원활한 의사소통이 불가능해집니다. 특히 아동기나 청소년기에 문해력이 떨어지면 문제의 의도를 파악하지 못해 학습에 큰 문제가 생기게 됩니다.

해가 가면 갈수록 아이들의 국어 실력이 점점 더 떨어지는 것을 교육 현장에서 체감하고 있습니다. 한글을 읽고 쓰고 말하는 실력이 낮아져서 예전 아이들이 했던 국어 학습을 요즘 아이들은 소화하지 못하는 경우가 많습니다. 정보기기의 발달로 아이들이 많은 정보를 접하긴 하지만 책을 제대로 읽지 않아서 언어력이 전반적으로 낮아지는 탓이라 여겨집니다. 이렇게 스마트폰에 자석처럼 끌려가는 아이들 사이에서 책 읽는 습관을 갖고 문맥을 이해할 수 있는 아이는 공부를 잘 할 수밖에 없습니다.

📖 독서와 학교생활의 부익부 빈익빈 현상

성경 마태복음 25장 29절에 "무릇 있는 자는 받아 풍족하게 되고, 없는 자는 그 있는 것까지 빼앗기리라."라는 구절이 있습니다. 심리학자인 키이스 스타노비치(Keith Stanovich)가 초등학교 입학 전후 독서 기능을 성공적으로 습득하는 게 중요함을 주장한 '마태 효과'로 더 유명해진 구절입니다. 어린 시절에 독서 기능을 성공적으로 습득한 아이들은 성장해 가면서 독서에 성공을 거둔 반면, 이 시기에 독서 학습에 실패한 아이들은 새로운 지적 기능을 학습하는 데 평생에 걸쳐 문제점을 안고 갈 수 있다고 스타노비치는 말합니다. 독서가 부족한 아이들은 또래와의 차이가 점점 더 벌어지고, 모든 과목에서 뒤떨어져 빨리 낙오될 수 있다는 것입니다.

초등학교 교사를 30여 년 가까이 하면서 느끼는 것은 안타깝게도 '잘하는 아이는 더 잘하고, 못하는 아이는 더 못한다'는 것입니다. 교실 수업이든, 비대면 온라인 수업이든 잘하는 아이는 무엇을 해도 잘합니다. 대부분의 교사들은 또래 아이들보다 이해력이 떨어지지만 열심히 하려고 하는 아이들에 대한 애정이 있습니다. 그래서 그 아이의 손을 잡아서 잘 하도록 도와주려고 애를 씁니다. 그런데 막상 그런 도움을 잘 받아들이는 아이들은 매우 드뭅니다. 빈약한 사고 능력 때문에 더 잘하고 싶은 마음을 먹지 못하고, 또 미리 겁부터 먹고 뒤로 물러나 버리는 것이죠.

안타깝게도 이런 아이들은 학업적 부진함이나 낮은 자존감으로 인해 원만치 않은 교우관계, 친구와의 갈등 등에 노출될 가능성도 높은 것을 보았습니다. 이해력이 부족한 아이들은 낮은 자존감 때문에 친구와 어울리지 못하고 잘 다투는 경향이 있습니다. 그리고 분노를 적절히 조절하지 못하며 짜증이 많습니다. 똑같은 상황에서도 전체 상황과 맥락을 이해하는 능력이 부족하기 때문에 오해도 잘 합니다. 그리고 자신이 할 수 없는 것을 자꾸 하라고 하는(?) 선생님에 대한 태도도 좋지 않은 경우가 많습니다. 교사는 평균 정도의 수준에서 할 수 있는 학습 활동으로 학급을 이끌어 가야 하는 입장이라 어느 정도 기본이라도 따라 와주기를 바라다 보니 생기는 갈등입니다. 도와주려고 손을 내밀어도 포기해버리는 아이들 때문에 가슴이 아픕니다. 예전에는 아이가 학업이 부족하면 방과 후에 남겨서 공부를 시켰습니다. 지금은 우리 아이 기죽인다면서 부모님들이 싫어하는 경우가 많아 남겨서 공부시킬 수도 없습니다. 남겨서 공부시키는 교사는 우리 아이를 미워하는 아주 나쁜(?) 선생님이 될 수도 있습니다.

문제는 독서 습관 형성기를 놓쳐 학업에 소외된 아이들은 이후에도 열등감을 느끼며 학교생활을 하게 될 가능성이 높다는 것입니다. 왜냐하면 우리 아이의 직업이 배우는 학생이기 때문입니다. 배운다는 것은 새로운 것을 습득하는 것인데, 그것을 하기가 너무 힘드니 매 시간이 절망스러울 수밖에 없습니다. 다른 사람은 다 아는데 나만 모르는 그 당혹감을 느껴보셨는지요? 다른 사람은 다 잘하는데, 나만 못한다면 얼마나 마음이 아플까요? 독서 결핍은 초등학교에서 중학교, 고등학교, 대학교, 평생에 걸쳐 이 괴로움을 안고 가야 한다는 의미와도 같습니다. 원래는 너무도 기지 넘치고 호기심 많았던 정말 괜찮은 사랑스런 아이였는데 말이죠.

📖 아이의 독서 습관과 부모의 상관관계

2020년 3월 기준 종이책과 전자책을 합해서 우리나라 성인 연간 평균 독서량은 7.5권으로 조사되었습니다. 2년 전 조사보다 2권 가까이 줄었는데, 스마트폰 등을 이용하느라 책을 읽기 어렵다는 이유가 가장 많았다고 합니다. 지하철만 보아도 예전에는 책이나 신문을 읽던 사람들이 있었는데 지금은 거의 대부분 휴대폰으로 동영상을 보거나 게임, 채팅 등을 하고 있습니다. 주변을 둘러보아도 책을 읽는 사람을 눈 씻고 찾아보아도 찾기 어렵습니다.

"엄마는 핸드폰하면서 우리한테는 책 읽으라고 해요."

초등학교 학생들에게 자주 듣는 이야기입니다. 아이는 부모의 등을 보고 자란다고 했습니다. 책 읽기는 곧 공부 잘하는 것과 직결된다는 것을 알기 때문에 부모들은 하나같이 아이가 책 읽는 것을 좋아합니다. 그런데 아이는 책을 싫어하죠. 그것은 다름 아니라 책을 좋아하기 어려운 환경 가운데 놓여 있기 때문입니다. 어떻게 하면 책 읽기를 즐기는 환경을 만들 수 있을까요? 사실 부모들은 그 해답을 알고 있습니다. 문제는 한 가지라도 내가 실천하느냐 마느냐입니다.

아이들이 필요한 시기에 제대로 된 배움의 도구를 습득하지 못해 고생하는 모습은 교사 생활을 하며 느끼는 가장 안타까운 면입니다. 초등학교 때만, 아니 초등학교 저학년 때만 바짝 정신 차려도 습관을 들일 수 있는데 말이죠. 그 시기를 놓쳐버리면 미처 인지하지 못한 순간 우리 아이의 독서 습관은 흐르는 강물처럼 저만치 가버리고 곁에 남아 있지 않습니다. 학교에서는 다양한 활동을 통해 아이의 독서 습관을 만들어주려 하지만 사실 그것만으로는 부족합니다. 전 반드시 가정에서의 독서 지도도 병행되어야 한다고 생각합니다.

'내가 책을 많이 읽었으니, 우리 아이도 많이 읽을 거야.' '내가 공부를 잘해서 좋은 대학 갔으니, 우리 아이도 공부를 잘 할 거야.'라는 생각은 꼭 들어맞진 않습니다.

"선생님, 저는 책을 정말 좋아하고 지금도 일이 아무리 바빠도 책을 끼고 읽는데 우리 아이들은 왜 책을 안 읽을까요? 책을 안 읽어서 그런지 둘 다 원하는 대학을 못 갔어요. 왜 그런 걸까요?"

가끔은 부모님들로부터 이런 하소연을 듣기도 합니다. 다양한 가정 상황이 있겠지만 이 경우는 아이가 어렸을 때 책 맛을 깊이 느끼지 못했을 가능성이 높습니다. 책이 주식이 아니었고 다른 간식을 더 많이 맛있게 먹었을 겁니다. 당장 달콤한 형태들과는 달리 책은 깊이 오래도록 먹어봐야 그 맛을 알거든요. 부모의 독서 여부를 떠나 대부분의 아이들은 별도로 책 읽는 훈련이 필요합니다. 시키지 않아도 스스로 책을 읽는 아이는 많지 않기 때문입니다.

저는 아이가 책 읽기 습관을 갖게 도와주는 것은 아이를 가장 사랑하는 표현이라고 말하고 싶습니다. 일단 아이 책 읽기 습관이 확립되면 아이의 독서 자전거는 스스로 굴러갑니다. 독서 습관은 처음 첫 발을 내딛는 것이 힘들지 한 번 배우면 무덤에 갈 때까지 써먹는 참으로 유용한 도구입니다. 또한 평생 학습자로 살아가야 할 우리 아이가 습득해야 할 생존 전략입니다.

📖 공부는 초등 시기의 독서 독립에 성패가 달려 있습니다

초등학교는 독서 습관을 기를 수 있는 최적의 시간입니다. 이때 독서로 언어 능력과 사고 능력이 높아진 아이들은 본인이 하고 싶을 때 공부를 훨씬 더 힘있게 할 수 있습니다. 어렸을 때 공부에 흥미를 갖는 아이들은 많지 않습니다. 많은 아이들이 어느 정도 시간이 지나서야 자신의 꿈을 발견하고 공부의 필요성을 깨닫습니다. 미리 독서로 사고가 다져지고, 배경지식이 많은 아이들은 은행에서 언제든 꺼내서 쓸 수 있는 통장 잔고가 넉넉한 아이들입니다. 이런 아이들은 아주 성능 좋은 차를 타고 독서라는 연료를 계속 주입 받으며 고속도로를 달리는 것과 같습니다. 독서 밑천이 없이 공부한다는 것은 사업 자금 한 푼도 없이 사업을 시작한다는 것만큼 두렵고 불안한 일입니다. 책을 읽지 않은 아이들은 온갖 국도를 돌아 구불거려서 도착지에 도달하는 차입니다. 성능이 좋지 않아 빨리 달릴 수도 없고, 관리가 부족한 탓에 쾌적하지 못한 느낌으로 공부합니다.

모든 사람의 뇌에는 1,000억 개의 뉴런과 100조 개의 시냅스가 있습니다. 그런데 뇌 회로는 모두가 다르게 형성되어 있습니다. 책을 많이 읽은 아이들의 뇌는 고속도로 같은 회로가 쭉쭉 뻗어 있어 출력이 매우 빠릅니다. 더욱이 새로운 학습을 하면 뇌는 새로운 뉴런 네트워크를 만들게 되고 정보의 출력은 더 향상됩니다. 아이가 책을 읽을 때 뇌의 여러 부분이 상호작용하면서 진화되어 머리가 좋아지게 되는 독서 효과는 이미 많이 입증된 사실입니다.

02

놓쳐서는 안 될
독서 독립의 황금 시기

📖 아이 공부 생명을 결정짓는 독서 골든타임

의료 현장에 골든타임이 있듯이 우리 아이들에게도 '독서 골든타임'
이 있습니다. 어떤 시기가 지나면 절대 복구할 수 없고, 돌이킬 수 없는
시간 말이죠. 그 시간이 지나면 우리 아이는 공부를 즐겁게 할 수 있는
바탕이 되는 독서 독립 시기를 놓치고 맙니다. 아이의 뇌는 어느 시점이
지나면 이미 다 자라서 기능을 회복하기 어려운 상태가 되는데, 이는 언
어 습득의 결정적인 시기가 있기 때문입니다. 이 말은 농사 지으시는 어
머님이 늘 하시는 말씀과 일맥상통합니다.

"농사란 때가 중요해. 잘 심고 못 심고가 아니라 때를 놓치지 말아야
해. 때만 놓치지 않으면 농사는 잘 짓는 거야."

독서도 때가 중요합니다. 나중에 아이가 본격적으로 교과 공부를 하
려고 할 때 그때서야 독서를 신경 쓰는 것은 이미 때늦은 행동입니다. 우
리 아이의 공부 성패는 초등학교 때 이미 판가름이 난다고 해도 과언이

아닙니다. 초등 독서 독립의 결정적인 시기를 어떻게 보내느냐에 따라 행복한 학습자가 되느냐, 불행한 학습자가 되느냐가 달려 있습니다.

「초등학생의 뇌 양식과 독서 능력 수준에 따른 뇌 기반 독서활동의 효과」(2011, 계명대, 양인렬)라는 논문을 보면 6~8세가 뇌 생리학적으로 읽기 공부를 시작하기에 가장 좋은 시기임을 언급하고 있습니다. 이 시기에 독서는 대뇌피질 속의 시각영역, 언어영역, 운동영역 중 특히 시각령과 언어령을 통해 언어를 보고 기억하며 더 나아가 고차원적인 사고를 할 수 있도록 도와 뇌가 급성장을 이룬다는 것입니다. 이 시기의 아이를 가르치는 저 같은 교사는 물론, 집에서 긴 시간을 함께하는 부모는 아이들의 무한한 독서 가능성을 알아보고 개발시킬 수 있는 적기를 놓치지 않고, 적절한 방법을 반드시 찾아주어야 합니다.

📖 너무 빨리 문자에 노출시키는 것은 아이의 뇌발달을 해칩니다

국내 뇌과학 권위자 가천대 뇌과학연구원 서유헌 원장은 영유아기의 두뇌는 '신경 회로가 완전히 발달하지 않아 매우 엉성한 전기회로' 같고, 조기 교육은 이 엉성한 전기회로에 과도한 전류를 흐르게 하여 과부화를 걸리게 하는 것과 같다고 했습니다. 불안전한 전기회로에 흐른 과도한 전류는 이내 문제를 발생시키고 전기회로를 망가뜨립니다. 아이의 뇌 회로에 과부하를 일으키는 부적절한 조기 교육이 과잉학습장애 증후군 같은 부정적인 결과를 가져온 사례는 어렵지 않게 찾을 수 있습니다.

영유아기에 아이들에게 학습을 시키면 곧잘 합니다. 다른 아이들은 '아야어여'도 모르는데 우리 아이가 문장을 줄줄 읽으면 엄마는 우리 아이가 천재인 줄 압니다. 그래서 하나씩 시키고, 그러다 보니 점점 시키는 게 늘어납니다. 부모는 아이가 학습을 통해서 더 똑똑해졌다고 느낍니다. 아이의 뇌는 점점 더 탄력을 잃어가는 것을 깨닫지 못하고 말이죠. 이 과정이 지속적으로 반복되면 아이는 점점 더 학습에 무기력해집니다. 대뇌변연계가 손상되어 하고 싶은 감정이 생기지 않는 까닭입니다. 어렸을 때 "내가, 내가 할 거야!"를 외치며 무엇이든 하고 싶어 하고, 눈을 반짝거리면서 배우고 싶어 하던 모습은 이제 찾아볼 수 없습니다.

실제로 1학년 학생 중에서 너무 어린 나이에 부모가 한글 공부를 시켰다가 아예 말을 더듬거나 공부 비슷한 것만 나오면 경기를 하는 경우가 있습니다. 부모의 어긋난 열정 때문에 아이가 받은 스트레스는 그 아이의 공부 생명을 해치고 행복한 학습자가 되는 길을 막습니다. 학교 현장에서도 이런 아이들 때문에 힘이 많이 듭니다. 교육과정 수준에 맞게 수업을 진행하는데도 안 하겠다고 떼를 쓰고, 심한 경우 다른 아이들을 괴롭히고 수업을 방해하는 행동까지 하기도 합니다. 이렇듯 과도한 조기 교육은 아이의 학습 의욕을 꺾어버리고 공부하고 싶은 마음이 사라지게 하기 때문에 핀란드, 독일 같은 교육 선진국들은 조기 문자 교육을 금지하고 있는 것입니다.

그렇다면 아무것도 시키지 말아야 하나요? 그렇지 않습니다. 아이는 마음껏 놀고 마음껏 탐색하는 시간이 필요합니다. 아이가 태어나서 뇌 발달이 최고조로 달하는 영유아기 때는 공부가 아닌 감성을 발달시키는 시기입니다. 서유헌 원장은 만일 이 시기에 너무 공부를 많이 시키면 아이의 뇌에 문제가 생길 가능성이 아주 높다고 말합니다. 공부는 뇌가 최고조로 발달하는 사춘기에 몰입해서 공부해야 균형이 맞습니다. 무엇보다도 영유아 시기는 전두엽 발달이 이루어져야 한다고 강조합니다. 전두엽은 감정 조절, 창의적 계획 수립, 선택적 주의 집중, 호기심, 동기부여 등의 중요한 역할을 수행하는데 유아기에 적절히 발달하지 않으면 ADHD에 노출되고 학교 폭력이나 게임 중독 등에 빠질 수 있다고 지적합니다. 발달이 안 되어 사용할 준비가 안 되어 있는 아이들에게 과도한 학습을 시킨다면 아이들은 스트레스를 받아 결국 아이들의 뇌가 손상됩니다. 최근에 과도한 사교육으로 발달 장애가 나타나는 영유아가 증가하고 있는데, 일찍부터 사교육을 많이 경험한 아이들은 우울증과 불안, 애착 장애 등 심리적 스트레스를 많이 받는다고 합니다.

아이의 감성 발달을 위해 부모는 이 시기의 아이들의 특성을 먼저 이해하고, 뇌가 발달하도록 도와주어야 합니다. 특히 이 시기의 아이들은 자신이 원하는 것을 계속해서 반복하고 싶어 합니다. 같은 인형 놀이를 하고 또 하고, 갖고 놀던 공룡을 가지고 똑같은 놀이를 반복합니다. 또 엄마에게 같은 책을 수십 번 읽어달라고 조르기도 합니다. 그것과 관련된 선행 경험이 없어 밑바닥부터 계속 새로 해야 하기 때문에 반복하는 것입니다. 아이들은 이렇게 반복하는 것을 지루해하지 않습니다. 이 과정을 즐기면서 아이들의 뇌는 발달해갑니다.

📖 초등 1~2학년은 '독서 다이아몬드 타임'입니다

아이가 스스로 읽고 생각하고 정보를 수집해서 논리적으로 생각하는 습관을 형성하는 초등학교 기간은 독서 독립을 이룰 수 있는 황금시간입니다. 그 중에서도 초등학교 1~2학년은 '다이아몬드 타임'이라고 할 수 있습니다.

입학 첫날, 아이들의 눈빛에는 긴장감이 돕니다. 저는 입학식 날부터 부모님들에게 책 읽기의 중요성에 대해서 설명하고 아이들에게 책을 읽어주라고 신신당부합니다. 입학식 날 전달하는 유인물에도 아이들에게 읽은 책을 적어 오라고 하고, 아직 한글을 익히지 않은 아이는 부모님이 해주셔도 된다고 일러둡니다.

저는 아이들과 맨 처음 만날 때 가장 중요한 약속을 합니다. 그러면 우리 아이들은 절대 잊지 않고 그 약속을 1년 동안 행합니다. 그래서 전 아이들을 만나는 첫 시간에 독서의 중요성을 설명합니다. 부모님도 입학 첫날 아이들에게 책 읽기의 필요성에 대해 말해준다면 첫 단추를 잘 끼우는 것입니다. 아직 어린 아이들이지만 첫 시작인 1학년이 중요하다는 것은 다들 알고 있습니다. 그래서 잘하려고 합니다. 이때 부모님이 방향과 길을 잘 제시해준다면 아이들은 훌륭한 독서가가 될 수 있습니다.

아이들이 언제 가장 발표를 잘 하는지 아시나요? 그것은 초등학교 1학년 때입니다. 뭐든지 하고 싶고, 뭐든지 잘 할 수 있을 것 같은 때가 1학년입니다. 지적 호기심이 제일 강하고, 질문이 많은 시기이기도 합니다. 그래서 초등학교 1학년은 이런 아이들의 수많은 질문 세례를 기쁘게 받아줄 넉넉한 마음을 가진 선생님만이 감당할 수 있습니다. 부모님 입장에서도 긴장하고 준비한 공부의 출발선에 선 아이에게 무한 격려와 용기도 주며 관심도 최고조로 올라갈 때이기도 합니다.

그래서 이 시기의 아이들은 의욕이 많습니다. 못해도 하려고 합니다. 하고 싶은데 못하면 울기도 합니다. 학교에서 못하면 집에 가서 엄마한테 떼를 써서라도 해야 합니다. 이런 아이들에게 담임선생님의 말 한마디는 그야말로 대한민국 헌법 같은 위력을 발휘하곤 합니다. 선생님이 과제를 내주면 꼭 해야 합니다. 1학년 아이들은 해야 하는 것은 처음부터 끝까지 해야 하는 충직함이 있습니다. 제가 바쁜 일정 때문에 뭔가 건너뛰는 게 있으면 아이들은 어느새 묻습니다.

"선생님, 책 안 읽어주세요?"

"선생님, 지금 발표하는 시간이에요."

"선생님, 지금 제 것 검사해주세요."

하기로 했던 것을 안 하면 큰일 나는 줄 아는 아이들이 초등학교 1학년입니다. 이런 황금 같은 시간에 아이에게 평생 무기가 될 독서 습관을 몸에 익게 만들어주는 것은 가장 효율적인 투자가 아닐 수 없습니다.

이렇듯 중요한 초등학교 시기를 어떻게 보냈느냐에 따라 우리 아이의 공부 생명이 달라집니다. 초등학교는 아이가 친구들과 즐겁게 공부를 하고, 공부한 만큼 열매를 맺고 자신의 꿈을 이루어줄 황금 열쇠를 갖게 될 수 있는 시기입니다. 그리고 여기에서 황금 열쇠에 해당되는 것이 아이의 국어 실력이라고 말하고 싶습니다. 국어가 다른 과목에 비해 하방경직성(下方硬直性, 한번 올라간 상태가 되면 잘 내려가지 않는 성질)을 갖고 있기 때문입니다. 국어는 초등학교 때 미리 공부해서 실력을 쌓아두면 중고등학교에 가서도 배운 실력이 내려가지 않고 유지되는 경우가 많습니다. 만약 우리 아이가 초등학교 때 독서 습관을 잘 형성했다면 아이는 숙련된 학습자로서 이후 학교생활을 잘 해나갈 수 있습니다.

📖 문자 교육, 학습이 아닌 책 읽기가 필요합니다

어린 시절에 책을 읽지 않으면 국어 학습 부진이 되기 쉽고, 이는 모든 과목의 부진을 초래합니다. 읽기 능력이 부족한 아이들의 유형과 그 지도 방법을 다룬 『초등학교 국어 학습부진의 이해와 지도』를 보면 국어 학습 부진 원인 중 학생 내적인 요인으로는 인지적 요인(일반 지능, 기억력, 배경지식, 일반적인 사고력), 정의적 요인(국어 학습 동기, 국어 학습 효능감, 국어 학습 흥미, 국어 학습 습관, 국어 학습 집중력)과 학생 외적 요인으로는 교육적 요인(국어과 교육과정의 수준, 국어 지도 방법, 국어 지도 자료, 국어 지도 프로그램, 국어 지도 환경), 가정·사회적 요인(가정의 빈곤 및 무관심, 가정의 지나친 관심과 압력, 국어교과에 대한 잘못된 시각, 국어 학습 분위기 조성 실패) 등을 듭니다. 이 중에 특히 인지적 요인이 학년의 평균 수준에 미치지 못하면 다른 교과 학습에도 직접적인 영향을 끼치게 되기 때문에 국어 학습은 중고등학교는 물론 대학 이후의 학업 성취에도 매우 중요한 작용을 합니다.

아이에게 글을 읽도록 했을 때, 단어를 너무 천천히 읽거나, 발음이 부자연스럽거나, 자신이 읽을 수 없는 단어가 나오면 읽지 않고 넘어가거나, 문맥에 따라 아무렇게나 읽어버리는 경향이 있지는 않은지 옆에서 살펴봐야 합니다. 또 글자는 정확한 발음으로 또박또박 잘 읽는데 그 글자 해독 자체에 너무 많은 신경을 쓰다 보니 글의 전반적인 의미는 전혀 파악하지 못하는 아이도 국어 및 독서 부진 학생이 될 수 있습니다.

독서를 위해 학교가 존재하는 핀란드

2015 개정 교육과정에 따라 2018년부터 초등학교 3학년부터 고등학교까지 독서 단원이 정식으로 신설되었습니다. 독서 단원이란 매 학기에 한 권 이상, 교과서 이외의 책을 수업시간에 깊이 있게 끝까지 읽고 생각을 나누는 '한 학기 한 권 책 읽기' 독서 특화 단원입니다. 2015 개정 국어과 교육과정 개정 방침의 한 축이기도 한 이 독서 단원 도입으로 학생들이 독서 습관과 독서 능력을 기를 수 있는 기회가 늘어났습니다. 그렇지만 아이들이 충분하게 독서력을 키우기에는 여전히 부족함이 있다고 생각합니다.

학교에서 책 읽기를 세계 최고로 많이 하는 나라는 어디일까요? 바로 핀란드입니다. 핀란드는 국제학업성취도(PISA)검사에서 최고의 성적을 자랑합니다. 인구 520만 명으로 우리나라 인구의 10분의 1이 채 안 되는 작은 나라인 핀란드가 세계 1위 교육 강국이 될 수 있었던 이유는 무엇일까요? 그것은 핀란드 교육혁명에서 시작되었습니다. 핀란드는 1940년대까지 유럽에서 가장 가난한 나라였지만, 1950년대 케코넨 대통령

시대가 되면서 강한 국가를 만들기 위해 혁명적인 도전을 하며 학교가 독서를 위해 존재하는 독서 기반 교육 시스템을 만들었습니다. 이 작은 나라의 공공도서관 수가 1,000개(분원과 이동식 포함)에 육박한다고 하니 독서에 대한 국가의 의지를 엿볼 수 있습니다.

어릴 때부터 책을 빌리는 것이 생활화된 핀란드 아이들은 도서관이 친근한 놀이터입니다. 학교와 지역 도서관이 잘 연결되어 있어 학교 수업에 필요한 자료를 쉽게 찾을 수 있습니다. 학교 교과목을 교과서가 아닌 도서관에 있는 책으로 수업하기도 합니다. 그래서인지 국민의 80%가 정기적으로 도서관을 이용한다고 합니다.

핀란드는 특히 아이가 어렸을 때부터 읽기 교육을 강조합니다. 핀란드의 대부분 가정에서는 아이가 잠들기 전에 책을 읽어 주는 것이 하나의 문화입니다. 집집마다 책으로 가득 찬 책장이 있고 가족 모두가 독서와 친근합니다. 가족이 모두 모여 식탁에서 책을 읽고 대화와 토론을 하면서 책임감, 배려와 존중의 마음을 키웁니다. 책을 읽어준다고 해서 미리 문자를 익히게 하는 것은 아닙니다. 핀란드 아이들에게 학습은 금기 사항입니다. 학교 가기 전 8세 미만의 아이에게 문자(모국어인 핀란드 알파벳)를 가르치는 것을 아예 법으로 금지해 놓았습니다. "초등학교 들어갈 때까지 다 큰 아이들을 뭔가는 시켜야 하지 않을까요?", "아이가 배워야 할 게 얼마나 많은데 그렇게 놀게 하면 어떡해요?" 이런 걱정들을 하며 한글을 최대한 일찍 떼게 해서 책을 읽히려고 하는 우리나라 엄마들과는 다른 모습입니다. 어디 한글뿐인가요? 우리나라는 초등학교 입학 전부터 영어 문장을 읽고 말하고, 수학 덧셈, 뺄셈, 구구단까지 하는 아이가 부지기수입니다. 핀란드 입장에서 보면 깜짝 놀랄 일이지만 우리의 현실이 그러합니다.

그러면 핀란드 아이들은 무엇을 할까요? 미취학 아동들은 유치원에서 대부분의 시간을 친구들과 함께 놀다 갑니다. 놀고, 밥 먹고, 놀고, 낮잠 자고, 놀고 놀다 집에 갑니다. 집에 가도 놀기만 합니다. 부모가 하는 일은 아이가 책을 읽어달라고 할 때 책을 읽어주고, 도서관에 함께 가주는 것입니다.

📖 읽기는 훈련: 인류는 책을 읽도록 태어나지 않았다

미국 신경심리학자인 매리언 울프(Maryanne Wolf) 터프츠대 교수는 뇌과학과 독서의 역사에 관한 연구를 바탕으로 쓴 『책 읽는 뇌』에서 이렇게 주장합니다.

"인류는 책을 읽도록 태어나지 않았다. 독서는 뇌가 새로운 것을 배워 스스로를 재편성하는 과정에서 탄생한 인류의 기적적 발명이다."

읽기는 인간이 태어날 때부터 갖고 있는 본능이 아니라 오랫동안 노력해서 만들어진 능력이며 서서히 발전한다고 울프 교수는 말합니다.

현재 알려진 것 중 인류 최초 문자는 기원전 3,000년경 메소포타미아 문명의 수메르 지역에서 사용된 쐐기문자입니다. 비옥한 초승달 지대인 메소포타미아에서는 일찍이 농경이 발달했고 양 같은 가축과 곡물의 수를 기록하는 목적으로 여러 가지 모양의 기호를 점토에 새겼습니다. 최초에 정보를 기록할 목적으로 사용된 문자는 패권의 상징으로 여겨져 왔고, 문명과 문자는 함께 발달되었습니다. 이렇듯 인류의 역사에 비해 문자는 매우 짧은 역사를 가지고 있습니다. 인류가 시작된 이래 인류사의 대부분은 문자 없이 살아왔다고 볼 수 있습니다. 그러기에 우리 유전자엔 독서 능력이 새겨져 있지 않습니다. 하지만 우리는 '읽는 능력'이 인류 문명에서 가장 중요한 자질이라는 것을 잘 압니다.

그러면 어떻게 '책 읽는 아이'로 만들 수 있을까요?

03

책 읽기 싫어하는 아이
어떻게 책 읽게 할까

📖 **아이가 독서 독립할 때까지 손을 놓치지 마세요.**

초등학교 들어가기 전까지는 보통 엄마가 책을 많이 읽어줍니다. 그러다가 학교에 들어간 후부터는 손을 조금씩 떼기 시작합니다. 아이가 스스로 알아서 숙제도 하고, 책도 스스로 읽어야 한다고 생각하기 때문입니다. 엄마는 잘 하리라 믿고 맡겨버리지만 아이는 어떻게 책을 읽어야 하는지 아직 모릅니다. 얼마 전까지만 해도 엄마가 옆에서 같이 봐줬는데 어느 날부터인가 혼자 책을 읽어야 한다고 합니다. 책장에 책이 한가득이고 좋은 책상도 있지만 우리 아이는 책과 아직 친해지지 못했습니다. 아이는 엄마가 읽으라고 하니까, 엄마를 기쁘게 하기 위해서 책을 들고 앉아 읽습니다. 책은 읽는데 내용이 잘 와닿지 않고 무슨 내용인지 모르겠습니다.

책을 처음 읽을 때 아이는 오르막길을 오르는 수레를 끄는 것과 같습니다. 아이는 진심으로 온 힘을 다해서 더듬더듬 한 걸음, 한 걸음 나아가고 있는 것입니다. 이때 부모님이 같이 달려들어서 뒤에서 밀어주면 아이는 한결 수월하게 그 오르막길을 올라 스스로 책을 읽는 독서 독립을 이루게 됩니다. 그런데 부모님들은 아이가 학교에 들어가 한글을 떼고 책을 읽기만 하면 혼자 알아서 할 거라 생각하는 경우가 많습니다.

학교에서 숙제를 내주면서 알림장에 아무리 써주어도 책 읽기를 안 하거나 아예 기록하지 않는 아이가 있습니다. 대개 부모님이 바빠서 알림장을 볼 여유가 없는 경우 그런 일이 잘 벌어집니다. 부모님께 "어머님, 많이 바쁘시죠? 그래도 우리 자녀만큼 소중한 존재가 있을까요? 힘드시더라도 하루 한 권 책 읽기 꼭 시켜주시고 사인도 부탁드려요." 하고 말씀 드리지만 잘 개선이 되지 않습니다. 그런 상황에 놓인 아이들은 아무래도 책 읽기를 하다가 말다가 해서 독서 습관이 잘 생기지 않습니다. 그나마 조금씩 하던 책 읽기도 TV나 스마트폰 같은 더 강한 자극에 쉬이 사라져버립니다.

📖 권장도서가 전부는 아닙니다

아이들이 즐겁게 책을 읽지 못하는 이유 중 하나로 부모님들이 권장도서에 너무 얽매인다는 점을 들 수 있습니다. 1학년 아이들도 보면 각자 좋아하는 종류의 책들이 있습니다. 저는 주로 아이들이 읽고 싶은 책을 가져와서 읽게 하는 편입니다. 그런데 부모님들은 남들이 좋다고 하는 책을 꼭 읽혀야 한다는 강박감 때문에 아이의 관심과 상관없는 책들을 빌려서라도 읽게 합니다. 그 책을 읽지 않으면 우리 아이가 많이 뒤떨어질 것 같아 염려되기 때문입니다. 우리 아이의 읽기 수준이나 언어 능력은 고려하지 않고, 일단 읽게 하면 어떻게든 남는 게 있을 거라 생각합니다.

가정마다 다 다른 환경에서 자란 아이들은 독서 수준 역시 천차만별입니다. 아이가 일반적인 본인 연령 이하의 책을 좋아할 수도 있고, 더 어려운 책을 좋아할 수도 있습니다. 부모님들은 보통 아이가 어려서는 아이가 좋아하는 책 중심으로 책을 사주고 읽게 합니다. 그런데 조금만 아이가 책을 읽기 시작하면 더 많이 읽기를 바라는 조급한 마음이 생기면서 권장도서를 무조건 읽게 합니다. 본인이 읽고 싶은 책은 못 읽게 하고, 읽기 싫은 책을 읽으라고 하면 아이의 독서 흥미는 떨어질 수밖에 없습니다.

물론 아이의 관심도를 넓히기 위해 다양한 수준의 책을 권할 수는 있습니다. 예를 들어 아이가 자꾸 학습만화에만 집착하는 경우 병행해서 다른 책을 권할 수도 있겠죠. 하지만 책을 싫어하는 아이가 학습만화라도 읽는다면 그것 또한 매우 감사한 일입니다. 학습만화는 아이들이 좋아하는 유익한 정보를 쉽고 간결한 언어로 설명하고, 재미있는 그림이 가득해서 아이들이 흥미를 갖고 읽을 수 있는 좋은 자료입니다. 젖을 먹던 아이가 이유식을 먹는다면 감사한 일이고, 이유식이 끝나면 다른 밥도 먹을 수 있습니다. 조금 이유식 기간이 길어져도 여유 있게 바라보는 것도 필요합니다. 중요한 것은 우리 아이가 책을 읽는다는 사실입니다. 지금 현재 가장 무엇을 좋아하는지, 어떤 것에 관심을 갖는지 파악하고 더 넓은 길로 갈 수 있도록 물꼬를 터주는 일을 부모는 해야 합니다.

📖 책 읽기를 벌로 주지 마세요

아이들이 책 읽기를 싫어하게 되는 또 다른 이유 중 하나는 부모님이 책 읽기를 '벌'로 시키는 경우입니다. 이런 상황에서 아이는 책을 읽는 중에도 부모님의 꾸중으로 인한 감정이 남아 내용이 눈에 들어올 리 없습니다. 아무리 좋은 음식도 기분이 상하면 제대로 먹히지 않는 것과 같은 이유입니다. 꾸중과 벌로 하는 책 읽기는 백해무익합니다. 나중에 아이가 필요해서 책을 읽는다고 해도 어린 시절 벌로 받았던 책 읽기에 대한 부정적인 경험으로 효과가 반감될 수 있습니다.

또한 숙제처럼 독후감 쓰기를 강요해서도 안 됩니다. 책을 읽고 나서 글로 정리하는 활동은 꽤 유익합니다. 하지만 독서라는 활동 자체가 가장 중요합니다. 독서 후 활동은 아이가 책 읽기를 즐기게 되었을 때 해도 늦지 않습니다.

프랑스 작가 다니엘 페나크(Daniel Pennac)가 『소설처럼』이라는 책에서 얘기한 '독자의 10가지 권리'를 소개합니다. 우리 아이에게도 독서 권리가 있다는 것을 알면 부모님들도 기존의 생각에서 좀 더 자유로워지지 않을까 생각합니다.

독자의 10가지 권리

1. 책을 읽지 않을 권리
2. 건너뛰며 읽을 권리
3. 끝까지 읽지 않을 권리

4. 다시 읽을 권리

5. 아무 책이나 읽을 권리

6. 마음대로 상상하며 빠져들 권리

7. 아무 데서나 읽을 권리

8. 군데군데 골라 읽을 권리

9. 소리 내서 읽을 권리

10. 읽고 나서 아무 말도 하지 않을 권리

📖 TV , 핸드폰은 최대한 늦게 접하게 하세요

우리나라 대부분의 가정 거실에는 큰 TV가 놓여 있습니다. 하지만 유대인 가정의 거실은 대부분 도서관처럼 꾸며져 있다고 합니다. 함께 보낼 수 있는 시간이 긴 만큼 탈무드를 읽고 토론하는 것이 일상화되어 있다고 하죠.

24개월 이전 영유아 시기는 다양한 자극을 통해 뇌가 발달하는 시기입니다. 아이의 뇌가 아직 발달하지 않은 상태에서 영상 매체에 과다하게 노출이 되면 유사 발달 장애, 유사 자폐, 언어 인지 장애, 사회성 결핍, 운동 능력 발달 지연 등을 겪게 되는 유아 비디오 증후군에 노출될 수도 있다고 합니다. 이런 이유로 미국소아과학회에서는 만 2세 미만의 아이에게는 TV와 비디오 시청을 금할 것을 권고하고 있습니다. 또한 24개월 이후라 할지라도 뇌가 완전히 발달한 것이 아니기 때문에 7세 이전에는 아예 TV나 핸드폰을 보여주지 않는 것이 안전하다고 이야기합니다.

어렸을 때 영상 관련 시각 경험을 많이 한 아이들은 자극적인 영상에 길들여지게 됩니다. 점점 더 강력한 영상이 제시되어야 흥미를 느끼고, 귀로만 듣는 것이나 책만 보는 것은 시시하다 여기게 됩니다. 요즘 초등학생들이 자극적인 유튜브 동영상에 쉽게 빠지는 이유입니다. 지나친 동영상 시청은 수동적으로만 정보를 습득하는 데 익숙해서 생각하지 않는 아이가 되게 합니다. 그래서 어려서부터 자극적인 영상 화면에 노출된 아이들은 깊고 오래 생각하게 하는 행위인 책 읽기를 좋아하지 않습니다.

1~2학년 때는 얼마든지 독서 습관을 만들 수 있습니다. 그런데 TV나 핸드폰에 너무 일찍 노출된 아이들은 자극적인 영상에 익숙해져 학습의 도구가 되는 책과 친밀한 관계를 맺지 못하게 됩니다. 시각적으로만 정보를 받아들이기 때문에 상상력과 창의력을 발휘하기가 어려워집니다. 이런 아이들은 중학년만 가도 책을 읽기를 싫어합니다. 이때는 이미 학습 습관이 고착화되어 있고, 자기 고집이 어느 정도 생겼기 때문에 책 읽는 습관을 들이기가 너무 어렵습니다.

어차피 사용할 거면 미리 경험하는 게 좋다며 일찍 스마트폰을 사주는 경우가 있는데 저는 할 수만 있으면 최대한 늦게 아이들 손에 폰을 쥐어주는 것을 권장합니다. 스마트폰은 언제든 살 수 있지만 어린 시절 우리 아이 독서 습관은 결코 살 수 없는 귀한 것이기 때문입니다. 핸드폰은 책의 맛을 알게 된 후에 허용해도 늦지 않습니다. 핸드폰이라는 물건은 너무나 신기해서, 한번 손에 쥐면 그 유혹의 늪에서 빠져 나오기 쉽지 않습니다.

📖 가족 독서 문화를 만들어보세요

읽기는 재능이 아니라 훈련입니다. 처음부터 책을 좋아하고 잘 읽는 사람은 사실 그리 많지 않습니다. 책을 잘 읽어주는 부모가 있고, 책을 사랑하는 분위기에서 성장하고, 책을 읽기로 결심한 사람들의 노력이 모여 책을 좋아하고 잘 읽는 아이를 길러냅니다. 아이와 부모가 함께 책을 읽으면 아이와 일체감이 형성되고 정서적 공감대가 생깁니다. 이런 일체감은 아이가 평생 간직할 가장 든든한 무기가 됩니다. 또한 엄마아빠가 읽어준 추억이 너무 좋아서 자신 역시 자녀에게 책을 읽어주는 부모로 성장합니다.

우리 가족의 독서 문화를 만들려면 먼저 아이가 책을 볼 수 있을 때부터 종이책과 친하게 지내는 것이 필요합니다. 매일 저녁 정해진 시간에 온 가족이 모여 독서하는 시간을 갖습니다. 또 시간을 정해서 적어도 한 달에 한 번 정도 집 근처에 있는 도서관이나 서점에 가는 것도 좋은 방법입니다. 도서관에 가면 수많은 책, 그리고 책을 보고 있는 많은 사람들을 만나게 됩니다. 그 과정에서 '세상 사람들은 책을 읽으면서 사는구나!', '나도 열심히 책을 읽어야겠다.' 하며 스스로 느끼고 배우는 점이 생깁니다. 꼭 책을 읽지 않아도 됩니다. 책이 많은 곳에 가서 자주 놀다 오면 됩니다. 도서관에 들렀다가 앞에서 맛있는 음식을 사먹어도 되고, 백화점에 있는 서점에 갔다가 다른 매장을 구경하는 것도 좋습니다. 아이와 함께 서점을 자주 가서 새로 나온 책을 구경하고 보고 싶은 책을 찾아보기도 하세요. 눈으로 보는 것은 아이의 잠재의식 가운데 남아 있습니다.

시간 나는 대로 틈틈이 책에 대한 즐거운 경험을 쌓게 해주는 것도 중요합니다. 형제가 있다면 같이 책을 가지고 다양한 놀이를 하면 더 좋습니다. 책 아지트 만들기, 책 다리 만들기, 책 도미노 만들기, 책 높이 쌓기, 징검다리 놀이, 헌 책 찢기 등 다양한 책 응용 놀이를 통해 책에 대해 재미있는 느낌을 갖게 해줍니다. 책 있는 곳에 가서 책 향기를 느끼고 가족과 함께 즐거운 추억을 쌓는 만큼, 아이가 스스로 책을 찾아 읽는 인간으로 성장하게 될 확률은 높아집니다.

📖 아빠엄마의 생활에도 독서를 끼워 넣으세요

1학년 아이들과 『엄마가 화났다』라는 책으로 이야기를 나눈 적이 있습니다. 아이들에게 자신이 화났던 이야기를 해보게 했더니 한 아이가 엄마는 태블릿을 매일 보면서 자신이 핸드폰 본다고 혼냈다는 이야기를 했습니다. 엄마는 보면서 왜 내가 보는 건 혼내느냐는 것입니다. 엄마는 보고 싶은 예능, 드라마 다 보면서 내가 보고 싶은 프로그램을 못 보게 하는 것도 화가 난다고 합니다.

만약 우리 아이가 TV에서 눈을 떼지 못하고, 시간 날 때마다 스마트폰만 찾는다면 부모의 자화상일 가능성이 많습니다. 부모는 책을 안 읽고 핸드폰 하고 드라마 삼매경에 빠지면서 아이들에게만 책 읽으라고 말하는 것에 대해 아이들은 진심으로 받아들이지 못합니다. 억지로 책을 읽힐 수는 있지만 책을 좋아하는 아이, 독서 숙련가를 만들 수는 없습니다. 아이가 책을 읽을 때는 부모님도 핸드폰이나 TV 시청은 금물입니다. 그리고 아무리 바빠도 아이 독서 습관을 만들어주는 일보다 중요할 수는 없습니다. 우리 아이가 행복한 인생을 사느냐 그렇지 않느냐 하는 운명이 달린 문제이기 때문입니다. 힘겹게 책을 읽고 있을 때 뒤에서 살짝 밀어주는 부모 밑에서 성장하는 아이는 뿌리 깊은 나무가 됩니다.

우리 아이가 우리 부모님을 생각할 때 가장 먼저 떠올리는 모습은 어떤 모습일까요? 학기 초에 아이들에게 가족을 그리라고 하면 대부분 엄마는 집안일하고 요리하는 뒷모습을, 아빠는 리모컨을 손에 쥔 채 소파에 비스듬히 누워서 TV를 보거나 안방에서 쿨쿨 잠자는 모습을 그립니다. 만약 아이 앞에서 무언가를 읽거나 쓰는 행동을 보여주고, 그 내용에 대해 아이와 이야기를 나누는 시간을 갖는다면 아이 역시 달라질 것입니다.

정리를 잘하는 아이는 정리를 강조한 부모님 밑에서 자란 아이입니다. 시간을 잘 지키지 못하는 아이는 가정 분위기가 시간 약속에 민감하지 않은 경우가 많습니다. 감자와 고구마를 좋아하는 아이는 그것을 어릴 때부터 많이 먹어보았던 아이입니다. 엄마는 사랑하는 우리 아이에게 무엇을 먹일까 무엇을 입힐까 늘 고민하죠. 우리 아이가 어떻게 하면 책을 잘 읽게 할까가 고민이라면 걱정할 것 없습니다. 먼저 부모인 내가 책을 읽으면 됩니다. 우리 아이가 추억하는 어린 시절 그림 한 폭에 엄마 아빠의 책 읽는 모습이 있다면 성공한 부모가 될 것입니다. 가장 좋은 독서 환경은 우리 부모님이 책을 읽는 습관 그 자체입니다.

우리 아이가 나의 품에 있는 순간은 어찌 보면 초등학교까지가 전부입니다. 중학교에만 가도 이미 마음은 독립해서 자신만의 세계와 공간에서 스스로 크고 자랍니다. 초등학교 때까지 부모님이 보여주는 모습이 자녀교육의 전부라고 해도 과언이 아닙니다. 이때는 부모 스스로 책을 읽는 습관을 갖고, 일부러라도 아이들에게 책 읽는 모습을 보여주는 것이 필요합니다. 아이들은 부모가 하는 그대로 다 따라합니다. 부모님들과 상담할 때 아이의 말투와 부모님의 말투가 너무 똑같아서 놀랄 때가 참 많습니다. 내가 읽으면 아이들은 저절로 따라 읽게 됩니다. 부모는 안 하면서 자녀에게 하라는 것은 아이들에게 설득력이 없습니다. 책을 읽으라고 잔소리를 하는 대신 어떤 종류의 책이어도 좋으니 평소에 부모가 먼저 책 읽는 모습을 보여주세요.

📖 책을 읽고 싶은 공간을 만드세요

마트에서는 소비자들이 가장 잘 보이는 곳에 전략적으로 상품을 전시합니다. 계산대 앞에서 갑자기 사지 않아도 되는 물건을 집어 드는 것도 시각의 힘입니다. 눈에 잘 띄는 곳에 간식을 두면 배가 고프지 않은데도 손으로 집어 먹게 됩니다. 눈앞에 있는 핸드폰을 무심코 집어 들어 보지 않아도 되는 인터넷 뉴스, 연예계 소식, 사지 않아도 될 물건 쇼핑, 지인들의 대화에 참여하다가 훌쩍 한두 시간을 보내고 후회하는 것도 이 이유입니다.

우리 자녀들에게도 이와 같은 환경의 과학이 필요합니다. 어떻게 하면 우리 아이가 책을 좋아할 만한 환경을 만들어줄 수 있을까요? 우선 우리 가정 거실에 가장 중요하게 놓인 것은 무엇일까요? 대부분 TV일 것입니다. 우리 아이의 핸드폰은 평소 어디에 놓여 있을까요? 아이의 손 가까이에 있다면 언제든 핸드폰을 만지작거릴 수 있는 이유가 됩니다.

1) 주변에 쓸 수 있는 것을 준비해주세요

아이들을 위한 책이나 잡지를 놓아두는 장소가 있는지 점검해봅니다. 그리고 아이가 언제든지 쓰고 싶으면 쓸 수 있는 여러 가지 쓰기 재료(연필, 색연필, 크레파스, 사인펜, 종합장, 스케치북, 공책 등)가 손에 잡히는 곳에 있으면 좋습니다. 그림으로 표현하고 싶은 아이는 그림으로, 글로 표현하고 싶은 아이는 낙서처럼 끄적대는 것 자체가 독후 활동입니다.

2) 책 읽을 만한 포근하고 아늑한 공간을 만들어주세요

요즘에는 공공도서관에도 누워서 책 읽는 장소나 포근한 소파가 비치되어 있죠. 아이가 책을 읽고 싶은 마음이 들도록 집 안 한구석에 독서 공간을 만들어주면 좋습니다. 베란다 공간에 의자와 책을 마련해준다거나, 아이가 좋아할 만한 공간에 언제든 읽고 싶은 공간을 만들어주는 것입니다.

3) 책상은 책에 집중할 수 있도록 단순하게 정리합니다

책상에서 아이의 시선을 끌만한 것은 없애버리고 대신 한쪽에 독서대와 아이가 좋아할 만한 책을 올려둡니다. 옆에 언제든 손을 뻗으면 닿을 곳에 국어사전을 챙겨두면 좋습니다. 책을 읽다가 모르는 단어가 생기면 언제든 펼쳐볼 수 있습니다.

4) 자투리 시간에 책을 가까이 할 수 있도록 합니다

자투리 시간에 책 읽는 것은 읽기의 템포를 놓치지 않고 꾸준한 독서 습관을 유지하기 위해 필요합니다. 자투리 시간에는 비교적 가벼운 책을 읽도록 합니다. 손바닥만 한 작은 책도 좋고, 짧은 글로 구성된 에세이도 좋습니다. 화장실에 들어갈 때는 핸드폰 소지를 금지하고 책 선반을 만들어 잠시 동안 읽을 시간을 만들어주는 것도 방법입니다. 소파 옆에는 잠깐씩이라도 볼 수 있게 아이가 좋아할 만한 잡지 같은 것을 비치해둡니다.

5) 책을 읽고 싶은 환경을 만들어 주세요

아이가 역사에 관심이 많아 역사책을 즐겨 읽는다면 거실에 세계지도를 붙여주세요. 현관 문 앞에 독서 명언을 계절별로 바꾸어서 게시해둔다면 아이는 그 명언을 자기도 모르는 새 기억할 것입니다. 또 아이가 읽은 책과 쓴 글에 대해 관심이 많다는 것을 보여주기 위해 아이들의 작품을 전시해 놓는 공간을 만들어보세요. 아이가 잘하든 못하든 열심히 읽고 쓰는 것에 대해 부모가 관심을 보이고 자주 칭찬을 하면 독서는 아이 인생에서 중요한 부분을 차지하게 될 것입니다.

6) 책 읽는 아이 모습을 사진으로 찍어서 칭찬해주세요

학교에서 저는 아이들이 책을 읽는 모습을 종종 찍어서 학부모님들에게 보내드리고 교실에도 게시합니다. 책에 몰입한 그 모습이 얼마나 예쁜지 모릅니다. 아침에 와서 책을 세워 들고 읽는 모습, 쉬는 시간에 편한 자세로 앉아 책에 빠져 있는 모습, 친구에게 책 읽어주는 모습, 새로운 책을 발견하고 재미있어 하는 모습, 도서관에서 책을 찾는 모습은 언제나 사랑스럽습니다. 가정에서도 그런 아이의 모습을 사진으로 찍어서 프린트하여 가족 모두가 잘 볼 수 있는 식탁 옆이나 현관 앞, 방문 앞에 걸어놔 보세요. 아이가 자기 스스로를 대견해하면서 더 책을 즐겨 읽도록 동기부여가 되어줄 수 있습니다.

📖 아이가 가장 좋아하는 것으로 칭찬해주세요

아이들이 책을 재미있게 읽으려면 책을 읽으면 즐거운 일이 생긴다는 마음이 들게 해야 합니다. 어린 아이들은 외재적 동기에 특히 강하게 반응하기 때문에 아이들이 좋아하는 것을 해주면 효과적입니다. 아이와 목표한 책을 읽으면 작은 이벤트를 마련해주면 좋습니다. 읽고 싶은 책 마음껏 사기, 좋아하는 음식 해주기, 좋아하는 영화 감상하기, 가고 싶은 곳 놀러가기, 갖고 싶은 선물 사주기 등 아주 작은 것도 좋습니다. 아이는 많이 읽으면 읽기에 점점 능숙해집니다. 능숙해지면 읽기를 더 좋아하게 되고, 더 좋아하게 되면 더 많이 읽게 되는 것을 보게 될 것입니다. 저는 제 아이들에게 주로 음식을 많이 해주었습니다. 특히 첫째 같은 경우는 엄마가 해주는 떡볶이를 매우 좋아합니다. 책을 열심히 읽고 목표한 만큼 읽으면 미리 약속을 합니다. 일종의 책걸이 파티를 하는 거죠. 맛있는 떡볶이도 먹고, 엄마에게 잘 읽었다고 칭찬도 받습니다. 한 달에 한 번 정도 도서관이나 서점에 데려가서 읽고 싶은 책을 고르게 하는 것도 좋은 방법입니다. 이때 기억할 것은 절대 책을 부모 마음대로 골라주지 않는다는 것입니다.

📖 잘못된 보상은 아이를 책에서 더 멀어지게 합니다

아이가 독서의 즐거움을 알고 책 읽기 습관이 생겼습니다. 부모는 그런 아들이 너무 자랑스럽고 대견스러워서 무엇이라도 해주고 싶습니다. 그래서 고민 끝에 요즘 최신으로 유행하는 최고급 핸드폰을 사줍니다. 아이는 너무 좋아서 어쩔 줄 모릅니다. 책을 잘 읽어서 사준다는 아빠 말씀에 책도 더 열심히 읽겠다고 합니다. 아이는 열심히 책을 읽는데, 새 핸드폰의 강력한 마력에 자꾸 끌립니다. 자꾸 보고 싶고, 만지고 싶습니다. 그동안 그나마 책의 즐거움을 살짝 알았는데 핸드폰의 신세계를 경험한 순간 점점 더 책과 멀어지게 됩니다.

간혹 부모님 중에 아이가 학교에서 해야 할 일 숙제나 책 읽기를 다하면 상으로 핸드폰 게임을 몇 시간, 데이터 1시간 등을 상으로 주는 경우가 있습니다. 고학년을 담임했던 적이 있는데 한 아이에게 책을 꾸준히 빠지지 않고 잘 읽는다고 칭찬해주었더니 "저는 한 권 책 읽을 때마다 핸드폰 데이터가 풀려요."라고 말하는 것이었습니다. 이럴 경우는 아주 몸에 좋은 영양식을 차려준 다음 몸에 나쁜 인스턴트 간식을 주는 것과 같습니다. 물론 당장 효과는 있겠지만 나중에는 그 강력한 맛 때문에 다른 음식을 먹지 않으려고 할지도 모릅니다. 지금 당장 아이가 책 읽는 습관이 생긴 것처럼 보이나 보상을 핸드폰으로 주는 것은 적절치 못합니다. 실제로 핸드폰 게임을 많이 하는 친구들은 수업시간에 멍하니 집중하지 못하고 해야 할 일을 열심히 하고자 하는 의지가 부족한 경향이 나타납니다. 핸드폰으로 보상하느니 차라리 아무것도 안 해주고 아이를 심심하게 두는 게 나을 것입니다.

📖 아이에게 책 밖의 세상을 접할 기회를 주세요

아이들이 좋아하는 책 중에 백희나 작가의 『장수탕 선녀님』이 있습니다. 이 책에는 오래된 목욕탕 '장수탕'이 나옵니다. 아빠나 엄마와 함께 다녀왔던 목욕탕에 대한 추억이 있는 아이들은 아무래도 책을 더 깊이 이해하고 정서적으로 받아들이게 됩니다. 이처럼 아이들이 실제 경험을 많이 해보는 것은 작가의 생각과 느낌을 훨씬 더 깊이 이해할 수 있게 해줍니다.

자녀교육 전문가 루스 보든(Ruth Bowdoin)은 "아이에게 경험을 많이 시키세요!"라고 말합니다. 읽기를 제대로 소화하기 위해서는 경험이 필수적입니다. 다른 조건이 같다면 경험이 다양한 아이가 상대적으로 글에 대한 이해도도 높습니다. 저도 다양한 꽃, 나무, 곤충, 계절의 변화 같은 자연 세계를 직접 체험하는 수업을 진행하는 것을 좋아합니다. 아이들도 밖에 나가서 사계절의 변화를 경험하면서 배우면 교실에서 책과 영상으로 배울 때와 달리 그 자체만으로도 굉장히 즐거워합니다. 아이가 많은 것을 경험할수록 흥미와 관심사는 늘어나고 더 넓은 세계를 바라볼 수 있습니다. 이때 아이가 좋아하는 것들이 책에 활자로 잘 설명되어 있음을 알려주며 아이의 관심사와 책을 연결시켜줄 수 있습니다. 역사를 좋아하는 아이는 역사 유적지를 방문하고, 더 알고 싶은 내용을 책에서 함께 찾으며 이야기해봅니다. 식물이나 곤충을 좋아하는 아이라면 함께 식물원을 방문하고, 집에서 도감을 펼쳐보면서 아이가 하는 말에 귀를 기울여보세요. 아이들은 더 신이 나서 책을 찾아 읽게 될 것입니다.

04

아이가 책을 읽으면
일어나는 기적들

📖 평생 친구이자 몰입할 수 있는 상대가 생깁니다

독서 명언 중에 유독 책을 친구에 비유한 내용이 많습니다. 주변에 좋은 친구들이 많다면 삶도 풍요로워지죠. 책은 평생 아이에게 좋은 친구가 되어줍니다. 소소하게 다친 마음도 책을 읽으면 풀어집니다. 워런 버핏과의 점심 식사비 같은 엄청난 돈을 지불하지 않아도 책장만 열면 과거, 현재의 가장 훌륭한 사람들과 이야기를 나눌 수 있습니다. 책을 많이 읽은 아이는 책을 통해 다양한 종류의 사람들의 모습에 공감을 해봤기 때문에 실제 인간에 대한 이해도도 넓은 경우가 많습니다. 특히 소설을 즐겨 읽는 사람은 다양한 상황과 인물들을 잘 이해하기 때문에 사회문제에 대응을 잘하는 경향을 보인다는 연구 결과도 있습니다.

책이라는 친구는 아이를 판단하거나 평가하지 않습니다. 늘 아이가 원하는 곳에 있습니다. 그리고 기꺼이 위로가 되고, 격려를 하고, 응원을 해줍니다. 책 속에서 만난 친구는 결코 배신하지 않습니다. 좋은 책을 만난 아이는 공감과 위로를 아는 좋은 인격을 가진 사람이 됩니다.

긍정심리학자인 미하이 칙센트미하이(Mihaly Csikszentmihalyi)는 『몰입』이라는 책에서, 사람들은 몰입을 경험할 때 가장 행복다고 말합니다. 이 몰입이란 '어떤 활동이나 상황에 완전히 빠져들어 집중하고 있는 상태'라고 말합니다. 그는 돈만이 우리를 행복하게 하는 것이 아니며, 몰입 상태를 일으키는 활동들을 통해 즐거움을 찾고 지속적으로 만족감을 느낀다고 말하고 있습니다.

사람마다 몰입의 즐거움의 종류는 다릅니다. 독서 몰입은 자의식이 사라질 만큼 책에 심취하고, 책 읽기에 자신의 모든 정신을 집중하면 얻게 되는 즐거움을 말합니다. 독서는 자기 자신과 시간을 보내면서 마음을 쏟는 활동입니다. 책 속의 세계에 빠져들면 나는 어느새 상상 속의 주인공이 됩니다. 책을 읽는 그 순간만큼은 현실은 잊어버릴 수 있고 설레고 즐거운 마음이 나를 행복하게 합니다. 독서 몰입을 경험하는 아이들은 행복지수가 높습니다. 몰입하는 그 순간도 행복하지만, 그것으로 인해 얻게 되는 마법의 산물 때문입니다. 아이들 역시 성장하면서 어렵고 힘든 일을 마주하고 스트레스를 받을 때가 있을 것입니다. 그때마다 독서 몰입은 아이를 행복한 세계로 데려가는 골든 티켓이 되어줄 것입니다.

📖 주변 사람들에게 사랑받는 아이가 됩니다

부모라면 우리 아이가 어느 곳에 가서든 사랑받는 아이가 되길 바랍니다. 나에게는 눈에 넣어도 안 아플 자녀이지만, 다른 사람들에게도 환영받는 아이가 되려면 갖춰야 할 자질이 있습니다. 그중 중요한 한 가지는 남의 마음을 잘 헤아리고 공감하는 마음입니다.

수많은 학생들을 하버드대, 예일대 등 세계 명문대에 진학시킨 교육자이자 부모들의 멘토인 『호감 있는 아이로 키우는 엄마 공부』의 저자 후나츠 토루는 미래형 인재를 위한 육아의 3가지 조건으로 자신감, 사고력, 의사소통 능력을 제시합니다. 책을 많이 읽은 아이는 독서를 통해 얻은 많은 지식 덕분에 다양한 상황에서 대처 능력이 뛰어나기 때문에 자신감이 높습니다. 또한 책을 많이 읽어 생각이 깊습니다. 예전처럼 다양한 인간관계를 경험할 기회가 적은 요즘에는 특히 책을 읽으면 수많은 인물들을 만나면서 나와 다른 사람의 마음을 잘 헤아릴 수 있어서 의사소통 능력이 향상됩니다. 아이에게 자신감과 사고력과 의사소통 능력을 길러줄 수 있는 방법은 바로 책을 읽는 아이로 키워주는 것입니다. 책을 많이 읽어 사회 호감도가 높은 사람은 변화에 쉽게 휘둘리지 않고 스스로 인생을 개척해나갈 수 있습니다.

성공에 대한 정의는 매우 다양합니다. 저는 그중에 『좋은 기업을 넘어 위대한 기업으로』의 저자인 짐 콜린스(Jim Colins)의 "성공이란 세월이 갈수록 주변 사람들이 나를 점점 좋아하게 되는 것"이라는 말이 특히 가슴에 남습니다. 세월이 갈수록 주변 사람들이 나를 좋아하게 만드는 것이 결코 쉽지 않은 일이기 때문입니다. 나이가 들면 들수록 내 안의 오만과 편견이 자리를 잡고 아집이 점점 더 강해집니다. 새로운 생각과 경험에 마음을 열기보다 익숙한 것을 추구하기 마련이니까요. 하지만 내가 이룬 성공도 결국 다른 사람의 도움 속에서 이루어짐을 알고 언제나 감사하면서 열린 마음으로 살아간다면 그는 평생 성공하는 인생을 살게 되는 것입니다. 책을 읽으면서 자신을 성찰하고, 다른 사람을 받아들일 여유가 생기는 것이죠. 독서는 우리 아이가 '세월이 갈수록 주변 사람들이 점점 좋아하는' 성공적인 인생을 살게 도와줄 것입니다.

책은 자신의 경험과 책 속에서 경험을 관련시키면서 자신의 감정을 더 잘 다루는 데도 도움이 됩니다. 저학년 아이들은 친구들과 서로 갈등이 있을 때 자신이 한 행동이나 동기, 감정을 명확하게 인식하고 말하기가 어려운데, 책을 많이 읽은 아이들은 사람과 사람 사이에서 자신을 인식하고 이해하는 능력이 좋은 것을 볼 수 있습니다.

📖 자신감 있고 긍정적인 사람이 됩니다

책은 수많은 길을 보여줍니다. 그곳에서 우리 아이가 가야 할 길도 찾을 수 있습니다. 책은 훌륭한 사람들이 그들이 살아온 삶을 통째로 알려주는 지혜의 보고이기 때문에 읽으면 읽을수록 더 넓은 세계를 경험할 수 있습니다. 책은 사람을 가리지 않고 모든 사람에게 정보를 공개합니다. 그래서 힘들 때마다 알라딘의 요술 램프처럼 문제를 해결할 방법을 알려줍니다. 때론 마음도 치료해줍니다. 그리고 어디를 가야할지, 무슨 일을 해야 할지 가르쳐줍니다. 이렇게 든든한 후원자를 가진 사람은 걱정이 없습니다. 타인에게 과도하게 의지하지 않고, 스스로가 자기 인생의 주인이 되어 스스로 삶을 개척할 수 있습니다. 책이라는 신뢰할 수 있는 존재를 아는 아이는 시냇가에 심긴 나무와 같습니다. 아무리 가물어도, 바람이 불어도 흔들리지 않습니다. 스스로 운명을 개척하면서 자신의 꿈을 이루어 나갑니다. 그리고 자신에게 닥쳐오는 고통도 받아들일 수 있는 용기를 키우게 됩니다.

오프라 윈프리가 "나는 책을 통해 인생에 가능성이 있다는 것과 세상에 나처럼 사는 사람이 또 있다는 것을 알았다. 독서는 내게 희망을 주었다. 책은 내게 열린 문과 같았다."라고 말한 것처럼, 책은 인생의 가능성을 스스로 찾고 다른 사람을 이해하며 더불어 살아가며 희망을 선택할 수 있도록 옆에서 도와주는 존재입니다.

📖 공부를 잘하게 됩니다

독서와 학습 능력과 유의미한 상관관계가 있음은 수많은 연구 결과에 나와 있습니다. 러시아의 교육철학자이자 휴머니즘 원칙에 입각한 전인 교육론을 주창한 수호믈린스키(Sukhomlynsky)는 다음과 같이 말했습니다.

"읽기 능력이 부족하면 뇌의 미세 결합섬유가 활성화되지 않아 신경원이 순조롭게 작용하지 않는다. 때문에 책을 안 읽는 사람은 생각을 잘 못한다. 유년기 때 똑똑하고 이해력 좋고 질문을 잘하던 아이가 청소년기에 들어 지적 능력이 떨어지고 지식을 냉담하게 대하고 사고를 활발하게 못하는 이유는 책을 안 읽어서다. 이에 비해 어떤 아이들은 숙제를 열심히 안 하지만 성적이 좋은데 이 같은 현상의 원인은 아이의 재능이 뛰어나서가 아니라 읽기 능력이 좋기 때문이다. 읽기 능력이 좋으면 지적 능력과 재능의 발전이 촉진된다. 교과서 외에 다른 책을 전혀 안 읽는 학생은 수업 시간에 매우 단편적인 지식밖에 못 얻어 집에 가서 숙제할 때 부담감을 많이 느끼고 또 그 부담감에 과학 서적을 읽을 엄두도 못 내는 등 계속해서 악순환이 일어난다."

한마디로 말해서 책은 아이에게 '머리가 좋아지게 하는 마법'을 부릴 수 있다는 것입니다. 책은 누구의 집에나 있고 누구든 사용할 수 있는 마법의 지팡이입니다. 문제는 이 지팡이를 들고 주문을 외우느냐, 외우지 않느냐입니다.

매일 책을 읽으면 말하는 단어와 읽는 단어를 연결 짓는 능력이 길러집니다. 부모가 그림책을 읽어주면 아이는 부모의 목소리를 들으면서 그림을 구석구석 보고 앞의 내용을 기억하려고 노력하게 되고, 그 과정에서 시각 집중력, 청각 집중력, 기억 집중력이 향상됩니다. 읽으면 읽을수록 어휘력 향상이라는 마법 역시 더 힘이 세집니다.

공부란 지금까지 몰랐던 새로운 지식을 단계에 따라서 계속해서 학습하는 과정입니다. 새로운 지식은 기존의 지적 배경에 의해 더 잘 이해가 되므로 아이가 갖고 있는 밑천이 많으면 많을수록 더 많이, 더 빨리, 더 정확하게 이해가 되는 것입니다. 초등학교 때까지는 머리만 좋아도 좋은 성적을 거둘 수 있지만 읽기를 하지 않으면 학년이 올라갈수록 점점 성적이 떨어지고 스트레스를 많이 받게 됩니다. 초등학교 때 우등생이 중학교에 가면 10명 중 7~8명은 성적이 떨어진다고 합니다. 이와 반대로 책을 꾸준히 읽는 아이들은 처음에는 성적이 그닥 좋지 않다가도 결정적일 때 힘을 발휘하기도 합니다. 스스로 공부에 대한 동기가 생기고 공부하고자 하는 마음만 먹으면 이미 기본기가 갖춰져 있는 상태이기 때문에 금방 성적이 오릅니다. 그것은 평소 독서를 통한 사고력과 언어능력이 있어 가능한 것이죠. 매일 읽는 것은 매일 두뇌를 훈련하는 것과 같습니다. 공부를 잘하는 가장 확실한 방법은 숙련된 독서의 달인이 되는 것입니다.

📖 아이의 마음이 치료됩니다

책을 읽다 보면 책에 등장한 인물과 동일시하고, 책 속 등장인물과 같은 문제에 의해 생긴 감정과 스트레스를 경험하고 해소하면서 카타르시스를 경험하게 됩니다. 자신 안에 있는 공격적인 행동이나 비사회적인 행동, 두려움, 불안 같은 부정적인 감정을 배출하면서 안도감을 느끼기도 합니다. 학교에서 아이들을 대하다 보면 속상한 일이 있을 때 책을 읽으면서 감정을 가다듬는 아이들을 발견하게 됩니다. 아직 어린 초등학생임에도 책으로 스스로 자신의 마음을 달래고 생각을 전환하는 모습을 보며 놀라운 책의 힘을 느낍니다. 아이들이 책을 읽고 발표를 할 때 어쩌면 저렇게 기가 막히게 자기 마음과 관련된 책 속 이야기를 찾아서 적용할까 싶어 놀랄 때가 많습니다. 책 읽는 아이는 스스로 자신의 마음을 다독이고 표현할 줄 압니다.

05

초등 독서 독립
3단계 독서법

📖 독서 습관 3요소 - 읽기, 쓰기, 놀기

"3월 4일 입학식 하는 날 새로운 친구들을 만나서 좋았어요. 유치원 때는 바깥에 많이 못 갔는데 학교 오니까 정말 좋았어요. 유치원 때는 책 읽을 때 아는 글씨만 읽었는데 학교를 오니까 책을 잘 읽어요. 그리고 잼도 만들고 채송화 꽃도 심고 강낭콩도 심고 좋았습니다. 1학기 때는 책을 263권 읽었는데 제 목표는 1,000권입니다. 유치원 때는 책을 왜 읽어야 하는지 몰랐는데 1학년이 되니까 알았어요. 왜 읽어야 하냐면 책을 읽어야 머리에 생각이 많아지고, 생각이 많아지면 위대한 사람이 되고, 위대한 사람이 되면 똑똑해지는 걸 알았어요. 크면서 깨닫게 되었어요. 나는 무조건 잘하지 않고 못하는데 저도 노력을 더 열심히 해야겠다고 생각했어요."

책 읽기에 대해 1학년 서현이란 친구가 쓴 글입니다. 책을 읽으면 위대하고 똑똑한 사람이 된다는 것을 스스로 깨달은 아이의 생각이 기특합니다.

궁극적으로 볼 때 인생은 대개 그 사람의 습관으로 결정되곤 합니다. 하루아침에 벼락부자가 되거나 믿지 못할 성공을 이룬 사람들도 있지만 대부분 그 성공은 오래 가지 않는 경우를 종종 봅니다. 신뢰가 깊고 변함이 없는 성공은 오랜 시간 동안 이루어진 소소한 습관들이 모인 것입니다. 그것은 아주 작은 일에서 시작합니다. 이런 것을 생각했을 때, 우리 아이에게 행복한 인생을 만들어주는 최고의 습관이 있다면 어떤 대가를 지불해서라도 그 습관을 만들어주고 싶을 것입니다. 사람의 행동은 상황에 따라 순간순간 변화합니다. 그래도 우리 아이에게 독서를 핵심 습관으로 물려준다면 부모의 열망대로 아이는 행복한 인생을 살게 될 것입니다.

그럼 어떻게 독서 습관을 만들 수 있을까요? 제임스 클리어(James Clear)는 『아주 작은 습관의 힘』에서 좋은 습관을 만드는 방법 중 하나로 '법칙(신호)으로 분명하게 만들 것'을 언급했습니다. 저는 이 원칙을 기반으로 하여 매일 하루 10분 큰 소리로 책을 읽고 간단한 글쓰기를 하는 것을 제가 담당하는 초등 1학년의 습관으로 만들었습니다. 그리고 이 활동을 '꽃보다 책 읽기'라고 명명하고 실제로 교실에서 아이들과 몇 년 째 함께 진행하고 있습니다. 꽃보다 책 읽기는 '꽃보다 아름다운 책 읽기'의 줄임말로 책을 읽는 아이들 모습이 꽃보다 아름답다는 것에서 따온 이름입니다. 이 책에서는 초등 저학년이 높은 학업 성적과 효율적 지식 습득을 확보하기 위한 필수 조건인 혼자 책 읽는 습관을 잡기 위한 가장 효과적인 시기임을 강조하고자 '독서 독립 독서법'으로 부르고자 합니다.

이 활동은 크게 3단계로 나뉩니다. 매일 학교에서 크게 소리 내어 하루 10분 이상 책 읽기를 한 뒤, 그 책과 연결된 간단한 내용을 독서 카드에 기록하고, 마지막으로 책 내용에 관련된 간단한 놀이를 함께 하는 것입니다. 간단히 정리하면 아래와 같습니다.

책을 소리 내어 읽는다 - 읽은 책을 기록한다 - 책과 함께 논다

독서 독립 독서법은 소리 내어 책을 읽고 노트에 쓰는 과정 중에 국어 말하기, 읽기, 쓰기의 통합적인 기능을 향상시키는 것을 목적으로 합니다. 실제 교실에서 적용해본 결과 아이들은 이 활동을 통해 독서의 양과 질에서 엄청난 향상을 보였습니다.

📖 초등 하루 10분 독서 독립 독서법 3단계 구성

작년 우리 반 1학년 아이들이 3월부터 그 다음 해 1월 2일까지 읽은 권수를 확인해보았습니다. 대부분 300여 권이 넘는 책을 읽었고, 최고로 많이 읽은 친구의 독서 권수는 무려 1,596권이었습니다.

3단계 독서법을 1년 동안 몸에 익힌 아이들은 매일 책을 읽는 것이 습관이 되었습니다. 매일 밥을 먹듯이 책을 읽는 것이 자연스러운 일상이 되었을 뿐 아니라 책 읽기가 즐겁고 행복한 경험이라는 것도 깨닫게 되었습니다. 책을 가까이하면서 즐겁게 공부를 하게 되어 학업 성취도 역시 높아진 것은 당연합니다. 책을 읽고 발표하고 쓰는 활동을 하면서 아이들은 생각이 점점 더 자라 그 생각을 다른 사람 앞에서 표현할 수 있는 꼬마 작가들이 되었습니다.

다음의 표는 앞으로 설명할 독서법의 구성을 간단한 표로 정리한 것입니다.

초등 하루 10분 독서 독립 3단계 독서법	
STEP 1 **소리 내어 읽어요**	■ **매일 큰 소리 내어 읽기** – 낭독(朗讀), 음독(音讀)으로 다른 사람이 알아듣도록 크게 읽습니다. – 부모님이 읽어주기, 다른 사람 앞에서 읽기, 돌아가며 읽기, 가족과 읽기, 잠자기 전 읽기 등 다양한 방법으로 소리 내어 읽습니다. – 매일 소리 내어 책 읽는 습관으로 공부 기초 내공을 다집니다.
STEP 2 **스스로** **매일매일 써요**	■ **스스로 매일 글쓰기 1단계** – 여덟 단어, 미니 단어책 등 어휘력을 향상시킬 수 있는 단어 쓰기를 합니다. ■ **스스로 매일 글쓰기 2단계** – 보물 문장 쓰기, 책 읽고 한마디 등의 활동을 통해 책 읽은 후 내 생각을 짧은 문장으로 쓰면서 문장력을 키워갑니다. ■ **스스로 매일 글쓰기 3단계** – 소통 가득 독서 편지 쓰기로 부모님과 소통하며 깊이 있는 독서가가 됩니다.
STEP 3 **책과 함께 놀아요**	■ **책 발표하기** – 매일 읽은 책을 발표하고 꾸준한 책 읽기 습관을 형성합니다. ■ **책 읽어주기 북토크** – 가족 독서 시간에 읽은 책을 가지고 대화를 나누며 공감하고 소통합니다. ■ **책 놀이하기** – 계절별 책과 함께 다양한 독후 활동을 하면서 독서 흥미를 높입니다. ■ **칭찬하기** – 칭찬 댓글, 칭찬 쪽지 등 칭찬과 공감으로 독서 습관을 키워갑니다.

2장

소리 내어 읽어요

01

하루 10분
큰 소리로 읽기

📖 소리 내어 읽기는 국어 학습의 첫 단추입니다

학창시절 수업시간에 한 명씩 지목해서 돌아가며 책 읽기를 해본 경험이 다들 있을 겁니다. 언제 내 차례가 올까 하며 두근거리는 가슴을 안고 문장을 따라 읽곤 했죠. 그런데 별 거 아닌 것 같은 이 '소리 내어 책 읽기'에 놀라운 비밀이 숨겨져 있습니다.

아이들에게 소리 내어 읽기를 시키면 눈으로 읽거나 그냥 생각만 하거나 외우기를 했을 때보다 뇌신경 세포가 훨씬 더 활성화된다고 합니다. 그것은 눈으로 글씨를 인지하고, 입으로 소리 내고, 귀로 그것을 듣고, 몸에 떨리는 음파까지 전해져 전신으로 4중 읽기를 할 수 있기 때문입니다. 어떤 것을 생각만 하는 것보다 소리를 내어 인지하면 더 쉽게 기억할 수 있는 이치입니다. 소리 내어 읽다 보면 조용히 책을 읽는 것보다 문장의 구조를 더 잘 파악하게 되고, 전체적인 맥락을 더 빨리 이해하게 됩니다.

요즘은 유튜브에 책을 읽어주는 채널이 워낙 많다 보니 책을 읽는 게 아니라 '듣는' 아이들이 많습니다. 그런데 특히 이 시기에는 남이 읽어주는 걸 듣는 것보다 직접 소리 내어 읽는 것이 훨씬 더 놀라운 효과를 발휘한다고 합니다. 캐나다 워털루대의 콜린 매클라우드(Colin M. MacLeod) 심리학 교수 연구팀이 95명을 대상으로 진행한 실험 결과, 소리 내서 읽으면 읽은 내용이 더 잘 기억된다는 결론을 얻었습니다. 글로 쓰인 정보를 소리 없이 읽기, 남이 읽어주는 것 듣기, 자신이 읽은 것을 녹음해둔 것 듣기, 직접 소리 내어 읽기 등 4가지 방법을 통해 내용을 기억하게 하고 얼마나 잘 기억하는지 테스트했습니다. 그 결과 스스로 소리 내어 읽었을 때 10% 이상 기억력이 높았다고 합니다. 이는 입으로 내뱉는 것이 음성을 내는 운동 행위와 자신의 귀로 들어가는 청각 입력이라는 2가지 독특한 구성 요소를 수반하기 때문에 인지에 효과적임을 증명합니다.

📖 소리 내어 책 읽기와 하브루타 말하는 공부법

소리 내어 책 읽기는 유대인의 '하브루타 말하는 공부법'과 맥락을 같이하는 방법입니다. 유대인들이 조국을 빼앗기고도 2,000년 동안이나 민족의 주체성을 잃지 않았던 원동력은 자신들의 율법을 소리 내어 암송하는 데에 있었다고 말합니다. 인구 1,450만 명, 전 세계 인구의 0.2%밖에 안 되는 유대인들이 역대 노벨상의 22.5%를 장악하고 있습니다. 미국 총인구 3억2,900만 명 중 단 2%가 유대인인데 미국 억만장자의

40%를 차지하고요. 아이비리그 교수 중 30%, 학생 27%가 유대인이고, 세계 100대 기업 소유주 40%가 유대인입니다. 이처럼 유대인이 세계의 금융, 경제, 법률의 으뜸으로 활약하는 모습 뒤에는 '말하는 공부법'이 있습니다. 요즘 많이 언급되는 하브루타는 '친구, 짝, 파트너'라는 뜻의 히브리어로, 유대인이 탈무드를 공부할 때 두 사람이 짝을 지어 서로 질문하고 답하는 방식인 이 공부법은 '말하기 학습법'이라고 합니다.

「EBS 다큐프라임 - 왜 우리는 대학에 가는가」 중 '5부 말문을 터라'에서 보면 유대인 도서관에서 학생들이 공부하는 장면이 나옵니다. 우리 상식으로는 숨소리조차 나지 않아야 할 도서관에서 학생들이 두 명씩 짝을 지어 자신이 알고 있는 것을 서로 열심히 설명합니다. 시끄러워서 서로 말한 것을 기억이나 할까 싶을 정도입니다. 그런데 놀라운 것은 대학생을 대상으로 조용하게 공부하게 한 그룹, 유대인의 하브루타처럼 말하며 공부하는 그룹으로 나누고 시험을 본 결과 말하며 공부한 학생들의 성적이 월등히 높았습니다. 말하는 공부법 하브루타의 핵심인 '메타인지'는 나의 사고인지를 보는 또 다른 눈을 말합니다. 즉, 내가 정말 아는 것과 안다고 착각하는 것을 구별하는 능력인 것입니다. 소리 내어 읽고 소리 내어 말하는 과정은 자신의 메타인지를 향상시키는 데 큰 작용을 합니다.

📖 소리 내어 읽지 못하면 생기는 문제

이런 효과를 보기 위해 초등학교에서도 국어시간에 종종 아이들과 소리 내어 책 읽기를 합니다. 그런데 책 읽기를 시켜보면 또래보다 낱말이나 구절, 문장을 바로 읽지 못하고 글을 읽는 속도 자체도 느린 친구가 있습니다. 더듬더듬 읽기도 하고 발음 오류도 많이 보입니다. 예를 들어서 "무엇이든 가리지 않고 잘 먹는다."에서 '가리지'를 '가르지'로, '먹는다'를 '먹었다'로 틀리게 읽는 겁니다. "어여쁜 여자가 나왔습니다."를 "예쁜 여자가 왔습니다."로 바꾸어 읽기도 하고요. 이렇게 바르게 읽지 못하는 친구들은 글을 쓸 때 띄어쓰기도 하지 못합니다.

나	무	꾼		이		산	에		서		호	랑	이	
를		만		났	어	요	.							

띄어쓰기가 안 되서 위와 같이 마음대로 쓰는 1학년 친구가 있었는데, 이 습관을 고치기가 정말 힘들었습니다. 이 단어들은 한 식구라 같이 써야 한다고 알려주고 따라 써보라고 해도 도통 단어별로 쓰지 못하는 것입니다. 이 친구에게 소리 내어 책 읽기를 시켜보았는데 역시나 더듬거리며 제대로 읽지를 못했습니다. 단어별로 띄어서 읽고 쓰는 것을 알아야 하는데 어렸을 때 소리 내어 읽기를 하지 않으면 띄어쓰기, 띄어 말하기에 대한 개념이 생기기 어렵습니다. 우리 아이가 한글을 뗐다고 기뻐하기만 할 것이 아니라 그때부터 제대로 소리 내어 읽기를 가르쳐 주어야 하는 것도 바로 이 때문입니다.

이런 아이들 대부분은 적절한 부분에서 띄어 읽지 못하기 때문에 책 읽기 리듬이 깨집니다. 이처럼 내용을 이해하면서 유창하게 읽는 데 어려움이 있다면, 어렸을 때 많이 책을 읽지 못해서 읽기 학습에 전반적인 어려움을 겪고 있을 가능성이 많습니다. 소리 내어 읽기를 많이 하다 보면 문장 속의 단어와 의미 단위로 끊어 읽기를 잘 할 수 있게 됩니다. 바른 목소리로 능숙하게 또박또박 글을 읽는 것은 국어 학습의 첫 출발입니다.

📖 왜 하루 10분인가요?

제가 오랜 시간 아이들과 함께 책 읽기를 하며 지켜본 바에 의하면 10분은 초등 저학년 아이들이 책을 집중해서 읽는 데 가장 적당한 평균 시간입니다. 10분이면 아이의 집중력이 흐트러지기 전에 그림책 한 권을 다 읽을 수 있습니다. 물론 아이가 더 읽고 싶어 하면 더 읽게 해도 됩니다. 그러나 하루도 빠짐없이 매일 읽는 것이기 때문에 한꺼번에 너무 많은 분량을 제시하기보다는 10분이라도 매일 시간을 내어 읽는 게 더 효과적입니다. 아이는 부담스럽지 않은 그 시간을 기다릴 것입니다.

소리 내어 책 읽기가 좋지만 그렇다고 우리 아이가 모든 책을 읽을 수는 없습니다. 짧은 시간에 얽매어서 빠른 속도로 책을 읽어버리면 아이는 책을 제대로 음미하지 못합니다. 책의 내용도 제대로 이해하지 못할뿐더러 내용을 깊이 있게 상상하지 못합니다. 여유 있게 읽되, 아이가 더 읽고 싶어 하면 더 읽고, 조금만 읽고 싶어 하면 줄이면 됩니다. 우리가 운동을 한다고 하루아침에 근육이 생기는 것이 아니듯이 독서 근육도 꾸준히 매일 하는 게 중요합니다.

📖 소리 내어 읽기는 독서 습관을 다져줍니다

세계 최고 중 하나로 꼽히는 일본의 철도 시스템의 철도원들은 독특한 행동을 한다고 합니다. 이들은 기차를 운행할 때 특정한 상황이 있을 때마다 이를 확인하고 크게 외치는 행동을 의례적으로 수행합니다. 예를 들어 기차가 신호를 받으면 철도원은 "신호가 파란 불입니다!"라고 외칩니다. 기차가 각 역에 들어오고 나갈 때는 속도계를 가리키고 그 시점의 정확한 속도를 불러줍니다. 기차가 출발하기 전에 철도원은 플랫폼 가장자리에 가서 "이상 무!"라고 외칩니다. 모든 세부 사항들을 확인하고, 지시하고, 크게 외칩니다. 번거로워 보이지만 이렇게 확인하고 외치는 과정을 도입한 뒤 85% 이상 실수를 줄였고, 사고율을 30%까지 낮췄다고 합니다.

확인하고 외치는 이 시스템은 무의식적인 습관을 의식적인 수준으로, 즉 인지 수준을 끌어 올리는 작업입니다. 단순히 확인하고 크게 외치는 이 시스템은 믿을 수 없을 만큼 잘 작동하는, 무척이나 효율적인 안전 시스템이라고 합니다. 소리 내어 외치는 행동들이 지속적인 독서 습관을 만들어줄 수 있습니다. 소리 내어 책 읽기는 우리 아이가 책을 읽으면서 자신의 습관을 단단히 다지도록 도와줍니다.

02

소리 내어
책 읽기의 좋은 점

📖 공부를 잘 하게 됩니다

일본 도호구대에서 두뇌 과학을 전문적으로 연구하는 가와시마 류타 교수에 따르면, 인간의 활동 중 두뇌를 가장 많이 활성화시키는 것이 '소리 내어 읽기'라고 합니다. 입과 복근을 이용해 소리를 내고 그 소리를 귀로 듣기 때문에 눈으로만 글을 읽을 때와는 달리 신체의 여러 부분을 사용하게 되어 두뇌 활동이 왕성해진다는 것입니다.

『공부 습관 10살 전에 끝내라!』의 저자 가게야마 히데오는 매일매일 반복되는 습관화된 연습을 통해서만 훌륭한 선수가 될 수 있듯이 공부 능력도 습관으로 다져진다고 말합니다. 10살 전에 스스로 공부하는 습관은 평생의 힘이 되는데, 교과서를 소리 내어 읽는 것을 반복하는 습관을 통해 학력이 향상된다고 합니다. 글을 읽는 단계는 글자를 소리로 바꾸기, 바꾼 소리를 뜻으로 바꾸기, 뜻(의미)을 연결해서 문장의 뜻을 파악하기, 문장과 문장의 뜻을 연결해 전체 글의 의미를 파악하기의 단계를 거칩니다. 일반적으로 눈으로만 읽을 때 좀처럼 이해되지 않은 내용도 소리를 내면 금방 의미를 파악하게 됩니다. 글을 읽는 동안 글자가 청각화된 소리가 뇌에서 이미지를 만들면서 어려운 글도 좀 더 쉽게 이해가 되기 때문입니다.

📖 말 잘하는 사람이 됩니다

책은 사람이 한 말과 생각을 적어 놓은 글입니다. 대부분 등장인물이 어떠한 상황 속에서 하는 말들이 많습니다. 슬플 때 하는 말, 기쁠 때 하는 말, 갈등 상황 속에서 하는 말 등이 아이에게는 좋은 본보기가 됩니다. 인물의 생각이나 상황 속에서 해야 할 말을 저절로 습득하면서 품위 있고 수준 높은 말을 쓰게 됩니다. 더불어 낭독을 많이 하면 목소리도 좋아지고, 정확한 발음으로 말을 하게 됩니다. 책을 소리 내어 읽으면 발음 및 발성 훈련도 저절로 되고, 노래하는 데도 도움이 된다고 합니다.

고학년 교실에서도 책을 읽혀 보면 능숙하게 읽지 못하거나 더듬거리는 아이들이 있습니다. 독서 능력 진단검사를 해보면 독해력은 좋은데 정확하게 읽지 못하는 경우가 있는데, 이는 책을 소리 내어 읽는 훈련이 잘 되어 있지 않은 탓입니다. 정확한 발음으로 말을 잘 하는 아이는 자신감 있는 사람이 됩니다.

📖 책을 저절로 읽고 싶어집니다

초등 저학년 아이들의 담임을 맡았을 때 부모님들이 가장 감사해하는 것은 아이들이 책을 꾸준히 읽는 습관이 길러진 점입니다. 언제부턴가 아이가 학교에서 돌아오면 누가 시키지 않아도 책을 소리 내어 읽는다는 것입니다. 아이가 이렇게 책을 많이 읽을 줄 상상을 못했다고 하십니다. 그것은 하루 10분, 한두 권이라도 매일 빠지지 않고 읽는 습관 형성의 문제입니다. 매일 책을 읽으면 그 읽는 소리가 일상생활에 스며들게 됩니다. 특히 좋은 문장을 바르게 읽어내는 자신의 목소리에 흥미를 느끼면서 자연스럽게 책을 더 읽고 싶은 욕구가 생깁니다. 이렇게 책에 대한 흥미를 붙여두면 이후 성장하면서도 책을 공부 때문에 억지로 읽는 교재가 아니라 자신에게 즐거움을 주는 도구로 여길 여지가 생깁니다.

📖 한글 실력이 향상됩니다

국어 1학년 1학기에는 한글을 익힐 때 '소리 내어 읽기'가 꼭 들어가고, 8단원은 단원명 자체가 '소리 내어 또박또박 읽어요'입니다. 소리 내어 읽으면서 자신이 내뱉고 자신의 귀에 들어간 표현은 기억하기 쉽습니다. 음독을 할 때는 눈으로 읽을 때보다 바른 자세로 소리를 내야 하니, 에너지가 더 많이 들어가고 주의력도 높아지게 됩니다. 묵독하면 지나칠 수 있는 문장도 소리 내어 읽으면 한 문장도 놓치지 않고 읽을 수 있습니다. 듣는 이가 쉽게 이해할 수 있도록 의미 단위로 끊어 읽을줄 안다면 문장을 잘 이해하고 있다는 뜻입니다. 그래서 아직 한글이 익숙하지 않고 책을 능숙하게 읽지 못하는 아이들이 문장의 구조에 맞추어서 소리 내어 읽는 습관은 매우 유용합니다. 아이들은 책 속의 글자, 낱말, 문장, 짧은 글을 소리 내어 읽으면서 띄어쓰기와 맞춤법을 저절로 익히게 됩니다.

초등학교에 들어와서도 3~4살 아이들이 읽는 수준의 유아책을 겨우 읽는 아이들이 있었습니다. 어떤 아이는 책을 읽지 못해서 책 내용을 자신이 지어내어 읽는 해프닝이 벌어지기도 했습니다. 하지만 이후 수업 시간에 매일 소리 내어 읽기를 연습시키고 집에 가서 매일 한 권씩 책 읽기를 꾸준히 지도하자 1학기 중반 지나면서 아이들의 읽는 소리가 달라지기 시작했습니다. 처음에 책 읽기를 힘들어 하던 아이들도 소리 내어 책 읽기를 잘하게 되고 받아쓰기와 띄어쓰기에도 자신감이 붙는 것을 보았습니다. 이를 바탕으로 1학년이 끝날 즈음에는 자신들이 좋아하는 책을 찾아 읽게 되고 글밥이 많은 책도 넉넉히 소화해내는 아이들이 되었습니다. 소리 내어 책을 읽으면서 한글 실력이 일취월장 하는 것을 지켜보며 어린 시절 낭독의 중요성을 새삼 다시 깨닫게 되었습니다.

03

아이가 집에서
소리 내어 책 읽는 방법

📖 처음에는 부모님이 본보기로 읽어주세요

'하루 15분 책 읽어주기'를 강조하는 독서 전문가 짐 트렐리즈(Jim Trelease)도 어린 시절 매일 책을 읽어주던 아버지의 영향을 받아 자연스럽게 책을 사랑하게 되었다고 합니다. 아이들은 한글을 떼어도 처음에는 능숙하게 읽지 못합니다. 그래서 혼자 책을 읽으라고 하면 많이 힘들어 합니다. 그래서 부모님의 본보기가 필요합니다.

꼭 성우나 아나운서처럼 멋지게 읽을 필요는 없습니다. 엄마가 읽는 것을 보고 아이는 '소리 내어 읽는 건 이렇게 하는 거구나' 하고 배우는 것만으로도 충분합니다. 부모님들과 이야기를 나눠보면 제대로 못 읽어줄까 염려하여 아예 읽어주지 않는 경우가 있습니다. 그래서 CD나 유튜브 낭독 채널을 틀어주죠. 하지만 아이는 배 속에서부터 들었던 엄마아빠의 목소리를 들을 때 정서적으로 가장 안정되고 좋아합니다. 더군다나 바쁜 일상 중에 부모가 책을 읽어주는 그 시간만큼이라도 자신을 사랑한다는 것을 느낄 수 있으니 일거양득이죠.

책 한 권을 다 읽어주어야 한다는 부담감은 버려도 좋습니다. 중간에 읽다가 끊으면 아이는 뒷이야기가 궁금해서 혼자서라도 마저 다 읽고 싶어 합니다. 그림책은 그림이 메인이고, 글이 서브 역할을 하기 때문에 아이가 그림을 보면서 전체적인 흐름을 볼 수 있습니다. 오히려 어른이 너무 추가로 설명하거나 각색하면 아이는 상상의 즐거움이 반감될 수 있습니다. 구연동화 선생님처럼 연기까지 해가며 읽어주지 않아도 됩니다. 그냥 읽어주기만 하면 됩니다. 처음에는 이렇게 먼저 본을 보이는 것이 필요합니다.

어느 정도 익숙해진 후에는 부모가 한 줄씩 읽고 아이가 따라 읽게 하면 좋습니다. 이때 책은 평소 읽는 책보다 약간 쉬운 책을 고르되, 읽을 때 조사나 토씨까지 빼먹지 않고 하나하나 정확하게 읽어주세요.

📖 가족이나 반려동물에게 읽어주게 하세요

책을 가족이나 사람들 앞에서 읽도록 하면 좋습니다. 혼자서도 잘하는 아이도 있지만, 혼자 읽을 때 대충 읽거나 빨리 해치우려고 읽기 때문에 발음이 엉망일 수 있습니다. 초기에는 책을 소리 내어 읽을 때 부모님이 옆에서 들어주면 좋습니다. 일단 2주 정도만 해도 어느 정도 읽는 틀이 갖추어지게 됩니다. 부모님이 앞에 있으면 아이는 아주 정성을 들여 읽습니다. 뒤에 가면 익숙해져서 혼자 읽게 되어도 엄마가 있는 부엌까지 들리도록 크게 읽기도 합니다. 다른 사람 앞에서 읽는 연습을 많이 한 아이는 집중력과 발표력이 향상되어 점점 더 잘 읽는 아이가 됩니다.

1년 동안 우리 반 아이들은 매일 한두 권씩 책을 소리 내어 읽고, 독서 기록 카드에 책 제목을 적은 후 부모님의 사인을 받아 옵니다. 이때 저는 아이들에게 책을 읽을 때 어떻게 소리 내어 읽어주어야 하는지 설명하고 알려줍니다.

"소리 내어 책 읽기란 네 방에서 읽는 소리가 거실까지 들릴 정도로 크게 읽는 것을 말해. 네가 읽는 소리를 듣는 사람이 알아듣도록 정확하게 읽어야 한단다. 그리고 네가 읽으면서 그 말이 무슨 뜻인가 생각하면서 읽어야 해. 읽을 때는 의자에 앉아서 책은 90도로 세우고, 고개는 반듯하게 바른 자세로 읽어야 해. 한 번 소리 내어 읽고 나서 독서 기록 카드에 책 제목을 적어. 오늘 읽고 싶은 책을 다 읽고 나서 엄마에게 가져가면 엄마가 사인해주실 거야."

아이가 읽을 때 문을 닫고 읽으면 효과가 반감됩니다. 엄마가 집안일을 하면서도 들을 수 있게 자녀의 방문을 열어 놓는 게 좋습니다. '우리 엄마가 내가 책 읽는 것을 듣고 있구나'라는 생각이 들면 아이들은 더 잘 읽습니다. 아이가 책을 읽으면 중간에 잘 듣고 있다는 의미로 "오호, 좋아.", "그렇구나.", "정말이야?", "아이구, 어쩌나?" 하면서 방해되지 않는 추임새를 넣어줍니다. 또 가능하면 아이와 눈을 맞추거나, 고개를 끄덕이거나, 비언어적인 행동으로 잘 듣고 있다는 반응을 보여줍니다.

아이가 책을 읽다 보면 제대로 읽는지 확인이 가능합니다. 발음이 정확하지 않거나, 띄어 읽기를 제대로 못 할 수도 있습니다. 아이가 책을 읽는 중간에 이해가 잘 안 되는 부분은 더듬더듬 읽거나, 읽는 속도가 느려질 수도 있습니다. 유창하게 읽지 못한다고 중간에 끼어들어서 제대로 읽으라고 지적을 하게 되면 아이는 더 위축될 수 있습니다. 아이가 조금 서툴더라도 처음부터 끝까지 다 들어주는 게 필요합니다. 자꾸 반복 훈련을 하다 보면 머지않아 아이가 능숙하게 읽을 수 있게 될 테니까요.

책의 처음부터 끝까지 읽기 공연이 끝나면, 아이의 수고에 칭찬과 격려를 해줍니다. 이때 책 내용과 읽는 소감을 꼬치꼬치 묻는 것은 금물입니다. 나중에 아이가 하고 싶은 말이나 떠오르는 생각이 있을 때 이어서 부모가 생각을 이끌어주는 게 좋습니다.

오프라 윈프리는 세 살 무렵부터 글을 읽었다고 합니다. 어린 윈프리의 독서는 강아지에게 성경을 읽어주는 것부터 시작했습니다. 어쩌면 그녀의 탁월한 전달력은 그때부터 시작되었는지도 모릅니다. 다른 이에게 글을 읽어주는 활동은 상대방이 이해하기 쉽게 말하는 방법을 자연스럽게 익히게 합니다. 저희 딸이 어려운 공부를 하거나 발표 준비를 할 때 종종 하는 방법이기도 한데, 이렇게 다른 사람을 앞에 두고 말해보는 연습을 하면 내용이 훨씬 잘 떠오르고 좀처럼 잊어버리지 않는다고 합니다. 이 방법은 '하브루타 말하기 공부법'과 같은 맥락입니다.

형제자매가 있다면 형이나 언니가 동생에게 읽어주게 합니다. 읽어줄 때 칭찬을 듬뿍 준다면 큰 아이의 자존감도 자라고 동생의 생각도 자라니 일석이조입니다. 형제자매가 없거나 부모님과 함께 책 읽기가 여의치 않다면 아이들이 좋아하는 인형이나 반려동물에게 읽어주는 방법을 알려줘 보세요. 아이들이 학습하는 방법에는 수업 듣기, 읽기, 듣고 보기, 시연하기, 집단 토의, 연습, 가르치기가 있는데, 이 중에서 가장 평균 기억률이 높은 것은 가르치기와 연습입니다. 다른 사람에게 들려주는 것은 자신이 주도적으로 누군가에게 가르치는 효과를 주기 때문에 더 잘 기억할 뿐더러 독서의 흥미 또한 높여주게 됩니다.

📖 가족 또는 친구들과 돌아가며 읽게 하세요

엄마와 아이 두 사람이 서로 번갈아가면서 책의 한 문장씩 읽는 것으로, 이른바 '교독(交讀)'이라는 방법입니다. 온 가족이 둘러앉아 한 문장씩 돌아가며 읽어도 좋습니다. 이 방법은 흔히 학교에서 다 같이 읽는 방법인데, 아이들 집중도가 매우 높습니다. 저는 교실에서 하루 5분 정도는 꼭 할애해서 반 아이들 모두 같이 소리 내어 책을 읽는 시간을 가집니다. 쩌렁쩌렁 책 읽는 소리가 교실을 가득 채우곤 하지요. 옆 친구와 같이 읽으니 자신의 목소리가 들려야 해서 더욱 큰 소리로 읽습니다. 또 어디 읽는지 모르면 자기 차례를 놓치기 때문에 초 집중을 하면서 읽습니다. 그러기 때문에 더욱 더 문장을 또박또박 읽게 되고, 다른 사람이 읽는 정확한 발음을 듣게 됩니다.

다른 사람이 읽어주는 책을 듣는 아이들은 묘한 행복감을 느낍니다. 자신이 읽을 때와 달리 다른 사람이 읽는 것을 들으면서 또 다른 상상을 하고 함께 감정을 공유할 수 있습니다. 이 방법은 함께 읽은 책을 가지고 같이 이야기를 나눌 수 있는 좋은 방법입니다. 특히 친구들과 함께 읽으면 지루해하지도 않고, 친구도 사귀면서 즐겁게 읽을 수 있습니다.

초등학교 저학년이 보는 그림책은 등장인물들의 말이 적당히 섞여 있어서 연극 대본처럼 읽어도 좋은 글들이 많습니다. 대부분의 아이들은 등장인물이 되어 읽는 것을 아주 좋아합니다. 마치 배우가 대본 리딩을 하듯이 정말 실감나게 읽습니다. 엄마가 줄글을 읽고 아이는 큰 따옴표 안에 있는 대사를 읽는다면 아이는 부담을 덜 갖고 읽게 될 것입니다. 더불어 자연스럽게 큰따옴표, 작은따옴표 같은 문장부호도 익히게 됩니다. 아이의 성향에 따라서 바꿔서 아이가 줄글을 읽고 엄마가 대사를 읽어도 좋습니다.

📖 읽고 싶은 부분만 골라 읽게 하세요

책, 글, 신문, 사전 등에서 필요한 부분만 읽는 것입니다. 아이들도 조금씩 책을 읽으면서 좋아하는 분야가 생기기 시작합니다. 그럴 때 자신이 읽고 싶은 내용만 골라서 읽게 하는 것도 독서량 늘리기에 좋은 방법입니다. 브리태니커 백과사전이나 전문 과학 동화 같은 것은 다 읽기가 너무 많기 때문에 아이가 흥미를 갖는 분야를 골라서 조금씩 읽게 해주면 좋습니다. 이럴 경우 도서관의 복사기를 이용해서 그 부분만 복사해서 따로 읽는 방법이 있습니다. 그렇게 읽은 신문이나 글들은 잘 스크랩해두면 우리 아이만의 또 다른 책이 됩니다.

아이들이 책을 읽다 보면 모르는 단어가 많이 나옵니다. 이때 자신이 좋아하는 형광펜을 골라서 마음에 드는 단어, 처음 본 단어, 궁금한 단어를 표시하게 합니다. 빨간색은 마음에 드는 단어, 파란색은 처음 본 단어, 초록색은 궁금한 단어 등으로 구분을 해두면 다음에 단어 체크할 때 유용합니다. 이는 맥락 속에서 이해는 하지만 애매한 단어들을 나중에 사전에서 찾아서 더 정확하게 이해할 수 있게 하기 위함입니다. 중요한 것은 아이가 책을 읽으면서 단어를 인지하고, 글의 전체적인 맥락에서 이해하고 유추하는 능력이 향상된다는 것입니다. 마음에 드는 문장을 찾아서 줄을 쳐보는 것도 좋습니다.

📖 큰 소리로 읽게 하세요

초등학교 교사로서 제가 학생들에게 꼭 심어주고 싶은 것 중 하나는 바로 자신감입니다. 부모님들도 아이의 자신감만큼은 정말 세워주고 싶어 합니다. 그런데 쥐구멍이라도 들어갈 것 같은 작은 목소리로 발표하는 아이들이 의외로 많습니다.

교실 수업은 교사의 말과 아이들의 말로 이루어집니다. 집보다 훨씬 넓은 공간에서 아이들이 주고받는 말로 수업의 질이 결정되기 때문에 선생님은 아무래도 큰 목소리로 자신 있게 말하는 아이들에게 눈이 가고 호감을 갖게 됩니다. 그래서 아이들 발표력 향상을 위해 많은 노력을 합니다. 아이들도 1년이 지나면 넓은 공간과 여러 사람이 있는 환경에 적응이 되어 조금 목소리가 커지긴 하지만, 바람직한 수준으로 쉽게 교정이 되진 않습니다. 그것은 우리 아이가 집에서 크게 소리 내어 읽어본 적이 많이 없기 때문입니다. 집에서 거의 안 해봤는데 어느 날 갑자기 학교에서 큰 목소리로 자신있게 발표할 확률은 매우 적습니다. (집에서 소리 지르며 말하는 것과 수업시간에 발표를 하는 것은 별개입니다.)

학교에서 자신감 있게 발표하는 아이가 되게 하려면 먼저 집에서 큰 목소리로 읽는 훈련을 시켜주세요. 읽을 때는 글자를 빠트리지 않고 읽고, 정확하게 그대로 읽도록 지도해야 합니다. 1학년의 소리 내어 읽기의 목표가 '정확하게 읽기'라면 2학년의 소리 내어 읽기는 '느낌을 살려서 읽기, 글에 나타난 인물의 마음을 생각하며 실감 나게 읽기'입니다. 큰 소리로 읽으면 정확하게 읽게 되고, 점차 느낌을 살려 실감나게 읽을 수 있습니다.

📖 천천히 정확하게 또박또박 읽게 하세요

양	변	기	안	에		음	식	물		또	는		휴	지
를		넣	지		마	세	요	.		양	변		기	가
막	힙	니	다	.										

엄	마		가	죽	을		반	찬	통	에		넣	어
주	셨	어	요	.									

우리말은 같은 낱말, 같은 문장이지만 어떻게 끊어 읽느냐에 따라 전

혀 다른 의미가 됩니다. 앞의 예시처럼 띄어쓰기 실수 때문에 문장의 뜻
이 바뀌는 경우가 종종 있기도 합니다. 끊어 읽기를 제대로 못하면 문장
의 의미를 정확하게 파악하지 못합니다.

아직 문장이 익숙하지 않은 아이들이 눈으로 책을 읽으면 단어만을
스쳐가면서 후루룩 읽게 되는 경우가 많습니다. 그렇게 눈으로만 빠르
게 읽는 게 습관이 되면 책 펼친 지 얼마 되지도 않았는데 다 읽었다며
책을 덮습니다. 그러면 부모는 우리 아이가 책 읽는 속도가 빠르다 칭찬
하면서 또 다른 책을 줍니다. 책은 이것저것 많이 읽은 것 같은데 사실
책 내용은 전혀 이해하지 못하는 읽기 부진이 발생하는 이유가 바로 여
기에 있습니다.

우리가 말하는 정독은 소리 내어 읽는 속도로 한 글자도 빠트리지 않
고 꼼꼼히 읽는 속도를 말합니다. 이렇게 천천히 정확하게 또박또박 읽
는 습관을 가지면, 시간이 흘러 더 이상 소리 내어 읽지 않아도 정확하게
읽는 습관이 길러집니다.

📖 아이 수준에 맞는 책을 권해줍니다

아이가 초등학교에서 수업을 따라가려면 1~2학년 때는 교과서 수준
의 글과 그림이 읽는 책을 읽으면 됩니다. 3~4학년에 가면 교과서에 나
오는 중급 수준의 글책을 읽고, 5~6학년에 가면 고급 수준의 글책을 읽
을 수 있어야 학교 학습이 가능합니다. 이 책 부록에 교과연계도서 리스

트가 나오는데 그 수준에 해당하는 책을 읽을 수 있으면 됩니다. 만약에 읽기 수준이 자기 연령에 미치지 못한다면 국어는 물론 대부분의 교과 학습에서 학습 부진을 겪게 됩니다. 우리 아이에게 무슨 책을 읽혀야 할지 모르겠다면 해당 학년의 교과서 수록 도서 중 한 권을 선택에서 읽혀보세요. 그 책이 어려우면 아이는 해당 학년 수준에 비해 언어 능력이 부족한 경우입니다. 그렇다 하더라도 너무 걱정할 필요는 없습니다. 초등학생이라면 아직 책 읽기 골든타임을 넘기지 않았으므로 꾸준히 읽게 하면 금방 따라올 수 있습니다.

📖 정해진 시간과 장소에서 읽게 하세요

아이가 독서를 꾸준히 하기 위해서는 독서 시간과 장소를 정해두는 게 좋습니다. 학교에 다녀온 후 가방 정리나 해야 할 과제나 챙겨야 할 준비물이 있다면 가급적 책을 먼저 읽고 하는 게 좋습니다. 뭐든지 가장 중요한 것을 먼저 해놓는 게 남는 장사니까요.

집에 엄마가 있다면 "엄마, 저 지금 책 읽을게요. 오늘은 엄지공주, 피노키오를 읽을 거예요."라고 큰 소리로 말한 뒤 자신이 정한 장소에서 바르게 앉아서 소리 내어 읽게 합니다. 이렇게 한번 습관을 들여놓으면 오히려 책을 읽지 않는 게 어색합니다. 아이들이 주말에 친척집에 다녀오거나 여행을 다녀온 날에도 빠지지 않고 책을 읽어오는 것을 보면 너무 기특합니다. 피곤해서 안 읽겠다고 할 법도 한데 이젠 습관이 되어 무슨 일이 있어도 책을 읽어오는 1학년 제자들을 보면 존경스럽기까지 합니다.

아이의 책 읽는 습관이 기름칠한 기계처럼 매끄럽게 돌아갈 때까지는 옆에서 어른이 꼼꼼하게 챙겨주는 것이 필요합니다. 원칙을 세우고 부모가 힘이 들더라도 함께하는 모습을 보여주는 것입니다. 책 읽기를 시작하기로 한 날부터 하루도 빠지지 않고 해야 합니다. 중간에 여행을 간다거나 할 때에는 책을 가지고 가서라도 읽게 해주어야 합니다. 그래야 아이들은 세 끼 밥 먹듯이, 양치질 하듯이 독서를 합니다.

기초 독서 습관이 생길 때까지는 부모 역시 "오늘은 너무 피곤하니까, 우리 읽지 말까?"와 같은 말은 가급적 꺼내지 않는 게 좋습니다. 한번 길을 내면 아이들은 그 길을 옳은 길로 알고 계속 갑니다. 책 읽기가 너무도 당연한 아이들은 매일 정해진 시간에 정해진 장소에서 책을 읽습니다. 가장 좋은 것은 학교 갔다 오면 바로 책을 읽는 습관을 들이는 것입니다.

📖 자기가 좋아하는 책을 읽게 하세요

분명 우리 아이에게도 감정이 있고 책에 대한 기호가 있습니다. 간혹 부모님들이 아이들이 훌륭한 사람이 되기를 바라는 마음에서 위인전 같은 특정 책을 읽으라고 강요하는 경우가 있습니다. 또 큰맘 먹고 산 세계명작동화나 자연 관찰 전집 같은 책을 의무적으로 읽으라고 하는 경우도 있죠. 이런 집에서는 아이들이 부모님이 권한 책만 읽습니다. 물론 전집에 있는 책을 골고루 읽으면 아이가 배울 것이 많을 것입니다. 하지만 부모님이 권해주는 책만 읽으면 아이의 책에 대한 흥미는 오래 가지 못합니다. 책을 읽으면서 스스로 흥미를 느끼지 않으면 더 이상 독서 독립은 이루어지지 않습니다.

아이가 책의 바다에서 헤엄치며 신나게 읽게 하려면 방법은 간단합니다. 아이가 진짜 좋아하는 책을 읽게 하는 것입니다. 교실 학급 문고에 우리 반 1학년 친구들이 애정하는 책(『안돼 삼총사』, 『어디로 갔을까 나의 한 쪽은』, 『마당을 나온 암탉』, 『나는 기다립니다』, 『뛰어라 메뚜기』 등)이 몇 권 있었는데, 1년이 지나자 거의 너덜너덜 걸레가 다 될 정도로 아이들이 좋아했습니다. 아이들이 왜 유독 이 책들을 좋아하는 건지 궁금하기도 했지만 원래 아이들의 세계는 특별합니다.

아이들마다 흥미를 갖는 분야가 다 다릅니다. 각자 좋아하는 음식이 있는 것처럼 책 읽기도 그러합니다. 과학에 대해 흥미를 갖는 친구, 요리나 미용에 관심을 보이는 친구, 식물이나 예쁜 것에 관심이 있는 친구, 바다나 하늘에 관심이 많은 친구, 추리 이야기에 관심을 보이는 친구까지 각양각색입니다. 아이에게 무슨 책을 읽고 싶은지 물어봐서 10권 정도를 준비한 뒤 그 책들만 계속 반복해서 읽어도 얼마든지 좋은 독서가 될 수 있습니다.

04

아이가 읽을 때
엄마아빠가 도와주는 방법

📖 매일 책 기록을 확인하고 응원해주세요

유대인 아이들이 학교에 가서 제일 먼저 하는 것은 도서관에서 책을 빌리는 일이라고 합니다. 매일 매일 새 책을 빌리고, 읽은 책은 반납하며 독서카드를 빼곡히 채워 나가게 합니다. 부모는 학기 말 지급되는 아이의 독서카드를 보면서 자녀의 흥미와 관심이 무엇인지 알게 됩니다.

그래서 저는 수업시간에 책 읽기 활동을 할 때는 매일 책 제목을 기록하게 합니다. 오랜 기간 교직 생활을 하면서 가장 많이 느끼는 것은 '아이들은 엄마를 매우 사랑한다'는 점입니다. 내가 사랑하는 엄마가 좋아하는 것이라면 무엇이든 할 수 있는 존재가 바로 우리 아이들입니다. 그래서 저는 반 아이들이 15권을 읽고 부모님의 칭찬 글을 받아오면 비타민을 선물로 줍니다. 이것은 독서의 기쁨을 느끼게 함과 동시에 아이가 사랑하는 부모님이 아이의 독서에 좀 더 관심을 갖도록 유도하는 과정입니다. 아이가 책을 다 읽고 독서 노트를 부모님에게 보여주면 할 수 있는 모든 마음을 다 모아서 칭찬해달라고 부모님께 미리 부탁을 드립니다. 혹 많이 바쁘시면 반드시 확인 사인이라도 꼭 해달라고 말씀 드립니다. 저도 혹시 일정이 바빠서 코멘트를 자세히 달아줄 시간이 부족한 경우라면 반드시 도장이라도 콕 찍어줍니다. 도장에는 '선생님은 네가 책을 열심히 읽은 행동을 기억하고 있어. 앞으로 더 잘해보렴.' 하는 의미가 담겨 있습니다. 아이를 응원할 수 있는 예쁜 도장을 마련해서 매일 찍어주는 것도 추천합니다. 부모님이 매일 사인해주고 도장을 찍어주는 아이들은 어떻게든 책을 읽어옵니다. 그런데 사인을 못 받은 아이는 슬프게도 지속적으로 읽을 흥미를 갖지 못합니다. 이건 제가 현장에서 지켜본 실제 모습입니다. 매일매일 작은 목표를 가지고 책을 읽는 것이 습관이 되면 연휴 때에도, 현장체험학습 가는 날도 무조건 책 읽기를 해서 가져옵니다. 이것이 1학년의 힘입니다.

아이가 읽는 책이 100권이 넘을 때마다 부모님이 작은 이벤트를 해주는 것도 좋습니다. 아이가 좋아하는 음식 해주기, 작은 선물 주기, 도서관이나 서점 가서 책 사주기, 좋은 영화 보기, 가족 여행 가기 등 무엇이든 좋습니다. 아이가 날마다 수고하고 애쓴 것에 대해 부모가 알아주며 건네는 작은 칭찬은 책 읽기에 대한 행복한 추억을 만들어줄 것입니다.

📖 목표를 스스로 정해서 읽게 하세요

책은 많이 읽는 것도 중요하지만 잘 읽는 게 중요하다고 합니다. 하지만 독서 습관을 형성하는 저학년 때는 우선 다독, 양적 독서가 필요하다고 생각합니다. 그림책은 금방 읽어서 많은 수량의 책을 읽을 수 있기 때문에 아이들의 성취 욕구를 자극할 수 있습니다. 마트에서 포도알 스티커를 다 모으면 선물 주는 것 때문에 다 채우려고 물건을 더 사는 이치와 같습니다. 자신만의 목표를 이루는 과정을 통해서 독서의 즐거움도 덤으로 따라 오게 됩니다.

학기 초에 우리 반 1학년 친구들의 1년 독서 목표를 부모님과 정해보도록 과제를 내주었습니다. 다른 사람과 비교하기 위한 목표가 아닌 자신이 읽고 싶은 권수를 정하는 것입니다. 예를 들어 '올해 12월 31일까지 365권을 읽겠다.'라고 목표를 정합니다. (저학년은 책 읽는 시간을 정하는 것보다 가시적인 책 권 수를 목표로 하는 것이 효과적입니다.)

이 목표를 체크하는 방식은 여러 가지가 있습니다. 먼저 '독서 오름 나무'는 집에 독서 나무를 종이나 천으로 만들어서 벽에 붙인 뒤 나뭇가지에 눈금을 표시하여 독서 목표를 '10권', '20권' 하는 식으로 적어놓는 방식입니다. 그리고 아이 캐릭터나 이름표를 만들어서 아이가 독서 권수를 달성할 때마다 올라가게 해줍니다. '독서 달리기' 방식도 있는데 이는 거실에 긴 길을 만들어 놓고 길마다 독서 목표 권수를 적어 놓고 아이가 달리는 모양을 만들어서 목표를 달성할 때마다 앞으로 나아가며 붙이도록 하는 것입니다. '독서 스티커판'은 독서록 앞에 목표한 권수대로 숫자를 쓴 후 읽을 때마다 1부터 100이 써진 숫자판을 붙여서 책을 읽을 때마다 스티커를 붙여주는 방식입니다. 또 '독서 통장'을 만들어 책을 읽을 때마다 저금하는 느낌으로 책 이름, 날짜, 권수를 기록하는 것도 아이

교실 벽에 설치한 독서 달리기 판

들이 좋아합니다. '독서 달력'을 직접 만들어서 날짜에 읽은 책을 기록하거나, 시중에 파는 큼지막한 탁상 달력에 읽은 책을 직접 기록하기도 합니다. 이 방식들은 내가 책을 읽은 것을 아이 스스로 날마다 눈으로 확인할 수 있도록 시각적으로 보여주고자 하는 것입니다.

📖 아이의 책 읽는 시간을 소중히 여겨주세요

저학년 때는 아이들이 책을 읽는 동기부여가 될 수 있는 구체적인 칭찬과 관심이 필요합니다. 거기에 더해 우리 아이들이 책을 읽고 성장해야 할 시간을 부모님이 존중해주면 좋겠습니다. 간혹 아이들이 책 읽기를 못해온 이유로 "어젯밤에 어디 다녀오느라 책 읽기를 못했어요.", "가족들이랑 외식하느라 숙제를 못했어요.", "어제 학원이 너무 늦어져서 못했어요." 하며 집에서 있었던 상황을 이야기할 때가 있습니다. 어쩌다 한 번이 아니라 자주 이런 일 저런 일로 책을 읽지 못하는 아이도 있습니다. 이런 경우는 부모님의 불규칙적인 생활 때문에 아이의 독서 습관이 자리 잡지 못하는 상황입니다. 가능하면 아이가 마음 편히, 그리고 습관적으로 독서를 할 수 있도록 시간을 배려해주는 것이 좋습니다. 특히 과도한 사교육으로 인해 학원을 많이 다니는 아이는 집에 와서 책을 읽을 마음이 생기지 않을 것입니다.

05

동시 활용
읽기 훈련법

📖 동시에는 보물이 담겨 있습니다

1학년 국어는 소리 내어 읽기를 강조하는데, 특히 2학기 5단원인 '알맞은 목소리로 읽어요'를 보면 소리 내어 시 읽기가 있습니다. 집중력이 떨어지는 아이들에게도 동시는 다른 글에 비해 흥미를 유발할 수 있습니다. 시는 평소 일반 글에서 볼 수 없는 표현들이 여기 저기 감추어져 있는 보물 창고입니다. 또 동시에 사용되는 소리를 흉내 내는 말, 모양을 흉내 내는 말은 아이의 어휘력과 표현력 향상에 도움이 됩니다. 의성어나 의태어를 자주 접하다 보면 글쓰기 능력이 매우 향상됩니다. 동시를 소리 내어 읽으면 노래 부르는 것 같은 리듬을 느낄 수 있어 지루하지 않다는 장점도 있습니다.

무엇보다도 동시는 다양한 은유 표현이 담긴 상징성 높은 문학 작품이어서 함축된 언어로 감정을 표현함으로써 읽는 이의 마음이 위로하는 효과도 있습니다. 또 시의 언어는 회화적이기 때문에 아이들의 상상력이 자라납니다. 시 속에 있는 표현이 시각적, 청각적인 상상력을 자극하여 아이들의 창의력을 향상시킬 수도 있습니다. 특히 동시는 계절 변화를 감성적으로 배울 수 있는 어휘가 많습니다. 많은 그림책이나 아동도서가 외국의 이야기와 문화를 담고 있는 것에 비해 동시는 한국 작가들의 아름다운 감성이 배어 있어 한국적인 정서 함양에 도움이 되고 자연과 사람과 삶에 대한 공감 능력도 높일 수 있습니다.

📖 외우지 않아도 좋아요. 읽기만 하면 됩니다

저는 학교에서 교과서에 나와 있는 동시와 학년 수준에 맞는 여러 동시를 모아서 A4용지에 편집하여 나눠주고 1년 동안 시간 날 때마다 읽게 합니다. 이렇게 1년 동안 동시를 읽었더니 학년 말이 되자 따로 시킨 것도 아닌데 어느새 아이들이 그 동시를 다 외우는 것입니다. 학부모님들에게도 학교에서 동시 외우는 시간을 주었느냐, 우리 아이가 시를 다 외운다며 매우 기뻐하는 이야기를 들었습니다.

언젠가 담임했던 4학년 친구들을 2년이 지나 다시 만났는데 1년 동안 낭송한 동시를 그때까지 기억하고 있는 것을 보았습니다. 따로 외우라고 하지 않았고 1년 동안 매일 한 번씩 큰 소리로 같이 읽은 것뿐이었습니다. 그런데 아이들이 입만 열면 동시가 줄줄줄 나옵니다. 예를 들어서 수업 중에 떡볶이라는 말이 나오면 자동으로,

떡볶이   정두리

달콤하고 조금 매콤하고
콧잔등에 땀이 송골송골
그래도 호호거리며 먹고 싶어. (후략)

시가 나오는 것이었습니다. 아이들 머릿속에 시가 자동으로 저장되어 버린 것입니다.

"선생님과 같이 읽었던 동시가 너무 재미있었어요."

"선생님 하면 그 동시가 떠올라요."

낭독은 이렇게 아름다운 동시를 아이들 마음에 평생 새기는 것입니다. 10년이 가도 20년이 가도 더 빛나는 보석처럼 말이죠. 아이들은 이렇게 재미있는 동시를 좋아합니다. 가정에서도 아이가 좋아하는 동시를 뽑아서 잘 보이는 곳에 붙여놔 보세요. 오다가다 한 번씩 읽어보는 것입니다. 이렇게 읽기만 해도 아이는 시에 담긴 모든 것을 흡수합니다.

📖 어떤 동시를 어떻게 읽을까요?

아이와 함께 하루 한 편 시 읽는 시간을 가져보세요. 느낌을 살려 동시를 읽다 보면 우리 아이가 어느새 시인이 되어 있을 거예요. 이때 조사 하나도 빠트리지 않고 정성껏 읽는 것이 중요합니다.

다음은 2학년 1학기 국어 1단원, 2학기 동시 단원에 나오는 학습 목표와 주제입니다.

(2-1) 인물의 마음을 상상하며 시를 읽어봅시다.
시를 여러 가지 방법으로 읽기, 장면을 떠올리며 시 읽기, 시 속 인물의 마음 상상하기, 좋아하는 시 낭송하기.

(2-2) 시를 읽고 장면을 떠올리며 생각이나 느낌을 말해봅시다.
시를 읽고 생각이나 느낌 말하기. 시를 찾아 읽고 여러 가지 방법으로 전하기.

1) 내가 만든 동시를 읽습니다

아이들과 다양한 체험을 한 후 짧게 동시를 씁니다. 자신이 쓴 동시를 발표하는 기회를 많이 갖습니다. 행과 연에 상관없이 생각나는 대로 적어보라고 합니다. 단, 흉내 내는 말을 넣어야 하고, 짧게 써야 한다고 조건을 답니다.

우리반 민달팽이   고서현(1학년)

우리반 친구들이 동글동글
찰흙으로 추석음식을 만들고 있어요.
민달팽이가 꿈틀꿈틀
친구들이 소곤소곤
말을 해도
민달팽이는 꿈틀꿈틀 앞을 보고 가고 있어요.

블루베리와 딸기 　　　김래인(1학년)

우리반이 블루베리를 따먹을려고 했는데
블루베리들이 자기를 먹을까봐 흔들흔들 거리고
딸기들도 흔들두들
무서워서 흔들두들

2) 교과서에 나와 있는 동시를 읽습니다

초등학교 해당 학년 국어 교과서에서는 그 학년 수준에 맞게 교과 성취기준에 맞는 가장 적절한 동시가 실려 있습니다. 교과서에 나와 있는 동시는 어른인 제가 봐도 감동할 정도로 작품성이 뛰어납니다. 이런 동시를 아이들의 마음에 복사해줄 수 있다면 얼마나 좋을까요? 국어 교과서에 실린 동시는 꼭 낭송해서 암송으로 갈 것을 적극 추천합니다.

좋겠다 　　　서정숙

꽃잎은 좋겠다.
세수 안 해도.
방울방울 이슬이
닦아 주니까.

나무는 좋겠다.
목욕 안 해도.
주룩주룩 소낙비
씻어 주니까. 　　　　　　　　　　　　　　　　　(국어 1-1가 수록)

소나기 　　오순택

누가 잘 익은 콩을
저렇게 쏟고 있나

또르록 마당 가득
실로폰 소리 난다

소나기 그치고 나면
하늘빛이 더 많다 　　　　　　　　　　　　　　　(국어 3-1가 수록)

3) 감성이 잘 담긴 동시를 읽습니다

사계절마다 아이들의 감성과 어울리는 동시들이 많이 있습니다. 아이들 정서함양에 좋은 동시, 또 아이들 생활과 감정이 잘 드러나 공감이 되는 동시를 함께 선정하여 읽으면 좋습니다.

〈소리 내어 읽기 좋은 동시집 추천 리스트〉

- 『1, 2학년이 꼭 읽어야 할 동시집』 (김종상, 학은미디어)
- 『3, 4학년이 읽고 싶은 낭송 동시집』 (이창건, 파랑새어린이)
- 『5, 6학년이 꼭 읽어야 할 동시 61편』 (김종상, 학은미디어)
- 『Z교시』 (신민규, 문학동네)
- 『근데 너 왜 울어?』 (동시마중 편집위원회, 상상의힘)
- 『까불고 싶은 날』 (정유경, 창비)
- 『난 방귀벌레, 난 좀벌레』 (유희윤, 문학과 지성사)

- 『너 내가 그럴 줄 알았어』(김용택, 창비)

- 『마음이 예뻐지는 동시, 따라 쓰는 꽃 동시』(이상교, 어린이나무생각)

- 『별을 사랑하는 아이들아』(윤동주, 푸른책들)

- 『쉬는 시간 언제 오냐』(초등학교93명아이들, 휴먼어린이)

- 『쉬는 시간에 똥 싸기 싫어』(김개미, 토토북)

- 『시가 말을 걸어요』(정끝별, 토토북)

- 『첫말 잇기 동시집』(박성우, 비룡소)

- 『파란마음 고운 마음 동시, 동시 따라쓰기』(신미희, 달리는곰셋)

- 『팝콘 교실』(문현식, 창비)

3장

스스로
매일매일 써요

01

독서 후 쓰는
짧은 글의 힘

📖 초등 저학년은 글쓰기의 기틀을 잡는 시간입니다

2학기 학부모 상담 주간에 1학년 우리 반의 서현이 엄마를 뵙게 되었습니다. 학기 초보다 아이의 글쓰기가 월등히 좋아졌기에 궁금해서 물었습니다.

"어머니, 서현이가 어쩜 이렇게 글을 잘 쓰죠? 어머니가 집에서 서현이를 잘 가르치셨나봐요. 어디 독서 논술 학원이라도 보내세요?"

그랬더니 펄쩍 뛰시면서 이렇게 말씀하셨습니다.

"아니에요 선생님. 초등학교 들어와서 책을 많이 읽고 글을 써서 그래요. 저는 그동안 하나도 안 가르쳤어요."

서현이의 글이 별도의 추가 지도 없이 1년 동안 이렇게 성장했다는 것에 새삼 놀랐습니다. 입학해서 꾸준히 책을 읽고 열심히 수업에 참여한 서현이의 성실함을 떠올리니 학교에서 글쓰기 실력이 늘었다는 게 맞다는 생각이 들었습니다.

1학년들에게 가장 중요한 것은 내 생각을 잘 말하고, 잘 쓰고, 잘 표현하는 것입니다. 그래서 1년을 하루 같이 매일 읽고, 말하고, 쓰고, 실력을 쌓는 것을 놓치지 않도록 옆에서 살폈습니다. 지금은 서현이를 비롯해 많은 친구들의 글쓰기 실력이 향상된 것을 보며 흐뭇함과 보람을 느끼고 있습니다.

인간이 자기 생각을 표현하는 가장 중요한 2가지 수단은 말하기와 글쓰기입니다. 어릴 때일수록 말로 표현하다가 조금 성장하면서부터 글로 표현하기 시작합니다. 따라서 1학년을 맡으면 말하기에 이어 글쓰기도 잘하도록 지도해야 해야 한다는 부담감이 있기도 합니다. 이때도 독서는 큰 힘을 발휘합니다.

📖 논리적 사고력 향상에 도움이 됩니다

하버드대에 다니면서 어떤 수업이 가장 도움이 되었냐는 질문에 졸업생 40대 1,600명 중 90% 이상이 '글쓰기 수업'이라고 답했다고 합니다. 입학 자격 시험 중 에세이에서 거의 만점을 받아야 하버드대에 들어가지만, 입학 후 신입생들은 1년 동안 본격적으로 글쓰기를 다시 배웁니다. 하버드대는 1872년부터 지금까지 이 전문적 글쓰기 프로그램을 운영하고 있는데 수업의 목표는 바로 '논리적 사고력 향상'입니다. 설득력 있는 사람을 만드는 것이 대학 교육의 목표라고 봤을 때 이 과정에서 가장 중요한 과목인 글쓰기를 강조하는 것입니다. 무작정 많이 배우는 것이 중요한 것이 아니라 얼마나 논리적이고 창의적으로 표현하는 능력을 갖추었느냐가 중요하기 때문이죠. 교실에서 공부를 잘 하는 아이는 글을 잘 쓰는 아이입니다. 글을 잘 쓰는 아이는 어떤 상황에서든 자신의 생각과 마음을 표현할 수 있습니다. 어떤 주제가 나와도 다른 사람과 소통을 잘 합니다.

📖 아이들이 글을 잘 못 쓰는 데는 이유가 있습니다

아이들이 글을 잘 못 쓰는 첫 번째 이유는 글을 쓰기 위한 밑천이 부족하기 때문입니다. 글을 쓰려면 내 생각을 표현할 수 있는 적절한 어휘를 선택하고, 알맞은 단어를 알아야 하는데 관련 언어와 지식이 부족하면 글이 나올 수가 없죠. 글감이 되는 생각은 풍부한 책 읽기를 통해 배운 풍부한 어휘에서 나옵니다.

두 번째로는 아이들이 쓰기 자체를 싫어하는 정서적인 요인을 들 수 있습니다. 앞뒤 가리지 않고 글쓰기라면 싫어하는 아이들도 많은데 그 이유는 다양합니다. 글쓰기는 따분하고 지루한 일이라고 생각하고, 글을 잘 써야 한다는 압박감이 있는 아이들도 있습니다. 핸드폰, 유튜브 동영상이나 TV 시청 등으로 아이들이 생각 자체를 싫어하게 만드는 요인들이 많은 것도 포함됩니다. 즉각적인 만족을 주는 핸드폰 게임이 더 재미있고 차분히 앉아서 글쓰기는 너무 피곤한 일이라 여깁니다. 또 글쓰기가 너무 학습 행동으로 인식되는 것도 문제입니다. 어떠한 상황에 대한 나의 생각과 마음을 정리하고 표현하는 중요한 수단이 글쓰기인데도 그저 교과목 중의 하나 또는 논술 공부로 인지하게 되니 아이들이 좋아할 리가 없습니다.

세 번째 이유는 아이들이 학원 공부, 숙제, 과도한 사교육으로 인해 책 읽고 글을 쓸 시간을 갖지 못한다는 점입니다. 글쓰기는 먼저 '글의 소재가 되는 삶'이 있어야 합니다. '아이들만의 삶', '자신만이 쓸 수 있는 주체적인 삶'이 있어야 하는데 요새 우리 아이들은 부모님이 시키는 것만 하는 것에 익숙합니다. 독창적이고 창의적인 글은 지극히 나 자신의 개인적인 스토리에서 나옵니다. 나의 삶을 잘 비춰볼 수 있는 책 읽기 시간이 더 필요한 이유입니다. 현실적으로 아이들이 자신의 글을 쓸 수 있는 여유와 습관이 필요합니다.

아이들에게 글 쓰는 방법을 제대로 가르쳐주지 않고 쓰라고 하는 것도 문제입니다. 자신의 생각과 감정을 표현하고 싶어 하는 것은 사람의 본능입니다. 말로 잘 표현하는 아이도 있고, 그림으로 더 잘 표현하는 아이도 있습니다. 말과 글로 표현하는 것에 서툰 것은 단지 아이 눈높이에 맞추어서 자신의 생각을 표현하는 방법을 배우지 못했던 까닭입니다. 제가 아는 모든 아이들은 놀랍도록 모든 것을 다 잘할 수 있는 천재입니다. 글쓰기도 옆에서 조금만 도와준다면 아이들은 얼마든지 잘해낼 수 있습니다.

📖 글 잘 쓰는 아이로 만드는 6가지 비법

과거에는 자신의 이야기를 글로 남긴다는 것은 극소수 사람들만 가질 수 있는 특권이었습니다. 지금은 누구나 글을 쓰고 다른 사람이 읽을 수 있게 노출할 수 있는 세상이 되었습니다. 많은 사람들의 공감을 일으키는 잘 쓴 글 하나는 엄청난 파급력이 있습니다. 우리 아이가 글을 잘 쓸 수 있다면 세상과 더 잘 소통하는 강한 무기를 하나 갖고 있는 것과 같습니다. 문학 작품처럼 타고난 재능을 필요로 하는 글은 예외로 해야겠지만 실용적인 글쓰기는 연습하면 누구나 잘 할 수 있습니다.

1) 아이에게 생각할 시간을 주세요

글쓰기의 여러 발상법 중에 '딴 생각하기'와 '멍 때리기'가 있습니다. 이는 쉬면서 뇌에게 휴식을 주면 좋은 아이디어가 떠오르고 창의력이 발휘하기 때문이라고 합니다. 아이는 사람을 구경하고, 자연의 변화를 느끼고, 주변의 사물들에게 관심을 가질 수 있는 시간을 갖는 것이 필요합니다. 너무 바쁜 아이는 생각할 틈이 없습니다. 학원을 너무 많이 다니는 아이는 생각이라는 것을 하려고 하지 않습니다. 하루 종일 우리 아이의 뇌도 너무 바빴으니까요. 교실에서 창의적인 아이들은 자신만의 시간을 즐길 줄 아는 아이들입니다. 그럴 때 우리 아이는 자신을 돌아보고, 자신의 이야기를 담을 수 있습니다. 자신의 이야기는 자신 외에는 아무도 할 수 없는 유일무이한 이야기이기 때문에 더 가치가 있습니다.

2) 많이 읽고 많이 끄적이게 하세요

『내 글쓰기 어디를 고칠까?』의 저자 유시민은 많이 읽고 많이 써서 '글쓰기 근육'을 키우라고 말합니다. 운동을 해본 사람은 알다시피 근육이라는 것이 하루아침에 생기는 게 아닙니다. 날마다 일정 시간, 일정한 운동의 강도를 주어야 생기는 것입니다. 우리 아이에게 글쓰기 근육이 생기게 하려면 다양한 책을 읽어야 합니다. 그 속에서 많은 어휘를 습득하고 문장 구조를 몸에 익히는 거죠.

많이 읽었으면 실제로 써보는 게 중요합니다. 많이 읽고, 많이 쓸 수 있는 방법으로 '발췌 요약'을 해보라고 말합니다. 다른 사람의 글을 읽고 핵심적인 내용을 발췌해서 자신의 글로 써보는 훈련을 하는 방법입니다. 동화책 중에 다양한 어휘를 배울 수 있고 우리말의 아름다움을 잘 드러난 책들이 아주 많이 있습니다. 잘 쓰기 위해서 먼저 좋은 책을 읽는 것이 먼저입니다.

3) 말을 많이 하게 하세요

『나는 말하듯이 쓴다』의 저자 강원국은 쓰고 싶은 글이 있을 때 우선 말로 읊어보고 그걸 받아 적는다고 합니다. 일단 마음을 다해 말하고, 자신이 말한 것을 글로 써보는 것입니다. 그렇게 하다 보면 생각이 정리되고, 하고 싶은 말이 더 늘어나게 되는 것이죠. 구어체로 쓰인 글들은 독자가 읽기 편하고 그만큼 인기도 많습니다.

유독 말이 많은 아이가 있습니다. 자신이 보고 듣고 말하는 것을 표현하고 싶은 욕구가 많은 아이입니다. 그런 친구들은 대부분 다른 사람에 대해 관심이 많습니다. 그렇게 말이 많은 아이들은 사실적이면서도 구체적이고 감동적인 글을 잘 씁니다. 말이 많은 아이가 글을 쓰는 습관을 기른다면 그 아이는 할 말을 분명하게 하고 공감과 성찰을 잘 하는 사람이 될 것입니다. 블로그나 SNS를 보면 포스팅을 하고 표현하고자 하는 욕구가 많은 사람들이 글도 잘 쓰는 것을 봅니다. 평소에 우리 아이가 말이 많다면 그 내용들을 그대로 글로 써보도록 해보세요. 아이가 말수가 적다고 하면 자주 말할 수 있는 기회를 주세요. 말을 많이 하면 할수록 글도 잘 쓰는 아이가 될 것입니다.

5) 아이가 글을 썼을 때 무조건 칭찬하세요

1학년 아이들은 글쓰기를 거의 처음 배우는 것이기 때문에 좋고 싫은 마음이 아직 없습니다. 글쓰기에 대한 하얀 도화지 위에 어떤 글쓰기 경험을 제공하느냐에 따라, 글쓰기를 좋아하기도 하고 질색하기도 합니다. 아이가 처음 말을 배워서 '엄마'라는 말을 했을 때가 기억나나요? 우리 아이가 엄마를 불러줬다며 감격스러워 하고 아마 입이 닳도록 주변 사람들에게 자랑을 했을 겁니다. 가슴 벅차오르는 그때 그 감동으로 우리 아이가 글을 쓸 때 칭찬해주세요. 아이들은 자신이 쓴 글이 남에게 인정을 받으면 글로서 자신을 표현하는 데 주저함이 없어집니다. 그래서 글로 사람들과 소통하려고 하고, 글쓰기를 좋아하는 아이가 되는 것입니다.

"선생님 공부를 하게 해주셔서 감사합니다. 오늘 만들기를 해주셔서 감사합니다. 사랑해요."

"오늘 공부를 하게 해주시고, 만들기를 해주셔서 감사합니다."

"선생님, 안녕하세요? 잘 지내시죠? 선생님, 남아서 청소하시죠? 선생님, 청소할 때 힘든 걸로 알고 있어요. 선생님 힘드셔도 저희들을 생각해요."

때때로 아이들이 쓴 편지가 어른을 위로하는 글이 됩니다. 이런 편지를 받으면 저는,

"우리 서현이가 선생님이 청소하는 거 칭찬해줘서 고마워."

"선생님도 슬아가 보낸 편지 때문에 힘이 나는 걸?"

이렇게 말하며 아주 크게 칭찬해줍니다. 아이가 글이라는 것, 문장이라는 것, 편지라는 것을 썼을 때 아이가 처음 말을 했을 때의 감격으로 부모님이 칭찬해준다면 분명 글 쓰는 것을 즐기는 아이가 될 것입니다.

학교에 들어오는 아이들의 학습 수준은 천차만별입니다. 어려운 3~4학년 수준의 책도 줄줄 읽고 이해하는 아이에서부터 자음, 모음도 익히지 못하는 아이까지 다양합니다. 이런 상황에서 우리 아이가 다른 아이들과 비교하면 턱없이 부족함이 느껴지면, 부모님들은 초조해지기 시작합니다.

불안감을 숨기지 못하고 "○○이는 그 정도는 아무것도 아니더라. 너는 그것 밖에 못하니?", "잘했는데 더 잘 써야해. ○○이 쓴 것 봐봐."라며 자꾸 다른 아이들과 비교하는 말을 하는 것은 우리 아이의 의욕이라는 싹을 잘라버리는 것과 같습니다. 아이가 글을 썼을 때 무조건 칭찬해주는 것, 글을 잘 쓰는 비결입니다.

6) 자신의 눈높이에 맞게 쓸 수 있도록 존중하세요

이제 막 태어난 아기도, 1년 된 아기도 자신들의 감정과 생각이 있습니다. 어린 아이들도 자기 수준에서 느끼고 바라는 생각들이 있죠. 그 생각과 감정을 존중하는 데서 글쓰기는 출발합니다. 그런 자기 자신의 이야기를 쓰도록 하면 됩니다. 그 이야기가 너무 정직해서 부모가 보기에는 창피할 수도 있습니다. 그래도 우리 아이의 생각이 맞다고 인정해야 합니다. "너 왜 이런 것을 여기다가 쓰고 그래?" 하며 한번 핀잔을 주면 아이들은 글 쓸 때 내 생각이 아닌 부모님의 입장을 먼저 생각하게 됩니다. 그리고 나의 감정을 숨기고 다른 사람이 읽어도 괜찮아 보이는 것으로 포장합니다.

남이 보기에 좋아 보이고 잘 써 보이는 글이 아니라, 삶의 주인공인 아이가 실제 느낀 삶의 이야기를 쓰도록 하는 게 중요합니다. 어른들이 본인 눈에 좋은 방향으로 제목이나 내용을 고쳐주거나 대신 써주어도 안 됩니다. 도움은 줄 수 있지만, 아이의 생각을 잘라버리면 더 이상 아이는 그 글을 자신의 글이라고 생각하지 않습니다.

스스로 매일 글쓰기
1단계 – 단어 쓰기

아이에게 정해진 시간에 부담스럽지 않게 글을 쓰게 하는 것이 필요합니다. 저는 교실에서 아이들이 가진 자질에 관계없이 단계적으로 글을 쓸 수 있게 도와주는 방법을 독서와 연계하여 고민해왔습니다. 그 과정을 통해 아이들과 함께 만들어낸 '스스로 매일매일 글쓰기' 방법을 소개하려 합니다. 이는 초등 1학년부터 시작하는 방법이라 아주 쉬운 것부터 시작합니다.

첫 번째 단계는 한글을 능숙하게 읽고 쓰며 어휘력을 향상시키는 단계입니다. 아이들도 밑천이 있어야 글을 쓸 마음을 먹게 됩니다. 어휘가 생각나지 않아 글을 쓰는 데 막힘이 있다면 아이는 글쓰기가 재미없고 힘들 수밖에 없습니다. 한글을 정확히 알고 어휘력을 향상시키기 위해 '책 제목 독서 기록 카드 쓰기', '여덟 단어 쓰기', '나만의 미니북 만들기' 활동 등을 활용할 수 있습니다. 자세한 방법은 다음 내용에 소개하도록 하겠습니다.

📖 단어부터 천천히 시작하세요

2015 개정 교육과정에서는 초등 신입생의 한글 교육을 강조하여 기존의 한글 지도 시간을 27시간에서 68시간으로 상향 편성했습니다. 아이들이 학교에 들어가면 연필 잡는 법, 글씨를 바르게 쓰는 법 등 아주 기초적인 내용으로 시작하여 학생들이 잘 읽고 쓰도록 기초 문식성을 갖추게 하고 있습니다. 1학년 1학기까지는 알림장 쓰기도 지양합니다. 또 받아쓰기 시험도 보지 않습니다. 학령 입문기를 시작한 아이들에게 점수 경쟁을 부추기거나 이해보다 외우기에 집중하는 등의 악영향을 줄 수 있기 때문입니다.

앞서서 문자 교육은 아이들이 초등학교에 갓 입학한 때가 가장 적기라고 하였습니다. 그럼에도 불구하고 많은 학부모님들은 아이가 입학하기 전에 한글을 깨우쳐서 보냅니다. 그래서 초등학교 교실에는 자음과 모음도 모르는 학생, 한글을 깨우치고 들어 온 학생, 능숙하게 책을 읽는 학생들이 함께 공존하고 있습니다. 그래서 한글을 못 깨우치고 아이를 보낸 엄마들은 많이 불안해 합니다.

실제로 아이들 간에 수준 차가 나서 지도에 어려움을 겪곤 합니다. 하지만 기본적으로 이미 한글을 익힌 학생이더라도 처음부터 한글의 기초를 체계적으로 잡아주고 올바른 읽기 쓰기 학습을 하도록 지도합니다. 한글 해득을 한 아이들 중심으로 교과 수업을 진행하다 보면 상대적으로 읽기, 쓰기가 부족한 아이들의 학습 부진이 생길 수 있기 때문이죠. 그리고 교실 안의 모든 아이를 위한 국어 처방전으로 어휘력 향상을 위한 재미를 곁들인 책 놀이를 합니다. 한글을 익혔다고 해도 아는 어휘가 적으면 글을 읽고 이해할 때 어려움을 겪기 때문에 어휘력을 높이는 일은 반드시 필요합니다.

일반적 학습자들에게는 어휘력을 향상시키기 위해 사전을 찾는 방법이 매우 효과가 좋습니다. 글을 읽다가 모르는 단어를 발견하면 문맥을 통해 단어 뜻을 짐작해보다가 사전을 찾아 정확한 뜻을 아는 것입니다. 그런데 초등 저학년들은 사전을 찾는 것을 어렵게 느낄 수 있고, 그로 인해 책 읽는 재미가 점점 더 반감될 수 있습니다. 아이가 즐거워서 스스로 단어를 찾는데 열중하지 않는다면 강제로 찾으라고 시켜서는 안 됩니다. 이 단계에서는 맥락 속에서 뜻을 유추하는 시도를 해보는 것만으로도 충분합니다.

📖 책 제목 기록 카드 쓰기

책 제목은 그 책의 가장 핵심적인 의미를 담은 표현입니다. 아이가 책을 읽은 다음 제목만 한번 써봐도 어휘력 향상에 도움이 됩니다. 책 제목을 써서 정리해두면 일관성 있게 자신이 읽은 책을 관리할 수 있고 쌓이는 성취감을 주며 나중에 필요할 때 또 읽을 기회를 갖게 되기도 합니다.

먼저 A4 1쪽 기준으로 15권을 쓸 정도의 칸을 나눕니다. 맨 처음에는 읽은 책 제목을 차례대로 쓰는데, 처음에는 1번으로 시작해서 읽을 때마다 읽은 권수를 쓰도록 알려줍니다. 15권을 다 쓰면 그다음 장에 이어

16권부터 시작합니다. 어떤 친구들은 한 장을 다 기록하고 새롭게 독서 기록 카드를 쓸 때 1권부터 다시 시작해서 기록하는 경우가 있습니다. 이렇게 기록하면 자신이 읽은 권수가 늘어나는 것을 금방 눈으로 보지 못해 재미가 없답니다. 1학년 수학의 수 성취기준은 '0과 100까지의 수 개념을 이해하고, 수를 세고 읽고 쓸 수 있다'인데, 이 과정을 하면서 자연스럽게 수의 개념을 익히는 효과도 있습니다.

일단은 책 제목만 쓰게 하세요. 글쓰기가 느린 아이들도 책 제목은 잘 찾아 적습니다. 지은이나 출판사는 중학년 정도에 가서 써도 충분합니다. 아이들이 읽는 그림책 중에 특히 외국 작가 책이 많아 지은이 이름이 낯설어서 쓰기 어려워하고, 생소한 출판사 이름 찾느라 책을 읽지 못할 정도입니다. 가장 중요한 책 제목을 쓰고, 읽은 횟수와 읽은 날짜를 쓰게 하세요. 그런 다음 옆에 부모님의 확인 댓글을 꼭 써주세요. 확인 사인은 귀찮더라도 매일 해주는 게 좋습니다.

하루에 10분 책 읽기를 하면 하루 2권을 읽고(짧은 동화책 기준) 일주일이 끝나는 주말쯤이면 15권을 거의 다 읽고 기록하게 됩니다. 매일 한 권씩 읽으면 2주일에 15권을 기록할 수 있습니다. 책 읽기 목표는 아이와 대화를 통해 정하는 게 좋습니다. 중요한 것은 조금을 읽더라도 매일 꾸준히 읽는 습관을 갖는 것입니다. 목표한 분량이 찼을 경우 꼭 부모님 칭찬 한 마디를 적어주세요. 엄마가 우리 아이가 쓴 글에 댓글을 달아주는 것은 잠재적인 훌륭한 독서가가 될 우리 아이에게 매우 의미가 있습니다. 엄마가 해주는 칭찬에 우리 아이는 또 읽고 싶어서 어쩔 줄을 모릅니다. 칭찬도 "잘 읽었어요.", "참 잘 했어요.", "더 많이 읽기 바라요." 같은

꽃보다 아름다운 책읽기

1학년 2반 이름(♡ 이도윤)

번호	책 이름	읽은 날	몇 번 읽었나요?	부모님확인
866	마법사가 되고 싶어!	8/27	★ ☆ ☆	
867	해리의 엉망진창 도시여행	8/27	★ ☆ ☆	
868	쌍둥이 형제의 과거여행	8/27	★ ☆ ☆	
869	메리 할머니와 마리할머니의 옷장	8/27	★ ☆ ☆	
870	산투스의 소원	8/27	★ ☆ ☆	
871	아버지의 유산	8/27	★ ☆ ☆	
872	세상을 휩쓴 비	8/28	★ ☆ ☆	
873	절대 딱지	8/28	★ ☆ ☆	
874	단추 마녀와 마녀 대회	8/28	★ ☆ ☆	
875	게임 없이 못 살아!	8/28	★ ☆ ☆	
876	홀레 할머니	8/29	★ ☆ ☆	
877	두 운명	8/29	★ ☆ ☆	
878	라퐁텐 이야기	8/31	★ ☆ ☆	
879	멸치의 꿈	8/31	★ ☆ ☆	
880	아빠와 함께 드론 만들기	8/31	★ ☆	

부모님 칭찬 한마디: 「888」의 우와! 도윤 ♡ 멋져 멋져! 세종대왕님이 '백독백습'을 하셨대. 백번 읽는 것에서 한걸음 더 나아가 백번 써서 익혔다고 !! 훌륭한 분들의 독서습관이 백백 읽기와 쓰기에 있으시다니 훌륭한 도윤이도 바른 책읽기 응원해 ♡ 멋져!

1학년이 작성한 읽은 책 제목 쓰기 예시

단순한 칭찬보다 아이가 열심히 읽고, 기록한 과정을 구체적으로 짚어 칭찬해준다면 아이는 열심히 책을 읽고 기록하는 즐거움을 알게 될 것입니다. (아이의 자존감을 세우는 칭찬 댓글 예시는 222쪽을 참조하세요.)

읽은 책 제목을 적어보게 하는 것은 단어를 익히는 것 외에도 아이의 흥미와 관심을 확인하는 효과가 있습니다. 적은 책 제목을 훑어보면 아이가 어떤 방면 책을 지속적으로 읽고 있는지 파악할 수 있습니다. 저는 1학년 2학기에 들어서면 아이들이 전래동화, 위인전, 과학에 관한 이야기 등 자신이 좋아하는 분야의 책을 스스로 찾아 읽게 지도합니다. 입학 후 7개월 정도 지나면 생각이 쑥쑥 자라는 모습이 눈에 보입니다. 더 나아가 독서 기록 카드는 우리 친구들의 진로를 파악할 수 있는 좋은 자료가 되기도 합니다.

📖 여덟 단어 사전 만들기

저학년은 아직까지 사전 사용에 익숙지 않고 아는 단어도 부족합니다. 어휘가 부족하다고 해서 영어 단어 외우듯이 공부를 시킨다면 아이가 금방 싫증을 내고 국어 공부를 싫어할 수 있습니다. 또 전체적인 맥락 속에서 이해하지 못하기 때문에 금방 잊어버리게 됩니다. 그런데 책을 읽으면 책 속 상황에 따라가면서 어휘의 뜻을 유추하며 습득하면 더 정확하고 포괄적으로 이해할 수 있습니다. 책은 수많은 단어가 가득 찬 샘물입니다. 일상 대화에서 쓰지 않는 단어들도 많이 나오기 때문에 일상

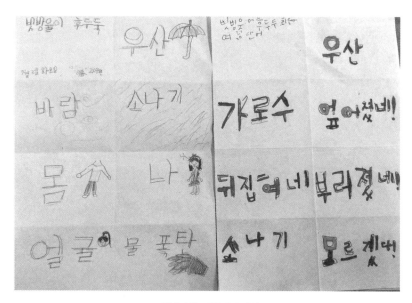

1학년이 쓴 여덟 단어 예시

대화만으로는 얻을 수 없는 다양한 단어를 접할 수 있습니다. 그런 단어들을 아이들 것으로 만든다면 어휘력이 향상되는 것은 당연한 결과겠죠.

초등 저학년 학생들은 선생님이나 엄마 등 어른들이 책 읽어주는 것을 아주 좋아합니다. 아이들 흥미에 맞는 그림책이나 동시집을 읽어주면 아이들 눈이 반짝반짝합니다. 그리고 좋아하는 단어나 아는 이야기가 나오면 더 높은 관심을 보입니다.

'여덟 단어 사전 만들기'는 책을 읽은 뒤 나만의 단어장을 만드는 활동입니다. 한글을 배우고 새로운 단어를 익히는 1학년 초기부터 하면 더 좋습니다. 방법은 간단합니다. 부모님이 아이에게 책을 천천히 읽어주고, 아이들은 들으면서 자신이 좋아하는 단어를 종이에 써봅니다. 아이들은 자신들이 재미있어 하는 책에 나오는 단어나 문장을 기억하고 쓰

<1학년이 쓴 여덟 단어 예시>

『물고기는 물고기야』 여덟 단어	도와주세요	친구	올챙이
하늘을 나는 새	행복하다	반가워서	날개

『달팽이 기르기』 여덟 단어	기르는 달팽이를 구해 오셨어요	꼼짝도 안해요	놀라면 껍데기 속으로 숨는단다
집을 만들어 줘야겠어.	집을 만들어 주었어요.	나는 달팽이와 풀을 달팽이집 속으로 넣었어요.	달팽이가 움직이기 시작했어요.

『구슬비』 여덟 단어	거미줄에 옥구슬	싸리잎	꽃잎
송송송	송알송알	예쁜 구슬	창문

『빗방울이 후두둑』 여덟 단어	물폭탄	소나기	차
빗방울	가로수	먹구름	우산

는 활동을 매우 좋아합니다. 쓰는 시간도 짧아서 부담이 없고, 내가 좋아하는 단어만 쓰면 되기 때문입니다. 이 과정을 거치면 단어를 쓰면서 자연스럽게 단어의 의미를 생각하기 때문에 잘 잊히지 않습니다. 시간이되면 그 낱말을 넣어 문장을 만들기도 합니다. 이렇게 하면 나만의 단어사전이 만들어집니다.

A4용지를 절반씩 3번 접으면 아이들이 단어를 쓰기에 적당한 8칸이나옵니다. 그림책을 천천히 읽어주고, 아이는 그 칸에 책 제목과 좋아하는 단어를 골라 씁니다. 단어를 쓰는 속도가 빠른 아이는 중간에 그림도그려서 나만의 단어 카드를 만들기도 합니다. 단, 이제 막 글쓰기를 시작하는 아이에게는 책도 아주 천천히 읽어주고, 쓸 수 있는 시간도 충분히주어야합니다. 문장을 쓰고 싶은 친구를 위해 한 번 더 읽어주면서 보드에 예시 문장이나 단어를 써주는 것도 좋습니다.

📖 미니 단어 책 만들기

최근 학교 현장에서는 다양한 학습활동에 북아트가 활용되고 있습니다. 북아트는 손을 이용하기 때문에 구체적 조작기에 있는 초등학생들이 집중력과 창의력을 향상시킬 수 있어 교육적 활용 가치가 높은 조작 활동입니다. 그중에서도 '미니 책'은 쉽게 만들 수 있어서 작품 완성도가 높아 학습 효과가 매우 좋습니다. 아직 풀과 가위가 익숙하지 않은 1학년에서부터 만들기 훈련이 된 6학년까지 모든 아이들이 재미있게 할 수 있어 다양한 독후 활동에서 활용되고 있습니다. 다양한 미니 책 만들기 중에서 가장 간단한 형태로 만들 수 있는 다음 몇 가지 활동을 소개합니다.

1) 종이 한 장으로 8면 미니 책 만들기

준비물: A4 1장, 가위

8면 미니 책은 A4 종이 한 장으로 앞표지, 뒷표지, 내용 6면의 책을 만드는 쉬운 형태이기 때문에 학교 현장에서 자주 이용되고 있습니다. 아래와 같이 A4 종이를 3번 접어 총 8면을 만듭니다. 점선은 접어주고, 실선은 가위로 자릅니다. 가로로 접은 다음 실선이 있는 면과 면을 맞닿아 모아 접어주면 책의 모양이 완성됩니다. 책의 모양을 만들게 되면, 책표지를 꾸미고, 책 내용 안에 낱말과 간단한 그림을 그려 나만의 미니 책을 완성합니다.

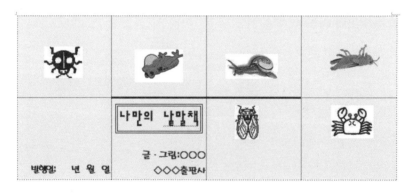

8면 미니 책 만들기 형태 예시

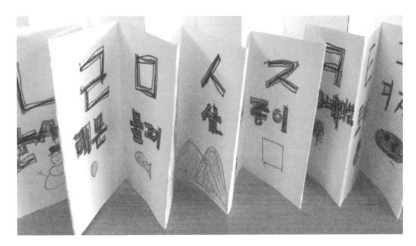

1학년이 만든 10면 미니 병풍 단어책

2) 10면 미니 병풍 단어 책 만들기

준비물: A4 1장, 투명테이프, 가위

종이 한 장으로 겉표지 1면, 뒷표지 1면, 내용 8면, 총 10면 미니 책을 만드는 손쉬운 방법입니다. 먼저 8면 미니 책 만들기와 같은 방법으로 A4 종이를 접어 총 8면을 만듭니다. 종이를 다시 펼친 다음, 가로 가운데를 가위로 잘라줍니다. 총 4면인 2개의 종이를 병풍 모양으로 길게 이을 수 있게 투명테이프로 이어줍니다. 그다음 병풍 모양으로 접어서 책 모양을 만듭니다. 책표지를 꾸미고 내용 면에 만들고자 하는 단어를 만들어 꾸밉니다.

3) 8면 미니 계단 책 만들기

준비물: (색깔이 다른) A4 색지 2장, 스테이플러, 가위

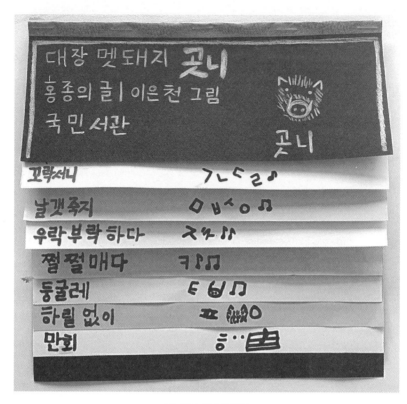

8면 미니 계단 책 예시

색깔이 다른 A4 색지를 세로로 길게 절반 자릅니다. 색깔이 다르게 종이를 포개어 놓고, 일정한 간격을 두고 배열합니다. 그 뒤 가운데를 중심으로 그대로 종이를 접어 내리면 계단 형태의 책이 만들어집니다. 스테이플러로 안쪽과 바깥쪽을 고정해주면 알록달록하고 튼튼한 책이 완성됩니다. A4 색지를 다르게 해서 더 많이 할 수도 있습니다. 계단 책은 계단 모양이 색인 기능을 하여 시각적인 효과가 있어서 종류별로 낱말을 정리할 때 유용합니다.

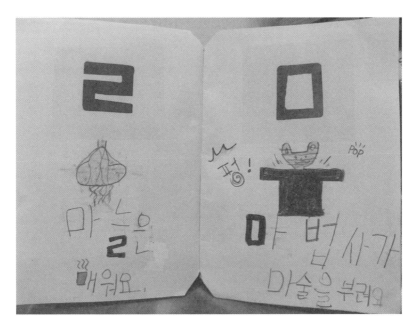

고무밴드 한글 책 예시

4) 고무밴드 한글 책 만들기

준비물: A4 2장, 고무밴드 1개, 가위

2015 개정 교육과정은 국어 교과서 1학년 1학기에 한글교육 시간을 집중(51차시) 배치하여 국어시간에 접할 수 있는 한글 책이 많습니다. 『생각하는 ㄱㄴㄷ』, 『기차 ㄱㄴㄷ』, 『동물ㄱㄴㄷ』, 『장터에서 ㄱㄴㄷ』등 그림을 보면서 재미있게 한글 자음, 모음과 단어를 익히는 책들이 그것입니다. 이 책을 함께 읽고, 나만의 재미있는 한글 책을 만드는 법을 알려주세요.

먼저 A4 2장을 반으로 접어 잘라 A5 4장을 만듭니다. 잘라진 A5 4장을 잘 모아서 다시 반으로 접어줍니다. 접은 다음 책등 부분의 양 끝을 가위로 살짝 오려내고 펼친 뒤 가운데에 고무 밴드를 끼워 책 형태를 만듭니다. 그런 다음 한글 책에 있는 ㄱ으로 시작된 낱말을 그림과 같이 보고, ㄱ이 들어가는 단어로 구성된 문장을 읽습니다.

처음에는 아이들이 알고 있는 자음과 모음을 이용해 낱말을 만들어 보게 하는 게 좋습니다. 그다음에는 해당되는 낱말을 넣어 문장을 만들어봅니다. 자음과 모음, 낱말, 문장과 어울리는 그림도 그립니다.

03

스스로 매일 글쓰기
2단계 – 한 줄 쓰기

　　우리 아이가 1단계에서 다양한 방법으로 단어를 익히고 낱말에 친숙해졌다면, 2단계는 한 단계 더 나아가 한 줄 쓰기를 하는 단계입니다. 문장의 힘을 향상시키는 단계인 한 줄 쓰기는 다양한 방법으로 시도할 수 있습니다. 쉬운 예로 좋아하는 책에서 보물 문장 골라 쓰기, 책 읽고 책 속에서 자신이 좋아하는 내용으로 한 문장 쓰기 등이 있습니다.

　　우리 반 아이들은 시간이 1학기를 거치며 단어 쓰기가 익숙해지면 2학기에 들어서는 아침 10분 책 읽기 후 이어서 한 줄 쓰기를 합니다. 읽은 책 내용 중에 가장 기억에 남거나 좋아하는 한 문장을 '보물 문장'이라고 이름 짓고, 10칸짜리 국어 공책에 만든 보물 문장 공책에 읽은 날짜, 책 제목, 그리고 오늘 내가 고른 보물 문장을 씁니다. 1학년에게는 띄어쓰기를 익히고, 바른 자형을 쓰는 게 중요하기 때문에 국어 10칸 공책이 좋습니다. 10칸 공책을 세로로 쓰지 않고 가로로 길게 써도 됩니다. 경우에 따라서 200자 원고지에 쓰는 것도 좋은 방법입니다.

　　가정에서는 주말에 책을 읽고 한 문장 쓰기를 해보는 것도 좋습니다.

아무리 글쓰기가 서투른 아이도 한 문장을 쓰는 것은 크게 어려워하지 않습니다. 특히 책 속 좋아하는 문장 쓰기는 1학년도 매우 좋아하는 활동입니다.

📖 보물 문장 쓰기

'보물 문장 쓰기'란 '보물처럼 귀중한 문장'을 쓰는 활동을 말합니다. 글을 쓴다는 것은 우리 아이 마음 창고에 보물을 쌓는 것과 같다고 생각한 데서 붙인 이름입니다. 이제 글쓰기를 막 배운 아이들에게 있어 훌륭한 사람들이 쓴 한 문장 한 문장은 보물과도 같습니다. 그냥 눈으로 읽을 때보다 한 자 한 자씩 문장을 옮길 때 아이들은 더 문장력을 기를 수 있습니다. 한 문장을 베껴 쓰기는 어렵지 않습니다. 글쓰기의 실력을 키우는 가장 좋은 방법은 자신보다 잘 쓰는 사람을 따라 흉내를 내는 것입니다. 아이들이 읽는 대부분의 그림책, 동화책, 동시집 등은 엄선된 글로 주옥같은 감성과 탁월한 어휘를 배울 수 있는 좋은 책들입니다.

보물 문장 쓰기는 좋은 글을 잘 쓰기 위해서 베껴 쓰기를 해보는 활동의 시작점이라고 할 수 있습니다. 매일 한 줄씩 쓰는 것은 작은 낙숫물이 처마 밑의 돌을 뚫는 것과 같은 작용을 합니다. 무엇이든 실력을 키우려면 처음에는 잘하는 사람을 따라하면 됩니다. 『최고의 글쓰기 연습법, 베껴 쓰기』, 『지금 당장 베껴 쓰기』의 저자 송숙희는 필력, 독해력, 창의력을 가장 빠르게 향상하는 최고의 연습법은 좋은 글을 베껴 쓰는 것이라고 말합니다. 글을 잘 쓰는 능력은 어떻게 훈련하느냐에 따라 크게 좌우 될 수 있는데, 특히 베껴 쓰기는 글이 전하는 메시지를 파악하며 제대로 된 글의 구조를 익힐 수 있도록 한다고 합니다. 소설가 조정래도 필사는 '정독 중의 정독'이라고 표현하며 글을 잘 쓰려면 꼭 필사를 해야 한다고 말했습니다. 글 베껴 쓰기는 많은 작가들이 적극 권하는 최고의 글쓰기 수련 방법입니다. 정약용은 메모광으로 항상 책을 읽을 때에는 필요한 부분을 발췌해서 메모하는 습관이 있었는데 그 방법을 활용하여 500권의 책을 썼습니다.

　1학년은 말하기, 읽기에 비해 쓰기가 상대적으로 매우 약합니다. 아직 자신의 생각과 감정을 표현하는 것이 서투르기 때문에 이런 식으로

1학년이 10칸 공책에 보물 문장을 쓰는 모습

보물 문장 쓰기 방법	
*준비물 보물 문장 공책(10칸 국어 공책), 읽은 책	• 국어 10칸 공책으로 보물 문장 공책을 마련합니다. • 공책 표지에 아이와 함께 '보물 문장 공책'이라고 제목 라벨을 붙입니다. • 1학년은 띄어쓰기를 익히고, 바른 자형을 쓰는 게 중요하기 때문에 10칸 공책이 좋습니다. 10칸 공책을 세로로 쓰지 않고 가로로 길게 써도 됩니다. 경우에 따라 200자 원고지에 쓰는 것도 좋은 방법입니다.
*언제 아침 또는 저녁 책 읽기 시간 10분	• 매일 아침 혹은 저녁 식사 후 10분간 아이가 편안하게 책을 읽을 수 있는 시간에 정기적으로 책을 읽은 뒤 이어서 쓰도록 합니다.
*무엇을 가장 좋아하는 문장	• 아이와 함께 그림책을 소리 내어 한 번 읽어봅니다. 방금 읽은 내용 중에 가장 좋은 문장을 손으로 짚어보라고 합니다. • 아이가 책을 읽고 가장 기억에 남고 좋아하는 문장을 골라서 씁니다.
*어떻게 정확히 띄어쓰기 정성껏 쓰기 문장부호도 같이 쓰기	• 10칸 공책 절반에 날짜, 책 제목, 기억에 남는 문장 한 줄을 씁니다. • 처음에는 한 문장을 문장부호, 띄어쓰기에 유의해서 책에 나온 그대로 바르게 쓰게 합니다. • 많이 쓰는 것보다 한 문장을 쓰더라도 정성껏 쓰는 것을 약속합니다. • 처음에는 한 문장을 정성껏 쓰도록 합니다. • 한 문장을 잘 쓰면 단계적으로 2문장, 3문장, 4문장으로 늘려갑니다. • 쓰는 것이 익숙해지면 매일 공책의 절반 정도 스스로 쓰도록 합니다. 아이가 쓰는 것을 좋아하면 공책 1쪽도 괜찮습니다. • 1쪽을 쓸 때마다 확인 도장을 찍어주거나, 칭찬 댓글로 피드백을 줍니다. • 아이가 익숙해지면 그림책 한 권을 처음부터 끝까지 읽고 난 후 가장 인상 깊었던 장면과 문장을 말해보라고 하면서 독후 표현을 할 수 있습니다.

좋은 글을 베껴 쓰는 것은 부담을 덜면서 글쓰기에 접근할 수 있게 합니다. 좋아하는 문장을 찾아 쓰라고 하면 놀랍게도 아이들은 자신이 좋아하는 문장을 금세 찾아냅니다. 우리 아이가 잘 찾아 쓸까 고민할 필요도 없습니다. 만약 아이가 문장 찾기를 어려워한다면, 아이가 좋아하는 단어가 들어간 문장을 찾아 쓰라고 알려주면 됩니다. 글을 읽고 의미를 해

석할 줄 아는 아이라면 한 문장을 찾고 쓸 수 있습니다.

하루에 한 문장 쓰기는 시간이 얼마 걸리지 않고, 아이들 마음에도 부담되지 않습니다. 베껴 쓰는 작업은 분명 아이의 글 수준을 높여 줍니다. 특히 보물 문장 쓰기는 아이가 자주 읽는 책 중에 문장을 고르는 거라 더 의미가 있고 내면화됩니다.

📖 책 읽고 한 마디 쓰기

아이들에게 책을 읽고 한 줄 독후감이나 한 줄 소감을 써보라고 하면 꽤 어려워합니다. 책을 읽은 것까지는 좋았는데 내가 읽은 생각, 느낌, 소감이라는 게 무엇인지 손에 잡히지 않는 까닭입니다. 그래서 아이들에게 "읽은 느낌이 뭐야?"라고 물어보면 "참 재미있었어요.", "너무 재미없었어요.", "주인공이 너무 착해요." 이런 식으로 단순하게 답할 수밖에 없습니다. 이런 아이들에게 어른의 기대를 강요해서 당장 "본받고 싶은 점을 써봐."라고 하면 아이들은 무척 당황합니다.

그래서 1학년 같은 저학년 아이들에게는 조금 더 구체적으로 질문을 던지는 작업이 필요합니다. 독후감이라는 것을 써본적이 없기 때문에 한 가지씩 차근차근 연습을 해보는 거죠. 한 가지 예로 매일 한 줄씩 내 생각을 정리하는 것부터 시작하는 것도 좋습니다. 나중에 긴 글을 읽고 서사를 이해할 수 있는 기초가 되어 독후감을 잘 쓸 수 있게 됩니다.

이 활동은 1학년 기준 일주일에 한 번 정도 하는 활동인데 하고 싶은 아이들만 하도록 합니다. 자칫 어렵게 느껴져 책 읽는 즐거움까지 빼앗을까 염려가 되기 때문입니다. 그리고 쓰는 양도 A4용지에 4~5번 정도 나누어 쓸 정도로 적게 정해줍니다.

'책 읽고 한 마디' 쓰기는 독후감 개념이긴 하지만 5~10분 이내에 할 수 있는 아주 간단한 독서 메모 형태입니다. 책 제목, 읽은 날짜를 쓴 후 아래 소개하는 간단한 활동 10가지 중에 한 가지 이상을 선택해서 표현하게 합니다. 특히 1학년에게는 하나씩 설명해주고, 아이가 하고 싶어 하는 활동을 하게 해주면 됩니다.

1) 기억에 남는 문장 쓰기

앞에서 설명한 보물 문장 쓰기처럼 기억에 남는 문장을 쓰는 것입니다. 1학년도 잘 할 수 있는 활동입니다. 누구에게나 좋아하는 문장이 있기 때문입니다. 그 문장을 찾아서 한 번 소리 내어 읽어보고 한 번 씁니다. 띄어쓰기와 맞춤법에 유의하여 정성껏 쓰게 합니다. A4용지를 4등분하여 잘라주고 거기에 쓰라고 하면 더 부담 없이 쓰기도 합니다. 그 종이로 책갈피를 만들어주면 아이들이 재미있어 합니다.

등장인물이 한 말 중에 마음에 드는 대화문만 옮겨 적는 것도 좋습니다. 아이들이 읽는 동화책에는 수준 높은 대화문도 있습니다. 다양한 상황 속에서 주인공들이 자신의 의견을 말하고, 주장하고, 갈등을 해결하는 과정의 대화문을 따라 써보면 글쓰기 실력을 키울 수 있습니다. 아이들은 자신의 마음을 비추는 말과 대화를 읽고 쓰면서 마음의 카타르시스를 느낄 수 있습니다.

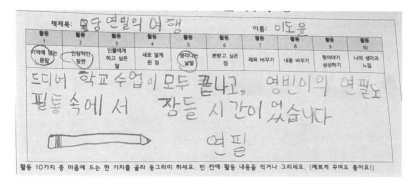

책제목: 꼴등 연필의 여행   이름: 이도윤

활동 1	활동 2	활동 3	활동 4	활동 5	활동 6	활동 7	활동 8	활동 9	활동 10
기억에 남는 문장	인상적인 장면	인물에게 하고 싶은 말	새로 알게 된 점	생각나는 낱말	본받고 싶은 점	제목 바꾸기	내용 바꾸기	뒷이야기 상상하기	나의 생각과 느낌

드디어 학교 수업이 모두 끝나고, 영빈이의 연필도 필통 속에서 잠들 시간이 있었습니다

연필

활동 10가지 중 마음에 드는 한 가지를 골라 동그라미 하세요. 빈 칸에 활동 내용을 적거나 그리세요. (예쁘게 꾸며도 좋아요!)

1학년이 쓴 기억에 남는 문장

2) 인상적인 장면 그리고 한 줄 설명하기

아이들에게 이 책에서 가장 좋았거나, 아쉬웠거나, 기억에 남는 장면을 물어봅니다. 왜 그런지 이유도 물어보고 해당 페이지에 포스트잇을 붙여놓게 합니다. 아이들은 너무도 훌륭하게 인상적인 장면을 잘 고르고, 그 이유도 잘 말할 수 있습니다. 대부분의 저학년 아이들은 가볍게 그림을 보고 그리는 것은 무난하게 잘 따라 하기 때문에 독후 활동의 초보 단계에서 많이 하면 좋은 활동입니다.

그림은 꼭 스케치하고 바탕까지 색칠하는 것을 요구하지 않아도 됩니다. 아이에 따라 한 장면을 다 그릴 수도 있고, 사람이나 사물 일부만 그려도 됩니다. 단, 시간이 너무 오래 걸리지 않게 봐주는 것이 좋습니다. 다 그린 후 그 장면을 설명하거나, 내가 고른 이유를 적게 합니다.

3) 등장인물에게 하고 싶은 말 쓰기

아이들은 아이들의 수준에서 할 말이 많습니다. 특히 우리나라 전래

1학년이 작성한 인상적인 장면 그리고 한 줄 설명하기

동화는 깊은 해학과 유머가 있어서 아이들이 좋아합니다. 주인공이 앞에 있다고 생각하고 묻고 싶고 하고 싶은 말을 쓰게 하세요. 책 속의 주인공에게 간단하게 말하듯이 이야기해보고 쓰면 됩니다. 중고학년 아이들은 기자가 되어 등장인물에게 인터뷰하듯 질문해보는 것도 재미있어합니다.

4) 새로 알게 된 점 쓰기

이 책을 읽기 전에는 몰랐는데 읽은 후 알게 된 사실이 무엇이냐고 아이들에게 물어봅니다. 책이라는 것은 아이들이 몰랐던 내용이 대부분이기 때문에 쉽게 쓸 수 있는데도 무엇을 골라야 할지 몰라서 못 쓰는 경우가 있습니다. 그럴 때는 엄마가 적당한 내용을 물어보면 좋습니다. 그리고 그것을 문장으로 써보게 하는 것입니다.

예 『재주 많은 손』을 읽고 엄지가 없으면 글씨 쓰거나 여러 가지 손가락이 움직일 때 힘들다는 것을 알았어요. 사람 손의 지문이 모두 다르기 때문에 손으로 범인을 잡는다는 것을 새로 알았어요.

5) 머리에 떠오르는 낱말 쓰기

책을 읽고 생각나는 낱말을 씁니다. 책 속에 있는 낱말이어도 되고, 책을 읽다가 떠오르는 낱말도 좋습니다. 머릿속에는 생각났는데, 정확히 그 말이 생각나지 않으면 다시 찾아 읽으면서 정확히 읽게 되는 점도 있습니다. 이 활동은 여덟 단어나 이후 설명할 마인드맵 활동 같이 단어의 뜻을 정확하게 인지하는 데 도움이 됩니다.

6) 본받고 싶은 점 쓰기

책에는 감동을 주는 내용이 많이 있습니다. 특히 위인전에는 본받고 싶은 점이 넘쳐납니다. 인물의 행동과 그때 느낀 감동과 교훈을 말해보도록 하세요. 아이들에게 이 책 주인공에게서 어떤 점을 본받고 싶은지 물어봅니다. 어떤 말과 행동이 대단해 보였는지, 주인공은 어렸을 때 어떻게 자랐는지, 주인공에게 가장 대단하다고 생각한 점은 무엇인지, 주인공에게 꼭 해주고 싶은 말은 무엇인지, 주인공이 성공(성장)할 수 있는 이유는 무엇인지 등을 질문하고 아이가 가장 감명을 받은 부분을 쓰게 합니다.

7) 제목 바꿔보기

아이가 책을 읽은 느낌의 방향대로 책 제목을 다르게 만들어보는 활동입니다. 시간이 허락한다면 책 제목을 바꾸고, 책 표지도 같이 바꾸는 활동을 같이 해도 됩니다. 이 활동을 하다 보면 아이는 더 주의 깊게 책을 읽게 되고 창의력이 풍부해지게 됩니다. 예를 들어 『내 멋대로 공주』를 『잘난 척 하는 공주』, 『나 진짜 곰이야!』를 『풍선을 타고 멋지게 내려온 진짜 곰 이야기』로 바꿔보는 거죠. 이때 주의할 점은 반드시 책 내용을 담고 있어야 한다고 말해주는 것입니다.

8) 내가 책 속 인물이라면 어떻게 할지 써보기

내가 주인공이라고 생각한다면 책 내용과 다르게 이야기 전개를 하고 싶을 수 있습니다. 예를 들어 『로빈슨 크루소』에서 내가 로빈슨 크루소처럼 무인도에 혼자 남겨진다면 어떻게 할지 상상해보고, 내용을 바꾸어보는 것입니다. 이어질 뒷이야기를 바꾸어도 되고, 전체 이야기의 결말을 바꾸어도 됩니다.

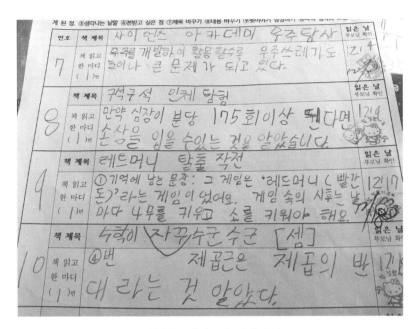

번호	책 제목	사이언스 아카데미 우주탐사	읽은 날 부모님 확인
7	책 읽고 한 마디 (1)번	우주를 개발하여 활용한수록 우주쓰레기도 늘어나 큰 문제가 되고 있다.	12.4
8	책 제목	구석구석 인체 탐험	읽은 날 부모님 확인
8	책 읽고 한 마디 (1)번	만약 심장이 분당 175회이상 뛴다면 손상을 입을수있는 것을 알았습니다.	12.14
9	책 제목	레드머니 탈출 작전	읽은 날 부모님 확인
9	책 읽고 한 마디 (1)번	①기억에 남는 문장: 그 게임은 '레드머니(빨간 돈)'라는 게임이 없어요. 게임 속의 시후는 날마다 나무를 키우고 소를 키워야 해요.	12.17
10	책 제목	수학이 자꾸수군수군 [셈]	읽은 날 부모님 확인
10	책 읽고 한 마디 (1)번	④번 제곱근은 제곱의 반 대라는 것 알았다.	12.

1학년이 쓴 책 읽고 새로 알게 된 점

9) 뒷이야기 상상하기

뒷이야기 상상하기는 뒷부분을 상상하기에 좋은 책을 가지고 아이들과 대화를 하면서 하는 간단하면서도 재미있는 활동입니다. 예를 들어 『보글보글 마법의 수프』를 보면 예뻐지고 싶은 마녀 라타투이가 온갖 재료를 섞어 마법의 수프를 만듭니다. 그런데 그것을 먹은 박쥐, 생쥐들이 자기와 꼭 닮은 꼬마 마녀들로 변해버립니다. 그래서 라타투이는 미녀의 꿈을 접고 꼬마 마녀들이 먹을 수프를 바쁘게 만드는 걸로 끝을 맺습니다. 아이들과 그 이후 어떻게 되었을지 뒷이야기를 상상해보는 거죠. 아이들의 넘치는 상상력이 튀어나오는 재미있는 활동입니다.

10) 나의 생각과 느낌 쓰기

책을 읽은 뒤 자기의 생각과 느낌을 자유롭게 쓰는 활동입니다. 전체를 읽고 내 생각과 느낌을 써도 되고, 일부분을 읽고 써도 됩니다. 책을 읽고 새로 알게 된 사실, 기억에 남는 내용을 내 생각과 연결하여 쓰도록 지도해주세요. 재미있었던 점, 궁금한 점, 감명 깊은 부분 등 자유롭게 쓰도록 합니다.

다음 페이지의 표는 실제 수업시간에 사용 중인 '책 읽고 한 마디' 쓰기 양식입니다. 학생들에게 아래 10가지 활동 중 한 가지에 체크를 하고 아래 빈칸에 글쓰기를 하도록 지도하고 있어요. 부모님들도 가정에서 활용해보시기 바랍니다.

책 읽고 한 마디 쓰기 방법

다음 활동 10가지 중 마음에 드는 한 가지를 골라 동그라미 하세요. 빈 칸에 활동 내용을 적거나 그리세요. 예쁘게 꾸며도 좋아요! 다음 내용 중 한 가지 이상 들어가도록 합니다.

1. **[기억에 남는 문장]** 이 책을 읽고 나서 가장 기억에 남는 문장을 써보세요.
2. **[인상적인 장면]** 이 책에서 가장 인상적인 장면을 그리고 그림 내용을 설명해보세요.
3. **[주인공에게 하고 싶은 말]** 이 책에 나오는 등장인물에게 하고 싶은 말을 써보세요.
4. **[새로 알게 된 점]** 책 읽기 전에는 몰랐는데 이 책을 읽으면서 알게 된 사실을 적어보세요.
5. **[생각나는 낱말]** 이 책을 읽고 새로 알게 된 낱말, 생각나는 낱말을 5개 이상 적어보세요.
6. **[본받고 싶은 점]** 주인공에게 본받고 싶은 점과 그 이유를 써보세요.
7. **[인물 대화 글쓰기]** 읽은 책 중에서 내가 좋아하는 대화문을 써보세요.
8. **[내가 책 속 인물이라면]** 내가 책 속 인물이었다면 어떻게 했을까요? 상상해보세요.
9. **[뒷이야기 상상하기]** 책을 읽고 난 후 궁금한 뒷이야기를 만들어보세요.
10. **[나의 생각과 느낌]** 생각, 느낌, 깨달은 점, 앞으로의 다짐이 있으면 적어보세요.

읽은 날 (년   월   일) 책제목: 이름 (   )

활동1	활동2	활동3	활동4	활동5
기억에 남는 문장	인상적인 장면	주인공에게 하고 싶은 말	새로 알게 된 점	생각나는 낱말
활동6	**활동7**	**활동8**	**활동9**	**활동10**
본받고 싶은 점	인물 대화 글쓰기	내가 책 속 인물이라면	뒷이야기 상상하기	나의 생각과 느낌

04

스스로 매일 글쓰기
3단계 – 독서 편지 쓰기

📖 왜 편지 형식일까요?

오늘날 우리에게 편지는 단순한 소식 전달의 수단이나 마음을 나누는 것으로 생각되기도 합니다. 그러나 편지는 동서양을 막론하고 문학의 중요한 장르로 인문학의 기초가 되었습니다. 그 시대의 역사와 문화, 사상을 보존하는 진실된 잣대를 그 당시 쓰인 편지로 알 수 있었기 때문입니다. 작가가 기본적으로 글을 쓸 때 누군가에게 편지 쓰듯 쓰면 쉽게 써진다고 합니다. 구체적인 독자를 생각하면서 쓰면 글쓰기가 저절로 되는 것입니다. 아이들도 느낀 점을 막연하게 쓰는 것보다, 편지 받을 대상을 생각하면서 쓰면 나의 감정과 생각에 더 집중하고, 좀 더 잘 쓸 수 있습니다.

독후감의 수많은 장점에도 불구하고 아이들은 독후감 쓰기를 별로 좋아하지 않습니다. 그것은 일반적으로 생각하는 독후감 형태를 어렵게 생각하기 때문입니다. 독후감은 정해진 형태가 있는 게 아니므로 자신이 선호하는 형식으로 표현하면 됩니다. 저는 많은 독후감 형식 중에서 독서 편지를 추천합니다. 요즘 세대 아이들은 손 편지 쓰기가 익숙하지 않죠. 하지만 편지는 아이들의 내면을 채워줄 수 있는 매우 훌륭한 도구입니다. 독서 편지는 말 그대로 책을 읽고 편지를 쓰는 것으로 아이들이 크게 부담 갖지 않고 자신의 생각을 비교적 쉽게 끌어낼 수 있습니다.

받는 대상에 따라서 독서 편지 종류가 달라집니다. 아래는 받는 대상에 따라 나눈 4가지 종류의 독서 편지입니다.

1) 책 속 인물에게 편지 쓰기 : 책 속에 나온 주인공이나 등장인물과 마주앉아 이야기하듯이 편지를 쓰는 것입니다. 책을 읽고 난 후 주인공에게 궁금한 점이나 주인공의 성격, 행동, 생각 등을 자신과 비교하면서 내 생각을 쓰기도 합니다.

2) 내가 주인공이 되어 편지 쓰기 : 내가 책 속 주인공이 되었다고 생각하고, 책 속 장면의 다른 인물에게 편지를 쓰는 것입니다. 내가 주인공이되어 쓰기 때문에 감정이입도 잘 되고, 주인공의 감정도 더 깊이 이해할 수 있습니다.

3) 작가에게 편지 쓰기 : 책을 읽고 나서 그 책을 쓴 작가에게 궁금한 점을 물어보는 것입니다. 쓴 내용을 실제 작가에게 보낼 수도 있습니다.

4) 책 소개 독서 편지 쓰기 : 내가 읽은 책 내용을 다른 사람(부모님, 가족, 선

생님, 전학 간 친구, 또래 친척 등)에게 추천하는 글입니다. 새로 알게 된 점이 나 느낀 점을 생생하게 전할 수 있습니다.

📖 책 속 인물에게 편지 쓰기

주인공에게 편지 쓰기는 아이들이 제일 거부감 없이 편하게 생각하고 잘 쓰는 방식입니다. 아이들의 어휘력과 문장력이 늘어나 글쓰기가 비교적 자유로워지는 1학년 말 정도부터 쓰면 좋습니다. 아직 편지 쓰는 법을 배운 적이 없다면 간단하게 편지 쓰는 양식을 먼저 알려줍니다. 받는 사람, 첫인사, 할 말, 쓴 날짜, 쓴 사람 정도 알려주면 그때부터 아이들은 순풍에 돛 단 듯이 술술 쓰게 됩니다.

다음은 7살 아이가 인어공주와 심청이에게 쓴 글입니다. 어린 아이들도 이렇게 자신의 생각을 갖고 있고 말할 수 있는 힘이 있습니다.

<주인공에게 편지 쓰기 예시>

인어공주에게.

인어공주야. 넌 참 착하구나. 그런데 아무리 왕자를 좋아해도 자신의 목숨을 버리는 것은 옳지 않아. 네가 물거품이 돼서 슬퍼하는 가족들을 생각해야지. 어떤 사람이 있 없는데 그 사람의 아들이 전쟁에 나갔는데 죽은 것과 마찬가지야. 그럼 이 말이 도움이 되길 바라.

2008.11.23. 주혜가

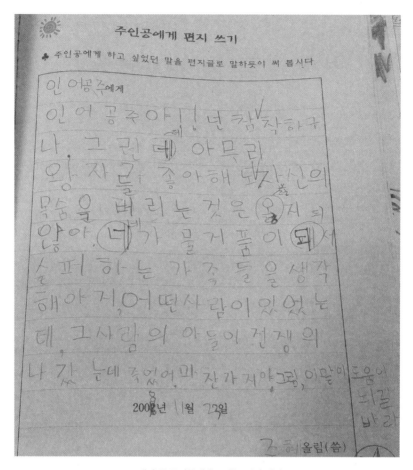

7세가 쓴 주인공에게 보내는 편지 예시

심청이에게.

심청아, 너의 효도가 하늘만큼 크구나! 하지만 사람들이 말하는데 '네 말이 맞다'라는 사람들도 있고 ' 네 행동이 옳지 않다'라는 사람도 있어. 효도가 높아서 용궁에서 어머니도 보고, 왕비도 되었잖아. 나는 네가 옳다고 생각해. 왜냐하면 너를 키워주시고 가르치신 부모님께 뭐라도 해줘야 되지 않니? 난 그렇게 생각해.

2008. 3.구. 주혜가

📖 내가 주인공이 되어 편지 쓰기

아이들은 책을 읽으면서 책 속 주인공에게 감정이입을 많이 합니다. 이야기를 통해서 작품에 나오는 특정 인물의 삶과 감정, 생각, 행동 등을 대리 경험하면서 자신을 동일시하게 됩니다. 그러다 보면 등장인물 중의 한 사람이 되어서 하고 싶은 말이 생깁니다. 비록 책 속의 주인공이지만 하고 싶은 그 말을 하면서 감정적 정화(카타르시스)를 경험할 수 있습니다.

내가 책 속 주인공이 되었다고 생각하고, 책 속 장면의 다른 인물에게 편지를 써도 되고, 책 속 주인공이 되어서 현재의 나에게 편지를 써도 됩니다. 이러한 과정을 통해서 문제를 자기에게 적용하고, 통찰하면서 자기조력(self help)의 효과를 얻을 수 있습니다. 즉, 책 속의 상황 속에서 자기의 문제를 해결할 수 있는 힘이 길러지는 것입니다.

<내가 주인공이 되어 나에게 편지 쓰기 예시>

도윤이에게

난 화성 탐사 로봇 오퍼튜니티야. 나는 2003년 구월 구일이 생일이야.

내가 화성에서 블루베리 같은 돌을 발견했는데 그게 물의 흔적이었어. 그때 나의 기분은 기쁘고 자랑스럽고 기대되었지. 그리고 내가 빅토리아 분화구를 내려갈 때는 내가 할 수 있을지 걱정이 되었어.

나는 3m 가는데 1분이 걸려. 그래서 45.16km를 달렸을 땐 내가 이만큼 달려온 것이 신기하고 자랑스러웠어. 빨리 도윤이 너도 화성의 놀라움을 경험해보면 좋겠어. 그리고 사람들이 화성에 와서 살았으면 좋겠어. 지구에 있는 도윤아, 그럼 안녕!

2020년 구월 구일 붉은 화성에서 오퍼튜니티가

도윤이에게

난 화성 탐사 로봇 오퍼튜니티야.

나는 2003년 7월 7일이 생일이야.

내가 화성에서 블루베리 같은 돌을 발견했는데 그게 물의 흔적이었어. 그때 나의 기분은 기쁘고 자랑스럽고 기대되었지. 그리고 내가 빅토리아 분화구를 내려갈 때는 내가 할 수 있을지 걱정이 되었어.

나는 3m 가는 데 1분이 걸려. 그래서 45.16 km를 달렸을 땐 내가 이만큼 달려온 것이 신기하고 자랑스러웠어. 빨리 도윤이 너도 화성의 놀라움을 경험해 보면 좋겠어. 그리고 사람들이 화성에 와서 살았으면 좋겠어. 지구에 있는 도윤아, 그럼 안녕!

2020년 7월 7일

붉은 화성에서 오퍼튜니티가

2학년이 쓴 내가 주인공이 되어 나에게 편지 예시

📖 작가에게 편지 쓰기

작가에게 편지 쓰기가 저학년에게는 어렵다고 생각할 수 있습니다. 하지만 저학년도 그 수준에서 충분히 쓸 수가 있습니다. 저학년이라 할지라도 아이가 책을 많이 읽게 되면 특별히 좋아하는 책, 좋아하는 작가가 생기게 됩니다. 책을 읽으면서 작가에 대해 궁금하고, 하고 싶은 말이 생깁니다. 아이의 수준에서 궁금하고, 관심 있던 말들을 편지로 풀어나가다 보면 우리 아이는 한층 더 성장하는 것입니다.

비벌리 클리어리(Beverly Cleary)가 쓴 『헨쇼 선생님께』라는 책을 보면 주인공 소년 리 보츠가 학교 선생님이 내준 작가에게 편지를 쓰는 숙제를 하면서 성장하고 변화하는 이야기가 나옵니다. 처음에는 딸랑 "아주 재밌었다."라고 썼던 2학년의 글이 어느새 글이 길어지고 표현도 성숙해집니다. 작가에게 편지를 쓰면서 마법과 같은 글의 힘이 발휘된 것입니다. 유은실 작가의 『나의 린드그렌 선생님』을 보면 '아스트리드 린드그렌'이라는 작가를 알게 된 소녀가 린드그렌의 책을 하나하나 찾아 읽으며 책 읽는 재미에 흠뻑 빠지는 이야기가 나옵니다.

현실적으로 아이들이 직접 작가를 대면하기는 쉽지 않습니다. 하지만 책을 읽고 작가의 생각이 궁금할 때마다 작가와의 대화를 편지로 남기면 우리 아이들은 또 다른 책의 세계로 나아갈 것입니다. 다음은 우리 반 1학년 도윤 친구가 『신기한 스쿨버스』 작가 조애너 콜(Joanna Cole)에게 쓴 편지입니다. 이 친구는 50권이 넘는 조애너 콜 작가의 모든 책을 사서 읽을 정도로 이 작가를 좋아합니다. 작가에게 쓴 편지를 한 번 읽어볼까요?

<작가에게 편지 쓰기 예시>

조애너 콜 작가님에게

안녕하세요? 저는 대한민국에 사는 이도윤이라고 해요.

저는 작가님의 책을 거의 모두 읽었어요. 작가님의 책을 많이 사랑해요. 동생도 아주 좋아한답니다. 예를 들어 『신기한 스쿨버스』시리즈요. 전부 엄청 실감나고 매우 재미있는 책들이었어요. 그리고 프리즐 선생님의 재밌는 옷은 우리 엄마도 갖고 싶어 해요. 특히 전등 귀걸이를요. ^^

저는 작가님에게 물어볼 것들이 있어요. '신기한 스쿨버스 시리즈'그림을 그리신 부루스 디건 아저씨와 친구인가요? 프리즐 선생님이 진짜 실제로 있나요? 있다면 어느 학교에 계신가요? 저는 프리즐 선생님 반에 가서 현장학습을 너무 가고 싶어요.

그럼 안녕히 계세요.

8월 29일 이도윤 올림

📖 책 소개 편지 쓰기

책 읽은 내용을 다른 사람에게 쓰는 책 소개 편지 쓰기는 서평의 내용이 가미된 독후감이라고 할 수 있습니다.

『하루 30분 혼자 읽기의 힘』의 저자 낸시 앳웰(Nancie Atwell)은 아이들을 독서인으로 키우기 위해서 교환일기 형식의 독서 편지를 주고받게 한다고 합니다. 독서 편지글은 독후감보다 깊이 있고 즐거우며 쓰기 쉽습니다. 생각을 글로 옮기면서 진지한 비평가가 되기도 합니다.

편지는 자신의 마음을 담아 정성껏 쓰기 때문에 쓰고 받는 사람 사이에 돈독한 관계를 형성시킵니다. 독서 편지는 아이와 책에 대해 함께 생각하며 대화할 수 있는 기회를 줍니다. 아이들이 책에 대한 생각과 느낌을 쓰고 거기에 부모님이 교환일기처럼 댓글을 써주면서 책으로 마음이 이어질 수 있습니다. 더불어 책을 지속적으로 읽게 해주는 디딤돌 역할도 합니다. 올해 담임을 맡은 6학년들과도 이 독서 소개 편지 쓰기를 했는데, 아이들이 재미있어 하며 잘 따라와 주었습니다. 2주에 1통 정도 쓰고 제가 답장을 써주는 방식으로 진행하고 있습니다.

다음에 엄마가 아이에게 알려주는 책 소개 독서 편지 쓰는 방법을 소개합니다. 다음 내용을 아이들과 나누고 정리한 것을 독서 편지 노트 맨 앞에 붙여줍니다.

<엄마가 아이에게 알려주는 독서 소개 편지 쓰는 방법>
준비물: 내가 감동 깊게 읽은 책 한 권, 노트, 필기도구

Q: 누구에게 쓰나요?

A: 먼저 내가 책을 읽고 내가 느낀 점을 다른 사람에게 말로 알려주는 형식으로 글을 쓰는 거란다. 책의 주인공이나 작가에게 편지를 써도 된단다.

Q: 언제 쓰나요?

A: 책 한 권을 다 읽은 뒤가 아니더라도 읽는 과정에서 그날그날 느낀 점을 대화하듯 쓰면 돼.

Q: 무엇을 쓰나요?

A: 읽은 책에 대한 네 생각을 써보렴. 책의 내용 모두를 쓰는 게 아니라, 가장 좋았던 내용을 선택해서 깊이 있게 쓰는 거란다. 네가 읽었던 책을 생각하고 정해보렴. 책을 결정했다면 다시 그 책을 훑어봐. 그리고 그중에서 네가 가장 중요하다고 생각한 핵심 내용을 골라 편지에 적어보렴. 그 부분에서 내가 생각한 것은 무엇인지, 무엇이 궁금했는지, 무엇을 느꼈는지 나눌 수 있을 거야. 네가 말하고 싶은 것을 앞에 앉아 있는 사람에게 말하듯이 쓰면 되는 거란다.

Q: 다 썼으면 어떻게 하나요?

A: 편지를 다 썼으면 받을 사람에게 직접 전달해주렴. 엄마에게 쓴 편지 노트는 엄마 책상 위에 올려두고, 친구에게 쓰는 편지라면 그 친구에게 전해주면 된단다. 만약 친구에게서 편지를 받았다면 적어도 두 줄 이상의 답장을 써서 돌려주렴. 엄마에게 썼다면 엄마가 답장을 쓸 거란다.

〈편지 형식〉

다음의 표는 편지를 쓸 때 참고할 수 있는 전체적인 구성 틀입니다. 꼭 이 내용을 다 담을 필요는 없습니다. 아이 수준에 맞게 필요한 부분만 골라 지도해주세요. '가운데'에 들어가는 내용의 문장 시작글 형태는『하루 30분 혼자 읽기의 힘』을 참조했습니다.

책 소개 편지 쓰기 구성	
책 제목 :	작가 :　　　　　　날짜:　년　월　일
[처음]	받는 사람 (　　　)에게 편지 형식에 맞는 인사말로 시작하기. 계절과 안부에 관한 내용은 자유롭게 쓰기.
[가운데] 꼭 들어가야 할 문장의 시작글 예시	• 나는 다음과 같은 구문에서 감동을 느꼈다. • 나는 다음과 같은 대목에서 흥미를 느꼈다. • 나는 ~에 놀랐다. • 나는 ~에 화가 났다. • 나는 ~~가 신기했다. • 나는 ~에 만족했다. • 나는 ~에 감동했다. • 나는 ~에 믿을 수가 없었다. • 내가 생각하는 이 책의 주제는… • 내가 이해한 점은… • 내가 이해하지 못한 점은… • 이 책에 점수를 준다면 10점 만점에 ○점이다. 왜냐하면 ~ 하기 때문이다. • 내가 ~ 한 점 때문에 엄마(친구)에게 추천한다.
[가운데]	내가 하고 싶은 말, 편지에 대한 내용. 책의 줄거리, 명언이나 기억나는 문장, 등장인물의 성격, 마음에 드는 인물, 가장 감동적인 대목, 새로 알게 된 점, 이해되지 않는 부분, 의문점 등
[끝]	편지를 쓴 날짜, 편지 쓴 사람

〈책 소개 편지 쓰기 예시문〉

책 제목 작가 이름 날짜	『화요일의 두꺼비』 러셀 에릭슨 　　년　월　일　이름（　　）
받을 사람 첫 인사말	엄마에게 사랑하는 어머니, 안녕하세요? 더운 여름에 건강하신지요?
문장 시작글	저는 이번 주에 『화요일의 두꺼비』를 읽었어요. 이 책은 독창적이고 매력적인 주인공 워턴이 천적인 올빼미와 벌어지는 뭉클한 장면이 많아서 10점을 주고 싶어요. 저는 이 이야기의 첫 도입부가 흥미를 느꼈어요.
책 내용 발췌	"바람 부는 겨울 밤, 하늘엔 수많은 별들이 초롱초롱 빛나고, 눈 쌓인 땅 저 밑에서는 두꺼비 형제가 말다툼을 하고 있었습니다."
인용글에 대한 내 생각	요즘같이 더운 날 이 책을 읽으니, 더 시원해지는 것 같아요. 이렇게 평화로운 두꺼비 형제에게 어마한 일이 닥쳐올 거라 생각을 못했거든요. 워턴이 올빼미를 만나서 잡아먹힐 뻔한 상황이 정말 손에 땀이 났어요. 다가올 화요일 생일에 자기를 잡아먹으려고 하는 올빼미에게 조지라는 이름도 지어주고, 차도 함께 마시고, 재미있는 이야기도 나누고, 지저분한 집을 정리해주지요. 저는 그중에 이 내용이 가장 좋아요.
책 내용 발췌	"워티! 드디어 화요일, 내 생일이야. 오늘 저녁 식사 후엔 네가 제일 좋아하는 노간주나무 열매 차를 마시자. 내가 숲에서 구해 올게. 화요일에 너랑 친구가 되고 싶은 조지가."
하고 싶은 말	혹시라도 제가 다툰 친구가 있다면 올빼미 조지처럼 용기를 내어 편지를 쓰고 싶어요. 퉁명스럽고 자존심이 센 올빼미도 다정다감한 두꺼비와 친구가 되는 과정이 너무나 감동 깊어요. 친구나 사람과의 관계에 어려움을 겪는 사람들에게 이 책을 권해주고 싶어요. 저도 물론 이 책 주인공처럼 갈등이 생긴다면 잘 해결할 거예요.
끝인사말	갑자기 더워진 날씨에 건강 유의하세요.
날짜 쓴 사람	2020년 6월 16일(화) ＊＊＊ 올림
부모님 글	(부모님의 답장 댓글)

* happy day!!!

엄마에게

엄마, 엄마에게 소개할 책이 있어. 바로 〈마법의 시간

여행〉 시리즈야. 마법의 오두막집을 타고 잭과 애니가

시간여행을 해. 55권 중 1권만 소개할게. 13권에

서 잭과 애니가 고대 로마 시대의 폼페이로 가. 그

런데 새들이 사라지고 냇물이 바싹 말라 있어서 애

니는 이상한 것을 알아차렸어. 그렇지만 잭은 그러지

못했어. 곧 베수비오 화산이 폭발할 것을 모르고 있었어.

그런데 집으로 갈 때, 화산이 폭발했어. 검투사가

잭과 애니를 도와줘서 무사히 집에 갈 수 있었

어. 이 잭의 별점은 별 10개 중에 9개야.

엄마가 꼭 읽어 보았으면 좋겠어.

2019년 11월 13일 행복한 도윤이가

♡ 늘 엄마에게 정말 재밌는 책만 선별해 주는 아들♡ 믿고 보는 책들이지♡
아들이 그렇게~ 몰입하며 읽는 「마법의 시간여행」이 엄마도 늘 궁금했는데
이번엔 꼭 읽어봐야겠어♡ 주인공 애니와 잭과 함께 마법의 오두막집을 타고 모험
의 세계를 떠나는 아들 따라 엄마도 함께 모험을 떠나볼까? 모험에 초대해줘서
고마워♡ 엄마도 빨리 읽고 아들과 수다삼매경하고 싶어~ 사랑해♡

1학년이 쓴 독서 소개 편지와 엄마의 답글 예시

아래는 아이들이 직접 쓴 책 소개 편지와 엄마 코멘트 예시입니다. 집에서 아이와 책 소개 편지 활동을 할 때 참고해주세요.

이상한 과자가게 전천당

히로시마 레이코 글·쟈쟈 그림

엄마에게

엄마 안녕? 내가 오늘 전천당이라는 신기한 과자 가게에 관한 책을 읽었어. 별 1억 개를 주고 싶을 정도록 너무 재밌었어. 그런데 벌써 다음 권까지 기다려야 돼서 너무 아쉬워. 전천당은 사람들의 소원을 들어주는 신비한 과자나 사탕을 파는 가게야. 주의사항을 잘 읽지 않으면 나쁜 일이 생기기도 해. 주인공 메니코가 카이도와 싸울 때는 베니코 아줌마가 질까봐 가슴이 두근두근거렸어. 엄마는 누가 이길 것 같아? 엄마도 꼭 이 책을 봐줘. 그리고 다음 권 나오면 꼭 사줘.

8월 31일 엄마의 사랑하는 딸 재인 올림

엄마 답글 : 사람들의 소원을 들어주는 가게의 주인이라면 엄마는 베니코 아줌마가 대결에서 이겼으면 좋겠어~~ "엄마의 소원도 들어주러 나타나 주세요~~^^ 재인이에게 재미를 한가득 안겨준 전천당!! 엄마가 꼬~옥 읽어볼게~

4장

독서 흥미를 높여주는 독서 독립 step 3

책과 함께
놀아요

01

엄마표 독후 활동이
필요한 이유

"선생님, 우리 아이가 책을 많이 읽는데 글쓰기 같은 독후 활동을 꼭 해야 하나요? 책을 좋아하고 많이 읽으면 그걸로 된 것 아닌가요?"

언젠가 학부모님으로부터 질문을 받은 적이 있습니다. 책을 잘 읽으니까, 독후 활동은 안 해도 되지 않느냐는 말씀이셨습니다. 맞습니다. 책 읽는 시간을 줄여서 독후 활동을 하는 것보다는 책을 많이 읽는 게 더 중요하다고 생각합니다. 또 어떤 어머니는 아이가 책을 많이 읽는 것이 중요한데 독후 활동을 하다 보면 그 시간만큼 책을 못 읽으니까 손해가 아니냐고 하십니다.

독서 전문가들도 책을 읽게 하는 습관보다 독후 활동에 치중하는 것을 비판하기도 합니다. 학교 현장에서도 아이들에게 책을 읽는 습관 자체를 만들어주는 것보다 읽고 난 후 독후 활동을 하는 데에 더 관심을 가졌던 때도 있었습니다. 물론 아이들이 책을 제대로 읽지 않았는데 독후 활동을 많이 하는 것은 뜸도 들이지 않은 밥솥을 열어 밥을 먹는 것과 같은 이치입니다. 하지만 자신의 생각을 정리해보는 과정이 들어가면 사고력이 훨씬 더 크게 향상된다는 점은 간과할 수 없습니다.

📖 책을 꼭꼭 씹어 먹게 도와주는 독후 활동

독후 활동은 읽기에서 한 걸음 더 나아가 읽은 내용을 여러 가지 방법으로 표현함으로써 사고력을 확장하고 책의 내용을 자기 것으로 소화하는 작업입니다. 독후 활동은 책을 읽는 아이들의 종합적인 사고력 향상에 도움을 줍니다. 독후 활동은 주가 되는 독서 활동을 더 즐겁게 하고, 깊이 있게 하고자 하는 목적이 있습니다. 즉, 독후 활동의 최우선의 목적은 아이들이 책 읽기를 더 잘하게 돕는 것입니다.

아이들이 책만 읽으면 기억에 잘 남지 않는 것에 반해 다양한 독후 활동이 병행되면 책을 더 깊이 이해할 수 있을뿐더러 창작 과정을 통해 연계된 다른 교과 공부에도 도움을 받을 수 있습니다. 또한 독후 활동을 하지 않은 것보다 책을 훨씬 더 잘 기억하고, 즐거운 경험으로 간직하게 됩니다. 독후 활동을 즐겁게 잘 하면 책을 몇 번 더 읽는 효과를 얻게 되며 성취감을 줄 수 있습니다. 엄마가 독후 활동을 준비해서 하려면 어느 정도 학습이 필요한 사실이지만, 앞으로 소개될 내용을 참고하면 크게 어렵지 않게 아이의 독후 활동을 도울 수 있을 것입니다.

책을 읽고 내 생각을 정리하다 보면 읽는 당시에는 몰랐던 새로운 사실이나 내용을 더 알게 됩니다. 아무리 좋은 책을 감명 깊게 읽었어도 적지 않으면 기억에서 사라지게 됩니다. 하지만 책의 줄거리나 생각 등을 적어놓으면 글의 내용이 오래도록 기억에 남고, 올바른 가치관을 확립할 수 있게 도와줍니다. 또한 꾸준한 글쓰기는 좋은 글을 쓰기 위해서 필요한 창의성, 비판성, 논리성, 독창성 등의 학습 능력을 향상시킬 수 있습니다.

📖 내 생각을 표현할 수 있는 아이로 훈련시켜줍니다

교실에서 어떤 주제를 가지고 '내 생각을 써봐라', '이 글에 대한 내용을 그림으로 그려봐라'와 같은 활동을 할 때 무엇을 할지 몰라 고민만 하며 시간을 흘려보내는 아이들이 의외로 많습니다. 이는 아이들이 생각이 없어서라기보다는 내 생각을 표현하는 연습을 많이 해보지 않았기 때문입니다. 독후 활동은 자신이 가지고 있는 지식 위에 새로운 경험을 더해 또 다른 무언가를 생각해 내는 능력인 창의력을 발동시키는 기회를 제공합니다.

교실에서 저는 아이들에게 자꾸 자신의 생각을 다양한 방식으로 표현하는 기회를 주려고 노력합니다. 대면 수업 때는 물론, 온라인 수업을 할 때도 모든 아이가 꼭 한 번 이상은 발표하게 합니다. 이렇게 연습을 하다 보면 아이들이 뭔가에 대한 자신의 생각을 표현하는 것에 자신감이 붙게 됩니다. 자신을 항상 지지해주는 엄마아빠와 함께 하는 독후 활동은 밖에 나가서 움츠려들지 않고 자유롭게 자기가 생각하는 바를 표현하는 법을 배우는 좋은 방법입니다.

📖 진로 로드맵 준비의 가이드가 되어줍니다

대입 학생부종합전형에 독서 활동이 중요시되고 있습니다. 입학사정관은 학생의 독서 활동 내역을 통해 학생이 독서를 통해 어떤 지식을 습득했는지, 또 얼마나 넓고 깊게 책을 읽었는지 알 수 있습니다. 또 독서 후 학생의 깨달음이나 학습 태도나 가치관, 경험에는 어떠한 변화가 나타났는지 평가할 수 있습니다. 이와 관련하여 2017학년부터 학생부종합전형에 독서 활동 기록이 책 제목과 저자만 기재하는 걸로 간소화되었습니다.

학생들은 독서 활동 기록을 통해 평소 얼마나 다양한 독서를 하였는지, 전공과 연관 있는 독서를 하였는지 어필하게 됩니다. 그런데 실제로 독서 활동을 열심히 한 학생들이 책을 읽었음에도 불구하고, 책 내용을 기억하지 못해서 독서 활동 면접에서 낭패를 보는 경우가 생길 수 있습니다. 따라서 초등학교 저학년 때부터 책을 읽고 나면 기록하는 습관을 기르는 것이 좋습니다. 초등학교 때 하지 않았던 아이들이 어느 날 갑자기 독서 기록을 하는 것은 쉽지 않은 일입니다. 어렸을 때부터 책을 선택한 이유, 책의 주제나 줄거리, 책을 통해 배운 점. 내 생각, 느낌 정도를 간단히라도 기록해온 아이와 그렇지 않은 아이는 많이 다를 것입니다. 이렇게 미리 정리해둔 나만의 독후 활동 기록장은 면접처럼 내가 읽은 책의 내용을 꺼내 보여줘야 하는 때에 기억력의 한계를 보완해줄 것입니다.

02

한두 줄로 쉽게 시작하는
책 발표

📖 책에 관해 이야기하는 즐거움

우리 반 1학년 아이들이 1년 동안 1,000권에 가까운 책을 읽을 정도로 독서를 좋아하게 된 가장 큰 이유는 매일 아침 가졌던 책 발표 시간 때문이라고 말할 수 있습니다. 처음에는 저도 그렇게 큰 효과를 일으킬 줄 몰랐습니다. 애초에 책 발표는 독서 훈련보다는 아이들의 발표력과 자신감을 향상시키는 것이 주 목적이었기 때문에 읽은 것을 아주 간단히 이야기하는 시간이었습니다. 발표하는 내용은 책 제목 + 새로 알게 된 단어, 책 제목 + 의성어나 의태어 같은 흉내 내는 말, 책 제목 + 기억에 남는 문장 형태였습니다. 이처럼 기본적으로는 책 제목을 말하면 되는 활동이었기 때문에 별 부담 없이 매일 한 명도 빠지지 않고 참여했습니다.

그런데 아이들이 이런 식으로 발표하는 시간을 갖게 되자 점점 더 책과 가까워지는 것이었습니다. 그리고 이 활동은 곧 아이들의 학교생활에 가장 중요한 부분이 되었습니다. 입학한 그 다음 날부터 했던 책 발표는 아이들이 학교에 온 날(체험학습을 가서 못 한 날 빼고)은 하루도 빠짐없이 이뤄졌습니다.

교실에는 언제든 아이들이 보고 싶으면 볼 수 있도록 몇백 권의 책이 준비되어 있습니다. 그런데도 아이들은 매일같이 도서관에서 새로운 책을 읽고 빌려왔습니다. 그 이유는 매일 아침 책 발표에 발표할 새로운 책을 찾기 위해서입니다. 아이들은 학교 끝나고 읽을 책을 빌리고, 집에 가서 읽고, 아침에 읽은 책을 발표했습니다. 책가방 속에 다른 것은 없어도 읽을 책은 항상 한두 권 갖고 다녔습니다. 친구가 소개했던 책 중 흥미가 가는 것을 또 도서관에서 빌려 읽으면서 아이들은 계속해서 서로를 격려하면서 책 읽기 문화를 만들어갔습니다.

📖 아이들은 자신의 생각을 말하고 싶어 합니다

에릭슨의 심리·사회적 발달 단계에 의하면 초등학교에 입학할 때부터 11세까지는 '근면성 대 열등감'을 형성하는 시기입니다. 아이는 가정과 학교에서 주어진 일을 완성함으로써 얻어지는 성취감을 느끼고 인정을 받기 위해 의욕적으로 활동합니다. 아이가 성취한 것에 대해 인정하고 격려해주며, 지적 호기심을 높여주는 적절한 훈련을 시켜준다면 아이는 초등학교 시절에 평생 갈 성취감과 근면성을 기르게 됩니다.

1학년은 근면성을 발달시킬 수 있는 아주 최적의 시기입니다. 물론 1학년 교실에서 매일 하루도 거르지 않고 무언가를 하는 것은 쉽지 않은 일입니다. 그런데 한편으로 1학년은 무엇이든 한 번 하면 계속하는 걸로 알고 있고, 하면 무엇이든지 열심히 해야 하는 특성이 있습니다. 제가 혹시라도 다른 업무에 바빠서 책 발표, 책 읽어주기, 독서 기록 카드 쓰기를 안 할라치면 여지없이 아이들의 원성이 나옵니다. "선생님, 책 발표는 언제 해요?", "선생님, 꽃보다 책 읽기 검사 안 해주시나요?", "선생님, 책은 언제 읽어주시나요?"라고 자신의 말을 들어줄 때까지 지치지 않고 말합니다. 사실 아이들 성화(?)에 못 이겨 1년 동안 책 발표를 꾸준히 하게 됐다 해도 과언이 아닙니다.

실제로 이렇게 말해주던 아이들 대부분은 꾸준히 매일 하루도 거르지 않고 책을 읽어 1년 동안 500권 이상 읽었고, 이에 따라 독서력도 괄목할 만하게 성장하였습니다. 한글을 잘 읽지 못하던 아이가 몇 달이 안되어 문장도 씩씩하게 잘 읽고, 좋아하는 책을 사달라고 엄마아빠를 조르게 되었습니다. 한글을 떼지 못하고 입학했던 아이들도 자기가 읽은 책 제목을 적는 것과 함께 친구들이 발표하는 책 제목까지 집중하여 매일 적으면서, 듣기, 쓰기 등 전반적인 한글 실력이 좋아져서 교사로서 보람도 느낄 수 있었습니다. 그렇게 1년이 흐르자 어느덧 제가 시켜서 읽는 것이 아니라 스스로 찾아서 책을 읽는 아이들이 되었습니다. 1년이 지난 지금도 1학년 때 들인 습관 덕분에 책을 잘 읽고 있다는 기쁜 소식을 어머니들로부터 종종 듣곤 합니다.

📖 집에서 하는 책 발표 준비

그렇다면 가정에서는 책 발표를 어떻게 하면 좋을까요? 매일 가족 독서 시간을 정해서 낮 동안 읽은 책을 발표하고 이야기하는 시간을 가지는 것도 방법입니다. 많이 읽지 않아도 됩니다. 가족 구성원 모두가 읽지 않아도 됩니다. 단지 가족들이 낮 동안에 읽은 책이 무엇인지, 무엇을 느꼈는지 간단히 이야기를 하면 됩니다. 가족회의를 통해서 우리 가족 독서 시간, 책 발표 시간을 정해보도록 합니다. 시간은 10분 정도면 충분합니다.

중요한 것은 내가 읽었든 읽지 않았든 책을 가져오는 것을 원칙으로 하는 것입니다. 읽지 못했다면 읽고 싶은 책을 가져와 이야기해도 됩니다. 일주일에 한 번 정도 온 가족이 같은 책을 읽고 대화를 나눠보는 것도 매우 추천합니다. 세대를 뛰어넘어 가족이 하나됨을 느낄 수 있을 것입니다. 가족 독서 노트를 마련해서 한 사람씩 돌아가면서 같은 책을 가지고 읽은 느낌을 써볼 수도 있습니다. 자연스럽게 부모가 생각하는 삶의 가치를 전하는 자리가 될 것입니다.

📖 가족과 함께하면 좋은 독서 토론 주제

아이들이 책을 온전히 읽다 보면 어떤 주제에 대해 자신의 의견을 표현하고 싶을 때가 있습니다. 아이는 자신이 궁금한 것을 질문하고 토론

하면서 더 당당한 독자로 성장할 수 있습니다. 가정에서 이렇게 자연스럽게 이루어지는 비경쟁 독서 토론은 아이가 책을 보다 더 깊이 이해할 수 있도록 도와주며, 논리적이고 비판적인 사고 능력을 키울 수 있게 해줍니다.

가벼운 주제로 독서 토론을 하더라도 가급적 대상 도서를 모두가 완독한 후에 진행해야 깊은 대화를 나눌 수 있습니다. 또 진행하는 부모님은 자신의 감상이나 주장을 강요하지 않도록 하고, 아이의 생각과 감정을 끌어내는 데 관심을 두어야 합니다.

독서 토론 진행 방식은 책의 주제에 따라서 나의 의견을 말하고 이유와 근거를 읽은 책에서 찾아 관련지어 말해보게 하는 식입니다. 돌아가면서 발표하고, 궁금한 점도 서로 물어봅니다. 아래의 표는 토의하기 전에 주제, 자신의 생각, 이유와 근거를 적을 수 있는 양식입니다. 토론하기 전에 미리 한 번 쓰고 발표하면 더 깊은 생각을 나눌 수 있습니다. 책의 주제에 따라서 나의 의견을 말하고 이유와 근거를 읽은 책에서 찾아 관련지어 말해보게 합니다. 돌아가면서 발표하고 궁금한 점도 서로 물어봅니다.

책 이름		토론 날짜	
토의 주제			
나의 입장 (생각)			
이유와 근거 (읽은 책에서)			

독서 토론 기본 포맷

독서 토론 주제는 아이의 수준에 눈높이를 맞추어야 합니다. 아이들 수준에서 생각할 수 있는 삶의 본질에 관한 문제, 사회 이슈, 가족 관계, 친구 관계, 학교생활 등 가족 구성원과 같이 아이가 관심을 갖고 고민하는 내용이 좋습니다. 다음은 가족이 함께하면 좋은 독서 토론 주제 예시입니다.

- 『아낌없이 주는 나무』에서 나무의 행동은 옳은가?

  나의 의견: (나는 나무의 행동이 옳다고 / 옳지 않다고 생각해요)

- 『늑대가 들려주는 아기돼지 삼형제』에서 늑대의 (거짓)말을 나는 어떻게 생각하는가? 나는 늑대의 말을 믿는가?

  나의 의견: (나는 늑대의 말이 옳다고 / 옳지 않다고 생각해요)

- 『돼지책』에서 피곳 씨와 사이먼, 그리고 패트릭의 행동에 대해서 어떻게 생각하는가?

  나의 의견: (나는 가 잘못된 행동을 했다고 / 올바른 행동을 했다고) 생각해요.

- 『돼지책』에서 피곳 부인이 집을 나간 것에 대해서 어떻게 생각하는가?

  나의 의견: (나는 올바른 행동이라고 / 올바른 행동이 아니라고) 생각해요.

- 『돼지책』을 읽고, 남자와 여자가 하는 일이 정해져 있다고 생각하는가?

  나의 의견: 나는 남자와 여자가 하는 일은(정해져 있다고 / 정해져 있지 않다고) 생각해요.

- 『크록텔레 가족』을 읽고, TV에 대해 어떻게 생각하는가?

  나의 의견: 나는 TV가 우리 생활에 (꼭 필요하다고 / 꼭 필요하지는 않다고) 생각합니다.

- 『홍길동전』에서 그 당시 살고 있었다면 홍길동을 신고해 상금을 탔을까 아니면 숨겨주었을까?

  나의 의견: 나는 홍길동을 (신고해서 상금을 탔을 것입니다. / 신고하지 않을 것입니다.)

- 『슈퍼거북』에서 꾸물이는 원래 느린데 빠르게 살려고 한 것은 옳은 일일까?

  나의 의견: 나는 꾸물이가 빠르게 살려고 한 것이 (옳다고 / 옳지 않다고) 생각해요.

📖 책 발표 방법

아이 입장에서 볼 때 무작정 책에 대해 발표하라고 하면 무슨 말을 해야 할지 너무 막연합니다. 이럴 때 아이들에게 약간의 방법을 일러주는 것이 필요합니다. 다음은 아이가 가정에서 책에 대해 발표할 때 참고할 만한 간단한 방법입니다.

1) 2줄 감상문 발표하기

뭔가를 말하기 어려워하는 아이들을 위해 먼저 문장을 제시해주는 방법입니다. 먼저 책 제목, 책 내용 중 한 부분을 짧게 말할 수 있는 두 문장을 제시합니다. 문장의 핵심 단어 부분에는 빈칸을 주고 아이들이 직접 써넣도록 합니다. 이때 문장의 끝에 마침표, 물음표, 느낌표와 같은 마무리 문장부호가 있다는 것을 알려줍니다. 주인공(등장인물)은 책 속에 나오는 사물이나 등장인물이 누구를 말하는지 알려줍니다.

<2줄 감상문 문장 예시>

"제가 읽은 책은 (   )입니다."

"제가 좋아하는 문장은 (   )입니다."

"제가 읽은 책은 (   )입니다.

"내 생각과 느낌은 (   )입니다."

"제가 읽은 책은 (   )입니다."

" 이 책에는 (   )라는 흉내 내는 말이 있습니다."

"제가 읽은 책은 (   )입니다."

" 이 책에서 좋아하는 주인공(등장인물)은 (   )입니다."

처음에는 빈칸을 주고 아이들이 써보게 한 후 발표하면 머뭇거리지 않고 자신의 생각을 더 조리 있게 발표할 수 있습니다.

2) 3줄 감상문 발표하기

2줄 감상문이 책 제목과 좋아하는 문장, 내 생각과 느낌, 좋아하는 주인공을 발표하는 것이라면, 여기에 '새롭게 알게 된 것' 한 문장을 늘려서 3문장으로 발표하는 방법입니다. 이런 식으로 2줄 감상문을 발표해서 익숙해지면 3줄 감상문을 하고 다음에는 4줄 감상문으로 늘려서 발표합니다.

여기에서 '새롭게 알게 된 것'이란 지금까지 몰랐지만, 이 책을 읽으면서 처음으로 알거나 깨닫게 된 것이라고 설명해주면 쉽게 찾아서 발표할 수 있습니다.

<3줄, 4줄 감상문 문장 예시>

"제가 읽은 책은 (　　　　　　　)입니다."

"제가 좋아하는 주인공 이름은 (　　　　　　)입니다."

"좋아하는 이유는 (　　　　　)때문입니다.

"제가 읽은 책은 (　　　　　)입니다."

"책 속에 나오는 등장인물(주인공)은 (　　　　　)입니다.

"이 책에서 저는 (　　　　　)가 재미있었습니다."

"저는 (　　　　　)을 새롭게 알게 되었습니다."

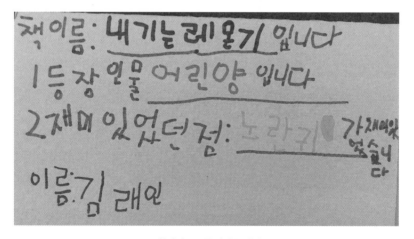

1학년이 쓴 3줄 감상문 예시

〈3줄 감상문 발표 예시 문장〉

제가 읽은 책은 (로즈메리와 비너스의 마법)입니다.

제가 좋아하는 주인공 이름은 (자렛)입니다.

좋아하는 이유는 고양이들이 귀엽고, 레시피북을 보고 허브약을 만드는 게 재미있기 때문입니다.

〈4줄 감상문 발표 예시 문장〉

제가 읽은 책은 (나 여기 있지)입니다.

책 속에 나오는 등장인물(주인공)은 (벌레)입니다.

저는 (자벌레)가 재미있었습니다.

(북극여우)를 새롭게 알게 되었습니다.

제가 읽은 책은 (집 나온 생쥐랄프)입니다.

이 책 속에 나오는 등장인물(주인공)은 (랄프)입니다.

(랄프가 오토바이를 타는 게) 재미있었습니다.

(생쥐가 영리하다는 것)을 새롭게 알게 되었습니다.

제가 읽은 책은 (나는 착한 늑대)입니다.

책 속에 나오는 등장인물은 (늑대)입니다.

(늑대가 조로모자로 쓴 것)이 재미있었습니다.

(늑대가 꼭 무섭지 않다는 것)을 새롭게 알게 되었습니다.

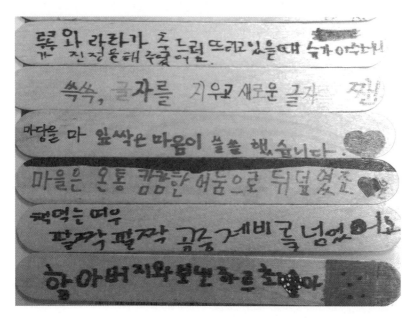

책 문장 발표 막대 예시

3) 책 문장 발표 막대 만들기

아이들이 종이가 아닌 다른 것에 쓰는 것을 흥미로워 합니다. 아이스크림 막대는 주로 만들기 작업할 때 사용하지만, 옛날 죽간(竹簡)처럼 글씨를 새기는 데도 활용할 수 있습니다. 책 발표할 때 아이스크림 막대에 쓰고 발표하면 더 흥미를 높여줄 수 있습니다.

앞면에는 책 제목, 뒷면에는 내가 그 책에서 가장 좋아하는 문장을 씁니다. 나무 느낌 때문인지 아이들이 노트에 쓸 때보다 더 집중해서 글씨를 쓰는 것을 볼 수 있습니다. 쓸 때는 유성매직을 이용해야 선명하게 잘 써집니다. 가정에서도 아이들이 책을 한 권 읽을 때마다 이런 다양한 방식으로 적어서 모아두면 아이들의 성취감을 높여줄 수 있습니다.

03

서로 책 읽어주기
& 북 토크

📖 책 읽어주기의 힘

책 발표와 더불어 자연스럽게 책 읽기 습관을 길러주는 좋은 활동으로 '아이에게 책 읽어주기'가 있습니다. 『하루 30분 혼자 읽기의 힘』의 저자 짐 트렐리즈는 "책 읽기의 가장 큰 장점은 뇌 발달과 어휘력 향상만이 아니라 아이와 부모의 유대관계가 끈끈해지는 데 있다."고 말합니다.

특히 14세 이하까지는 부모가 책을 읽어주는 것이 매우 효과적입니다. 아이 정서가 발달되는 시기여서 부모가 책을 읽어줄 때 아이는 행복감을 느끼고 엄마아빠를 좋아하게 되어 부모와 애착 형성이 이루어집니다. 하루 10분 책 읽어주기만 해도 우리 아이는 책을 좋아하는 아이가 되며 바른 아이로 성장하는 데 결정적인 영향을 미칩니다.

저는 교실에서 책 발표가 끝나면 아이들에게 책을 읽어줍니다. 책 종류는 주로 그날 교과 수업과 관련된 그림책입니다. 집에서는 먼저 엄마가 아이들에게 읽어주고 싶은 책, 같이 대화하고 싶은 책을 몇 권 선정한 뒤 아이들에게 고르라고 해서 읽어줘보세요. 아이들이 더 집중해서 듣습니다. 가급적 분량이 적은 책을 선택해서 이야기의 내용 전부를 들려줍니다. 그런 다음 5~10분 내외 정도로 아이들과 한 가지 주제를 가지고 간단히 이야기를 나눕니다.

일반적으로 북 토크는 책을 쓴 작가가 자신의 책에 대해서 간단히 소개하며 독자들과 소통하는 것을 말합니다. 또는 어느 일정한 집단을 대상으로 몇 권의 도서를 선정하여 소개하는 방법도 있습니다. 북 토크는 '서평과 소개의 중간 정도'로 집단 독서 지도의 한 형태라 할 수 있습니다. 북 토크는 이야기를 들려주고 대화하기의 형식을 띠며, 듣는 사람에게 독서의 흥미와 독서의 폭을 넓혀주고 독서의 계기를 만들어주는 데 그 목적이 있습니다. 우리 반에서는 책을 읽어주고 그중에서 토론을 할 수 있는 주제를 골라 모두 돌아가면서 생각을 말하는 대화 시간을 가졌는데, 아이들의 열띤 표정과 분위기가 기대 이상이었습니다. 가정에서도 북 토크 활동을 진행해보면 분명 엄마아빠가 알던 아이 모습과는 다른 면을 발견할 수 있을 거라 생각합니다.

🔖 엄마아빠와 하는 북 토크 방법

1) 책 준비 - 원하는 책 고르기

우선 아이 연령의 독서력에 맞는 정도의 책을 선정하는 것이 좋습니다. 책 분량은 읽었을 때 5~7분 정도가 적당합니다. 학교 교과목과 연계한 책으로 선정하면 무난한데, 이때 너무 긴 책은 고르지 않도록 합니다. 독서 의욕을 떨어뜨리지 않고 아이들의 흥미와 관심을 끌 수 있는 책으로 선정합니다.

2) 읽기 전 – 책 표지 보여주기

책 표지에 있는 제목과 그림을 보여주고 느낌을 물어봅니다. 간략한 책 소개, 작가나 간단한 도서 정보를 말해주되, 너무 길게 말하지 않습니다. 주요 등장인물의 소개나 인상적인 삽화를 소개해주고 읽어주려는 책에 대해서 어떤 내용을 알고 있는지 배경지식을 알아보는 질문을 합니다. 엄마아빠가 왜 이 책을 골랐는지 이유를 설명해주면 아이의 독서 동기를 높일 수 있습니다.

3) 읽기 중 – 책 읽어주기

자연스럽게 읽어주되, 대화문이 나오면 실감나게 읽어주는 정도면 충분합니다. 책을 읽다가 극적인 내용이 나오면 잠시 멈추고, 뒷이야기를 상상해보는 질문을 해도 좋습니다. 아이들의 호기심을 유발할 수 있는 질문을 하되 독서 맥을 끊을 정도로 길어지지는 않도록 합니다. 시간이 부족하면 내용 중 재미있는 부분 몇 군데만 골라 낭독하는 것도 방법입니다. 읽다가 아이가 모르는 어휘가 나오더라도 굳이 설명해줄 필요는 없습니다. 너무 설명이 길거나 많으면 아이의 흥미를 떨어트리고 글 읽기의 맥락을 흐릴 수 있으니 가급적 아이가 읽어주는 맥락에서 유추하여 이해하도록 합니다. 그리고 책을 읽어줄 때 가감하거나 각색하지 말고 글자 그대로 읽어주도록 합니다.

4) 읽기 후 – 대화 나누기

함께 읽은 책 주제에 맞춰 이야기를 나눕니다. 아이들에게 교훈적인 내용을 강요하지 말고 자신의 생각을 말할 수 있도록 이끌어주세요. 이야기를 나누기 전에 아이가 따라올 수 있다면 '브레인 라이팅(Brainwriting)'을 해도 좋습니다. 브레인 라이팅은 메모지에 먼저 자신의 생각을 적고 내가 적은 내용을 기반으로 다른 사람들의 생각들을 적어나가는 것입니다. 가족이 둘러앉아 각자 주제에 대한 생각을 글로 적어 옆으로 돌리면서 의견을 공유하는 것입니다. 앞 사람의 생각을 읽은 후 더 발전시키거나 새로운 생각을 추가하고 다시 옆으로 전달합니다. 이 활동을 하다 보면 자신과 가족의 의견을 알게 되고, 생각을 확장하는 시간을 갖게 됩니다.

📖 북토크 사례 1 – 감정이 통하는 북토크 (『엄마가 화났다!』)

『엄마가 화났다!』는 가족과 관련해서 엄마와의 감정 이야기를 다룬 책입니다. 이 책은 아이들에게도 좋지만 자녀를 키우는 어머니들에게 마음의 치료가 되는 책이기도 합니다. 이 책을 읽어주자 반 아이들은 봇물 터지듯이 자기 이야기를 했습니다. 아이들이 너무나 할 이야기가 많아서 한 시간이 넘게 이야기를 들어주어야 했습니다.

엄마들이 화낼 때는 모두 이유가 있습니다. 아이가 다치거나, 형제간에 싸우거나, 해야 할 일을 제 때 잘 하지 않거나, 몇 번 말했는데도 나쁜 습관이 잘 고쳐지지 않거나, 정한 목표가 잘 이루어지지 않거나 등 다양하지만 결국엔 아이를 사랑하는 마음 때문인 경우가 많죠. 그런데 우리 아이들은 부모님이 화를 내는 이유보다는 화를 받고 난 후의 감정의 찌꺼기만 더 기억하는 경향이 있는 것 같아요. 그래서 부모님이 화를 낼 때는 그 이유를 정확히 이야기하고, 감정을 풀어주는 게 필요하다고 생각합니다. 아직 많이 미숙한 초등학생 아이들이 실수하는 것은 너무 당연한데, 빨리 더 성숙하기를 바라는 조급한 마음으로 다가가면 아이는 자신을 방어하기에 급급할지도 모릅니다.

아래는 '우리 엄마는 언제 화가 나나요?'라는 주제로 토론했을 때 아이들이 실제로 말한 내용입니다. 내용을 보고 자녀와의 오고가는 대화를 돌이켜보는 것도 좋을 듯합니다.

<"우리 엄마는 이럴 때 화를 내요"라는 주제에 대한 1학년 아이들의 답변>

- 우리 엄마가 아침에 형이 시리얼에 먹던 것이 제 그릇에 들어가서 짜증냈는데, 엄마가 말로 혼내셨어요. 그런데 제가 형이랑 싸우면 엄마는 꼭 형만 혼내요.
- 제가 매일 밥 먹을 때 핸드폰을 봐서 엄마가 엄청 혼내셨어요. 저도 고치려고 하는데 계속 보게 돼요.
- 네 살짜리 동생이 제 책을 던져서 매일 치고받고 싸워요. 동생이 제 머리를 잡아당기고 때려요. 나는 항상 놀 때 칼을 쓰고 동생은 총으로 놀아요. 그래서 화가 나요.
- 오빠와 내가 싸워서 엄마가 둘 다 맴매 하셨어요.

- 엄마가 학교 늦었는데 느릿느릿 한다고 혼내요. 빨리빨리 하라고 화내셨어요. 언젠가 그네에서 놀다가 손잡이를 잡았는데 갑자기 쿵 떨어져서 옷에 뭐가 묻었어요. 그런데 뭐가 옷에 묻었다고 화를 내셨어요.
- 제가 6살 때 선풍기 전기줄을 가위로 잘라서 혼났어요. 누나는 제 방에 가위를 갖다 놓은 잘못이 있다고 10분 동안 손을 들고 있었어요. (이 말을 듣고 반 아이들이 말했습니다. "감전당할 뻔했잖아. 화내실 만하네!")
- 제가 형과 싸워서 아빠가 화가 나셔서 엉덩이를 맞았어요. 그런데 부모님은 저보다 형을 더 많이 혼내셔요.
- 아주 어렸을 적 4살 때 창고에 치약을 엄청 발라서 엄마가 화를 내셨어요. 동생이랑 싸우면 엄마가 화를 내셔요.
- 제가 오빠랑 싸우면 제 궁둥이를 막 때려요.
- 제가 어디 다치고 오거나 맞고 오면 혼내요. 왜 다치고 오냐고요.
- 부모님이 학교 가야 하는데 너무 늦게 준비해서 나를 '굼벵이'라고 하셨어요. 부모님이 화가 나셨어요.
- 오빠가 1학년 때 공부하기 싫어서 엄마한테 혼난 적이 있어요. 내가 엄마에게 하지 말라고 했는데, 엄마가 가만히 있으라고 화를 내셨어요.
- 엄마가 2,000원을 주셨어요. 그런데 2,000원을 글레이몽과 여러 개를 사서 다 썼는데, 다 썼다고 화가 나셨어요.
- 엄마가 오늘 아침에 오빠에게 옷 입으라고 했는데 옷을 안 입어서 화가 나셨어요.
- 어제 엄마가 책을 똑바로 안 읽어서 화가 나셨어요.
- 문방구에서 스티커 사지 말라고 했는데 사서 화가 나셨어요.
- 내가 언니와 맨날 싸우면 화를 내셔요.

📖 북토크 사례 2 - 마음을 치료하는 북토크 (『마음아, 작아지지 마!』)

아이들의 자신감은 한순간에 자라는 것이 아닙니다. 매일 햇볕을 받고 광합성을 하고, 때로는 비도 맞으면서 자라는 식물과 똑같습니다. 책을 읽는 활동은 아이들의 자존감의 마중물을 대는 역할도 합니다.

『마음아, 작아지지 마!』 중 인상 깊은 대목은 마음이 작아지는 장면이었습니다. 아이들 각자 자신의 입장에서 감정이입을 하면서 자신감을 찾는 모습들을 볼 수 있었습니다. 키가 작은 친구는 키가 작아도 좋은 점이 있음을 보았습니다. 남들보다 잘 달리지 못하는 친구는 거북이 같아도 괜찮다고 말했습니다. 남과 비교하는 생각을 가진 친구는 '나는 나이기 때문에 멋진 것'이라는 사실을 깨달습니다. 글쓰기가 너무 느려서 마음이 답답한 친구는 "늦어도 돼."라고 자신에게 말해줍니다. 친구와의 관계가 어려운 친구는 등장인물이 친구들과 잘 지내는 장면을 보며 마음을 편하게 먹을 수 있습니다. 단점이 장점이 될 수 있다는 사실을 깨닫고, 마음에게 작아지지 말라고 말하게 해보세요.

<주인공 부바에게 하고 싶은 말, 기억에 남는 장면이나 느낌 예시>

- 부바야, 너는 키가 작아도 좋은 점이 있구나!
- 마음아, 이제 작아지지 마.
- 네 마음이 커져야 돼.
- 하는 거 계속하다가 안 되면 딴 걸 잘 해봐.
- 달리기를 할 때 늦다고 친구들이 놀려도 마음아 작아지지 마.

- 친구들이 거북이라고 놀려도 마음아, 작아지지 마.
- 못하는 게 있지만 잘하는 것도 있어.
- 나는 나이기 때문에 멋진 거예요.
- 작아서 좋은 점도 있는 것 같아요.
- 난 춤을 잘 못 추는데 못하는 것도 잘 할 수 있다.
- 마음아, 작아지지 말고 계속 커지면 좋겠다.

📖 북토크 사례 3 - 자존감을 높이는 북토크 (『너는 특별하단다』)

아이들에게 『너는 특별하단다』의 한 장면을 아래와 같이 소개해주었습니다.

"얘들아, 안녕? 선생님이 지난 봄에 읽어주었던 『너는 특별하단다』라는 책을 기억하니? 그 책 중에서 한 장면을 소개하려고 해. 선생님이 가장 마음에 와닿는 장면은 이 장면이야. (책 23쪽을 보여주면서) 선생님은 이 그림이 가장 마음에 들어. 펀치넬로가 나쁜 표를 덕지덕지 많이 받아서 속상했지. 자신은 정말 열심히 노력했는데, 이런 점표를 받았다고 말한단다. 그런데 엘리 아저씨가 이렇게 말하지.

"…물론이지, 너도 그럴 필요가 없단다. 누가 너에게 별표나 점표를 붙이지? 너와 똑같은 웹믹, 나무 사람들이야. 펀치넬로, 남들이 어떻게 생각하느냐가 아니라 내가 어떻게 생각하느냐가 중요하단다. 난 네가 아주 특별하다고 생각해."

1학년이 쓴 마음에 와닿는 책 내용

선생님이 요즘에 잊고 있었거든. 다른 사람들이 어떻게 말하든지 나는 아주 특별한 존재라는 걸. 이 책은 선생님이 정말 특별한 존재라는 것을 알려줘. 펀치넬로가 엘리 아저씨에게 가서 이야기하고 있고, 엘리 아저씨는 여전히 특별하게 나무 사람들을 만드는 이 장면을 볼 때마다 선생님은 선생님을 만드신 분을 생각한단다. 그렇게 하면 선생님이 아주 특별하게 느껴져서 기분이 좋아. 너희들도 오늘 아침 읽은 책 중에서 마음에 와닿고, 나와 마음이 통하는 장면을 찾아볼래? 그리고 왜 마음이 통했는지, 포스트잇에 써보렴."

<1학년 아이들 발표 사례>

- 제가 읽은 책은 『척척봇』입니다. 오늘 제 마음에 와 닿는 장면은 여기인데 집이 신기하기 때문입니다.

- 저는 『빨간 모자』 중에 "숲길을 따라 걸어가던 빨간 모자는 꽃을 꺾느라 시간 가는 줄 몰랐지요." 장면이 와닿습니다.

- 저는 『할아버지의 비밀선물』 중에 "할아버지는 똑같은 나비넥타이를 결코 두 번 매는 법이 없어요." 이 장면이 와닿았어요.

- 저는 『안돼 삼총사』에서 주인공이 너무 화난 모습이 재미있어요.

- 『루루와 라라의 컵케이크』에서 "이 케이크는 아주 훌륭하지만 모두의 입맛에 맞는 케이크라야 하지 않을까요?"라는 말이 와닿았어요.

- 『화재에서 살아남기』에서 불이 나는 장면이 무서워요.

- 저는 『날 좀 도와 줘, 무지개 물고기!』에서 무지개 물고기가 너무 예뻐서 마음에 와 닿아요.

04

책이 더 재미있어지는
다양한 책 놀이

아이들은 본능적으로 게임, 퀴즈, 만들기 등 움직이고 표현하는 활동을 좋아합니다. 책을 읽을 뿐 아니라 책과 함께 놀면, 책의 흥미가 높아지는 것은 당연합니다. 아이들의 사고력도 키우면서 재미도 함께하는 책 놀이 활동을 소개합니다.

📖 책 속 주인공 캐릭터 인형 만들기

간단하게는 내가 좋아하는 캐릭터를 그리는 것에서부터 내가 좋아하는 캐릭터를 특별하게 만들어보는 것입니다. 1학년 아이들과 함께 만들어본 것 중에 관절 인형과 쿠션 인형이 있습니다. 아이들이 좋아하는 책 속 캐릭터를 관절 인형으로 만드는 활동입니다. 인형의 각 부분을 따로 그리고 색칠해서 오려서 핀으로 이어주는 복잡한 과정입니다. 그런데도 좋아하는 특정 캐릭터를 찾고 인형으로 만든다니 마냥 신이 나서 시간가는 줄 몰라합니다.

〈캐릭터 쿠션 인형 만드는 방법〉

① 먼저 내가 좋아하는 캐릭터를 고릅니다.

② 소포용지 2장, 유성매직, 스테이플러, 파쇄 종이를 준비합니다.

③ 소포용지에 내가 좋아하는 캐릭터를 연필로 그립니다.

④ 유성매직과 크레파스를 이용해서 색칠을 합니다.

⑤ 스테이플러를 찍을 여유 공간을 남겨둔 다음 형태에 맞게 자릅니다.

⑥ 파쇄 종이를 넣을 공간을 남겨둔 다음 스테이플러를 찍습니다.

⑦ 파쇄 종이를 적당하게 넣어 입체감 있게 만듭니다.

⑧ 마지막으로 마무리 스테이플러를 찍은 후 고리를 만들어줍니다.

1학년 아이들이 만든 캐릭터 쿠션 인형

📖 독서 명언으로 책갈피 만들기

아이들이 손쉽게 할 수 있는 활동으로 앞서 잠깐 언급한 책갈피 만들기가 있습니다. 자기가 좋아하는 독서 명언을 골라서 쓰고 책갈피를 만드는데, 내가 좋아하는 문장을 넣어서 만들기도 합니다. 그리고 가을이 되면 바깥에 나가서 단풍잎, 은행잎 등을 모아서 책 속에 잘 끼워 두었다가 붙여서 더 예쁘게 꾸미기도 합니다. 단순한 것이지만 의외로 아이이 학기가 끝나도 책 속에 아주 소중하게 간직해두고 사용하는 것을 보았습니다.

아이들이 고른 독서 명언을 보면 정말 각자에게 꼭 필요한 문구를 선택해서 내심 놀라곤 합니다. 친구를 좋아하는 친구는 친구에 관한 명언을, 똑똑해지고 싶은 친구는 공부에 관한 독서 명언을 골랐더군요. 독서 명언 책갈피가 아이들을 책을 늘 가까이하게 하는 마법의 부적처럼 함께 하리라 믿습니다.

〈독서 명언 책갈피 만드는 방법〉
① 아이 수준에 맞는 독서 명언을 20여 개 정도 준비합니다.
② 명언을 읽어주면서 자신이 좋아하는 독서 명언을 생각해보라고 합니다.
③ 아이가 고른 독서 명언을 종이에 따라 쓰게 합니다.
④ 아이가 좋아하는 등장인물이나 캐릭터를 그려 책갈피를 꾸미게 합니다.
⑤ 펀치로 구멍을 뚫고 실을 매어줍니다.
⑥ 왜 그 명언을 선택했는지 간단하게 이야기를 나눕니다.

〈독서 명언 예시〉

- 하루라도 책을 읽지 않으면 입 안에 가시가 돋는다. - 안중근
- 독서할 때 당신은 항상 가장 좋은 친구와 함께 있다. - 시드니 스미스
- 독서는 집안을 일으키는 근본이다. - 명심보감
- 약으로써 병을 고치듯이 독서로써 마음을 다스린다. - 율리우스 카이사르
- 책이 나를 대통령으로 키웠다. - 버락 오바마
- 독서가 정신에 미치는 효과는 운동이 신체에 미치는 효과와 같다. - 리처드 스틸
- 책은 꿈꾸는 것을 가르쳐 주는 진짜 선생이다. - G. 바슐라르
- 가장 싼 값으로 가장 오랫동안 즐거움을 누릴 수 있는 것, 바로 책이다.
  - 미셸 드 몽테뉴
- 오늘의 나를 있게 한 것은 우리 마을 도서관이었다. 하버드 졸업장보다 소중한
  것이 독서하는 습관이다. - 빌 게이츠

📖 책 빙고 게임 하기

책 빙고 게임은 아이들과 제가 교실에서 특히 자주 하는 놀이 활동입니다. 아이들이 읽은 책 중 발표하고 싶은 책 제목을 말합니다. 발표하면서 아이들은 읽은 책 제목과 가장 좋아하는 문장을 말합니다. 한 명이 발표할 동안에 친구들은 미리 준비한 A4 종이를 접어 만든 빙고 16칸에 책 제목을 씁니다. 한글이 익숙하지 않은 친구들을 위해 화면에 교사가 같이 써줍니다. 16칸을 학생들이 다 채운 것을 확인하고, 아직 덜된 친구가 있으면 기다려 줍니다. (쓰기가 빨라 먼저 완성한 친구는 내가 좋아하는 책 제목 옆에 생각나는 그림이나 그 단어를 넣어 문장을 만들어보라고 합니다.) 16칸이 다

완성되면 제비뽑기나 발표 도우미 등을 이용해서 10명이 돌아가며 책 제목을 부릅니다.

"오늘은 시작이 아주 좋아, 앗싸!"

"오늘은 시작부터 아니네."

아이들의 탄성 소리, 한숨 소리에 섞여 책 이름 빙고가 진행됩니다. 3줄 빙고는 간혹 나올까 말까하고, 2줄 빙고는 1~2명 정도 나옵니다. 1줄 빙고도 나오지 않는 경우도 많지만, 우리 아이들은 언제나 3줄 빙고를 기대하며 열심히 참여합니다. 자기가 쓴 책 제목이 나올까 두근두근하며 집중해서 듣고 쓰는 친구들의 모습에 저절로 미소가 지어집니다. 전 2줄 빙고가 된 친구들에게는 '공부를 잘하게 되는 마법의 연필'을, 3줄 빙고를 한 친구에게는 풍선을 선물로 주는데 이 작은 선물에 아이들이 날아갈 정도로 좋아합니다.

이러한 활동을 통해 아이들은 매일 책을 읽고 싶어 하게 됩니다. 단순하지만 내가 읽은 책을 발표하고, 친구가 읽은 책을 들으면서, 10명의 주인공 중 한 명으로 뽑히는 것이 늘 재미가 있나봅니다. 매번 "선생님, 다음에 또 해요." 하며 재미있어 합니다.

1) 엄마와 같이 책 빙고하는 방법

빙고 게임은 수 익히기, 친구들 이름 쓰기, 동물 이름 쓰기, 가축 이름 쓰기, 공룡 이름 쓰기, 만화 캐릭터, 색깔, 과일 등 주제를 다양하게 응용할 수 있습니다. 주제에 맞게 빙고 게임을 하다 보면 분류에 대한 개념도 익히게 됩니다. 무엇보다도 혼자 하는 놀이가 아니라 다른 사람과 같이 하는 활동이다 보니 유대감도 높아지고, 사회성도 좋아지게 됩니다. 그래서 엄마와 둘이서 하는 것보다 온 가족이 모여 하는 것이 더 재미있습니다. 여러 명이 하면 할수록 빙고가 완성될 가능성이 많아져서 더 좋아합니다. 이렇게 부모님과 일상의 놀이를 통해서 학습하는 것은 아이들에게 가장 행복한 놀이로 기억될 것입니다. 책 제목을 쓰는 것이지만 학습이 아닌 놀이로 다가오기 때문에 지루해하지 않습니다.

평소 수업시간에 글 쓰기에 아무런 관심도 의욕도 없어 활동에 잘 참여하지 않는 친구가 있었습니다. 그런데 책 빙고 게임만 하면 눈이 반짝반짝 빛나면서 서둘러 빙고 칸에 책 제목을 썼습니다. 한눈도 안 팔고 처음부터 끝까지 어찌나 집중을 하던지 지켜보며 참 놀랐습니다. 3줄 빙고를 한 번 한 후에는 또 맞추고 싶다고 기대가 더욱 가득해졌습니다. 이 친구는 다른 숙제는 다 안 해도 책 발표에는 재미를 붙여 지금까지 읽지 않았던 새로운 책을 날마다 읽어왔습니다. 또 빙고 칸에 써야 하니 친구의 발표를 잘 들어서 경청하는 힘까지 기르게 되었습니다.

책 제목 빙고는 교과서에 나온 책, 친구들이 좋아하는 책 제목 등 내가 읽지 않는 다양한 내용까지 써보게 되는 활동입니다. 그래서 희귀 단어나 새로운 낱말로 된 제목을 쓰면서 어휘력이 저절로 늘어납니다. 책을 읽은 다음에 생각나는 단어를 쓰면 단어의 의미를 보다 잘 흡수하게 하는 효과가 있습니다. 또한 다양한 겹받침도 배우고 흉내 내는 말도 배우면서 맞춤법 실력도 향상됩니다.

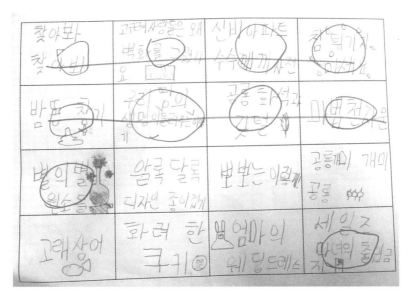

2학년이 한 책 제목 빙고 게임(2줄 빙고 완성) 예시

〈집에서 빙고 게임 하는 법〉

① 아이와 빙고 게임을 할 책 권수를 정합니다.

　(처음엔 3×3 9권이 좋습니다. 더 많이 읽으면 4×4 16권으로 확장합니다.)

② 아이는 원하는 칸에 그동안 읽은 책 제목을 씁니다.

③ 엄마가 그중에 16칸은 6~10개 정도, 9칸은 4~6개 정도 책 제목을 불러주고 아이는 체크를 합니다.

④ 1~2줄 빙고 될 때까지 불러주고, 빙고가 완성되면 칭찬을 해주거나 약속한 선물을 줍니다.

2) 초성 낱말 빙고 게임

초성 낱말 빙고 게임은 책을 다 읽은 후 초성으로 낱말을 적으며 제목을 알아맞히는 놀이입니다. 초성을 알아맞히고, 빙고 게임까지 하기 때문에 아이들이 매우 재미있어 합니다. 무엇보다도 책을 꼼꼼하게 읽고, 단어를 유심히 보게 되는 장점이 있습니다. 책의 내용이 아이의 수준에 비해 너무 어렵거나, 너무 쉬우면 아이의 흥미를 떨어뜨릴 수 있으므로 주의해주세요. 아이가 재미있게 본 익숙한 책을 고르면 즐겁게 초성 낱말 빙고 게임을 할 수 있습니다.

<초성 낱말 빙고 게임 하는 방법>

① A4용지에 빙고 칸을 가로 4칸, 세로 4칸, 총 16칸을 그립니다.
  (아이의 수준에 따라서 가로 3칸, 세로 3칸, 총 9칸부터 시작해도 됩니다.)
② 책을 다 읽은 후 엄마가 먼저 초성으로 낱말을 적어서 주면, 아이가 초성의 낱말을 유추해 씁니다.
③ 아이가 낱말을 바르게 다 쓰면, 엄마가 순서대로 낱말을 6~10개 내외로 불러줍니다.
④ 불러주는 낱말로 1줄 빙고를 몇 번 만에 하는지 기록해둡니다.
⑤ 순서를 바꾸어서 아이가 먼저 초성으로 낱말을 적어 보여주고, 엄마가 초성에 맞는 낱말을 씁니다.
⑥ 엄마와 바꾸어서 낱말 빙고를 하고 1줄 빙고를 가장 짧은 시간에 하는 사람이 이기게 됩니다.

ㄲㅁ	ㅂㅈ	ㅅ	ㅇㄱ
ㅇㄹ	ㅂㄷㅂㄷ	ㅉㅃㅉㅃ	ㅂㅇㅇ
ㄷ	ㄴㅁ	ㅇㄷ	ㄷㄹㅂ
ㅂㅎㅅ	ㅅㅈㄷ	ㄱㄱㅈ	ㅇㄱ

꼬마	박쥐	숲	안개
유령	부들부들	쭈뼛쭈뼛	부엉이
달	나무	어둠	다락방
분홍색	손전등	그림자	용기

『어둠을 무서워하는 꼬마 박쥐』 초성 낱말 빙고 게임 예시

📖 책 보물찾기

우리 어린 시절에는 야외 소풍을 가면 필수 코스로 보물찾기가 있었습니다. 돌 밑, 나무 가지 사이, 낙엽 밑 등에 숨겨진 쪽지를 찾는 보물찾기는 그야말로 최고의 기쁨이었죠. 지금은 안전 문제로 이런 활동을 잘 하지 않지만, 저는 교실에서 아이들과 책 보물찾기를 하곤 했습니다. '책을 읽는 것이 보물을 찾는 것처럼 귀하고 재미있는 것'이라는 의미를 가르쳐주고 싶어 계획한 활동이었습니다. 아이들이 읽은 책 속에 쪽지를 숨겨두고 찾기를 했는데, 이 책 보물찾기가 2학기에 한 활동 중 가장 재미있었다고 말할 정도로 아이들이 좋아했습니다.

아침 책 발표 후 손바닥만 한 예쁜 색지에 아이들이 쓴 책 이름, 등장인물, 새롭게 알게 된 점, 재미있었던 점 또는 기억에 남는 문장이나 간단한 그림을 적거나 그려보게 했습니다. 가정에서도 같은 방식으로 해볼 수 있습니다. 부모님이 읽은 책으로 만든 보물쪽지도 좋습니다. 우리

아이들이 커서 책 보물찾기를 추억하며 책을 즐겁게 읽지 않을까 기대해봅니다. 그때는 책이 보물이라는 것을 깨닫게 될지 궁금하네요.

〈책 보물찾기 방법〉

① 사전에 아이와 같이 책 보물 쪽지를 만들어 놓습니다.

② 아이 모르게 책상, 책꽂이, 소파, 의자 밑, 화분, 집안 곳곳에 보물 쪽지를 숨겨 놓습니다.

③ 아이가 심심할 때 책 보물찾기를 해보게 합니다.

　(단, 안전상의 문제가 있을 수 있으니 반드시 부모님이 있을 때 찾도록 하고, 숨겨 놓은 공간을 아이의 방 책꽂이나 아이가 잘 보는 그림책 정도로 제한해 두는 것이 좋습니다.)

🔖 아침 칠판 편지 쓰기

문자나 SNS로 손쉽게 연락하는 것이 보편화된 요즘, 손 편지는 참으로 귀한 것이 되었습니다. 예전에는 크리스마스와 새해가 되면 으레 카드를 사서 주변의 소중한 사람들에게 직접 손으로 쓴 감사와 안부를 전하곤 했죠. 지금도 누군가에게 진심을 전하고 싶거나 간곡한 부탁을 할 때, 한 글자 한 글자 생각하며 자필 편지를 씁니다. 직접 쓴 편지 한 장은 사람의 마음을 움직이는 강력한 힘을 발휘하기 때문입니다.

저 또한 고등학교 사춘기 시절, 앞이 캄캄해서 아무것도 할 힘이 없었을 때 중학교 때 선생님으로부터 아주 따뜻한 손 편지 한 장을 받았던 적

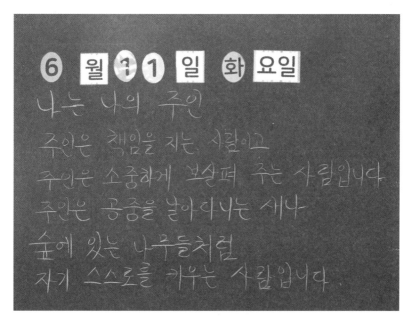

실제 교실에 적었던 아침 칠판 편지

이 있습니다. 가난을 비관하고, 현실을 극복할 힘이 없어서 좌절하고 있던 제게 '하늘은 스스로 돕는 자를 돕는다'며 더 힘을 내어 열심히 공부할 것을 응원하는 내용이었습니다. 저는 그 편지가 힘이 되어 남은 고등학교 시간 동안 끝까지 포기하지 않고 공부하여 원하는 대학에 들어가는 기적을 경험하게 되었습니다.

『기적의 손 편지』의 저자 윤성희는 "나는 모든 사람들의 마음이 '사람'을 향해 있다고 믿습니다. 그래서 누군가 관계의 다리를 놓으면 망설이지 않고 건너게 될 것이라고 생각합니다. 그러나 모두가 다리가 생기기만을 기다린다면 관계는 만들어지지 않습니다. 내가 먼저 다리를 놓아야 합니다."고 말하며 SNS보다 강한 손 편지의 호소력에 대해 말했습니다.

저는 제가 맡은 아이들에게도 우리 마음을 전하는 시간, 우리 관계를 바꾸는 작은 다리를 놓는 연습을 시켜주고 싶었습니다. 이런 연유로 저는 아침에 함께 읽은 책 내용 중에서 가장 전하고 싶은 문장을 칠판 맨 오른쪽에 씁니다. 마치 매일 아침 아이들에게 제 손편지를 띄우듯 말이죠. 아래 문장들은 실제 교실에 적었던 아침 편지 문장들입니다.

- 3월 21일 『넌 정말 멋져』
  "넌, 친절하고, 상냥한 내 단 하나뿐인 친구야. 넌 정말 멋져."
- 4월 2일 『줄무늬가 생겼어요』
  "카밀라는 조금도 신경 쓰지 않았어. 사람은 저마다 다르고 아주 특별해!"
- 4월 3일 『넌 아주 특별해』
  "사람 모두 다르고 아주 특별해."
- 5월 22일 『피튜니아 공부를 시작하다』
  "지혜는 날개 밑에 지니고 다닐 수 없는 거야. 지혜는 머리와 마음속에 넣어야 해. 지혜로워지려면 읽는 법을 배워야 해."
- 6월 11일 『나는 나의 주인 』
  "주인은 책임을 지는 사람이고 주인은 소중하게 보살펴 주는 사람입니다. 주인은 공중을 날아다니는 새나 숲에 있는 나무들처럼 자기 스스로를 키우는 사람입니다."

아이들이 얼마나 소중하고 멋진 존재인지, 얼마나 특별한지를 손으로 쓴 문장을 통해 전하는 것입니다. 그리고 아이들에게 공부란 무엇일까 생각해보고, 자신의 주인이 되어서 생각해볼 수 있는 문장도 써보도록 지도합니다.

저학년은 아직 많은 글을 읽기 어렵기 때문에 위의 예시처럼 짧은 한두 문장을 써줍니다. 아이들은 그 문장들을 아침부터 집에 갈 때까지 하루 종일 몇 번씩 읽게 됩니다. 가정에서도 집에 화이트보드를 마련해서 엄마가 책 속에서 읽은 글 중에서 아이들에게 전하고 싶은 말을 써보는 것을 꼭 권합니다. 엄마의 짧은 손 글씨가 아이들 마음을 움직일 것입니다.

📖 책 친구 놀이

제가 맡은 학급에서는 하루에 한 명씩 돌아가면서 일일반장을 합니다. 반장이 되면 선생님 도우미로 학급에 봉사를 하게 되는데 중요한 역할 중 하나는 바로 '책 친구'가 되는 것입니다. 책 친구가 하는 가장 중요한 활동은 반 친구들에게 책 한 권을 읽어주는 일입니다. 책 친구는 자신이 좋은 시간에, 자기가 원하는 책을 골라 읽어줄 수 있기 때문에 아이들은 이 역할을 많이 기다립니다.

반 아이 중 지환이는 책 친구를 맡아『강아지와 염소새끼』를 읽어주었습니다. 이 책을 고른 이유는 강아지가 너무 예뻐서라네요. 나중에 강아지를 꼭 키우고 싶다고 합니다. 평소에 동물과 식물을 사랑하는 아이의 아름다운 마음이 느껴집니다.

연우는『뛰어라 메뚜기』를 골랐습니다. 이 책을 좋아하는 이유를 물어보니 메뚜기가 뛰는 모습이 보기 좋기 때문이라고 했습니다. 연우는 이 책에서 메뚜기가 하늘도 보고, 비행기도 보아서 좋겠다고 합니다. 그리고 열심히 뛴 메뚜기를 칭찬해주고 싶다고 합니다. '나도 메뚜기처럼 잘 하고 싶은 것이 있다면?'이라는 질문에 자기는 구구단을 정말 잘 외우고 싶다고 합니다. 언제나 열심히 하려는 친구의 모습이 너무 보기 좋았습니다. 이렇게 책과 함께 이야기를 하다 보면 아이의 요즘 마음을 알 수 있습니다.

또 다른 친구인 인호가 책 친구일 때 읽어준 책은 『충무공 이순신』이었습니다. 이 책을 읽어준 이유는 이순신 장군이 좋아서이고, 가장 재미있었던 부분은 이순신 장군이 적을 물리친 대목이고, 가장 좋아하는 장면은 거북선이 그려져 있는 장면이라고 합니다. 만약에 이순신 장군이 적을 물리치지 않았다면 우리나라가 힘들었을 거라고 걱정을 하네요. 참 나라를 사랑하는 마음이 기특한 친구입니다. 나중에 세종대왕처럼 훌륭한 사람이 되는 것이 장래희망이라고 하니 기대가 됩니다.

가정에서도 이처럼 책 친구 활동을 할 수 있습니다. 시간을 정해서 가족 중 한 명씩 돌아가면서 책 친구를 맡아 책을 읽어주면 됩니다. 엄마와 자녀가 번갈아가면서 책 친구를 하면서 읽어주어도 됩니다.

〈우리 가족 책 친구 놀이 하는 방법〉

① 아이가 책 친구가 되어 엄마에게 읽어주는 시간을 선택합니다.
② 본인이 읽어주고 싶은 책 한 권을 고릅니다.
③ 읽기 전, 중간, 후로 엄마가 간단한 질문을 합니다.
  - 이 책을 읽어주려고 고른 이유는?

- 어떤 장면이 가장 기억에 남는가?

- 가장 재미있던 장면은?

- 나는 어떤 생각이 들었는가? 등

④ 학교에서 있었던 일이나 궁금한 점 기타 대화의 시간을 갖습니다.

◻◻ 독서 마라톤

학기 초에 저는 반 아이들에게 1년 동안의 독서 목표를 부모님과 정하도록 하였습니다. 처음에는 사실 많이 읽을 거라는 기대는 하지 않았는데, 1학기가 끝날 즈음 300권 넘게 읽는 아이들이 생겼습니다. 그러더니 아이들의 책 읽기 목표가 점점 더 늘어났습니다. 이에 저는 독서 목표를 독서 마라톤 완주에 비유하여 아이들과 달려갈 거리(책 읽기 권수)를 정해보도록 하였습니다.

우선 독서 마라톤 사람 캐릭터를 만들었는데 지난 미술 시간에 그린 인물 그림을 색칠하고 오려서 코팅해서 사용했습니다. 1년 동안 내가 정한 권수가 나의 독서 마라톤 경주 km가 됩니다. 100권은 100km, 1,000권은 1,000km입니다. 또 내가 읽은 책의 페이지를 더해서 마라톤 경주를 하기도 하는데, 1학년은 아직 50까지의 수밖에 배우지 않았지만 덕분에 1,000이라는 숫자도 미리 알게 되었습니다.

반 친구들의 목표는 200권에서부터 1,500권까지 다 다릅니다. 독서 마라톤 맨 아래 부분에 나의 목표가 있습니다. 그리고 분기별로 내가 달린 권수를 km로 정해서 가슴에 붙여주고 게시합니다.

4개월 동안 친구들이 기록한 것을 확인해보니, 8권에서부터 510권까지 수준 차이가 많이 난 게 보였습니다. 1학기 어느 날 하루 학교에 오자마자 친구들이 독서 마라톤 앞에서 웅성거립니다.

"선생님, 저 독서 마라톤 목표 1,000km로 바꾸어 주세요."

예은이가 말합니다.

"저도 1,000km로 바꾸어 주세요."

평소 하루에 1~2권 읽을까 말까 한 다른 친구도 거들어 말합니다.

"저는 1,500km로 고쳐주세요."

"저도 200km에서 800km로 바꾸어 주세요. 충분히 할 수 있을 것 같아요."

같은 반 친구 도윤이가 독서 마라톤 600km를 달리고 있다는 소식이 전해지자 아이들 앞 다투어 목표를 바꾸겠다는 거였습니다. 모방을 잘하는 1학년의 특성대로 책을 열심히 읽는 친구를 본받아서 열심히 읽겠다니, 제 입장에서는 경사가 아닐 수 없습니다.

"좋은 생각이구나! 그럼 도윤이가 어떻게 책을 많이 읽는지 비결을 물어볼래? 아마 가르쳐줄 거야."

독서를 즐기는 친구의 행동은 그대로 아이들에게 나비효과가 되어 우리 반을 책을 밥처럼 먹는 반으로 만들어 준 것입니다. 도윤이는 1년 동안 1,596권을 읽어서 처음 입학했을 때보다 훨씬 마음이 단단하고 생각이 꽉 찬 아이가 되었습니다. 특히 인상 깊었던 것은 친구들과 사소한 갈등이 있어서 화가 났는데, 책을 가져다 읽으면서 마음을 푸는 모습이었습니다.

1학년 아이들의 독서 마라톤 사람 캐릭터

"선생님, 저는 책을 읽으면 화가 풀려요!"

책을 읽으면서 친구와 어떻게 지내야 할지 생각하고, 감정을 잘 풀어 냅니다. 그리고 이제 1학년인데도 아주 다양한 종류의 책을 읽으면서 미래에 어떤 사람이 되고 싶은지 고민하고 있습니다. 1학년 때의 도윤이는 미세플라스틱 문제를 생각하면서 환경을 걱정하고, 로봇공학자와 의사의 꿈을 꾸고 있었는데, 지금은 또 어떤 생각을 하고 있을지 궁금합니다.

이렇게 내가 얼마나 책 읽기 목표를 위해 노력했는지 확인하고, 열심히 달린 친구를 칭찬해주며 좋은 영향을 받는 것이 독서 마라톤의 목적입니다. 우리 반 아이들은 서로 서로를 격려하며 독서 마라톤 경주를 학년이 끝나는 날까지 잘 해냈습니다. 새해가 되면 가정에서도 가족이 다함께 올해의 독서 마라톤 목표를 세워 같이 실행해보는 것은 어떨까요?

저는 2020년 12월까지 (   )권을 읽겠습니다.

📖 주인공 감정 알아맞히기 놀이

책을 읽은 후 책 속 주인공의 감정을 알아맞히는 놀이입니다. 이야기 속의 등장인물의 감정에 이입하면서 다른 사람의 감정을 읽는 훈련을 하게 되어 아이의 공감 능력을 높일 수 있는 책 놀이입니다. 주인공의 다채로운 감정이 드러나는 책을 고르는 것이 좋으며, 책의 전체가 아닌 감정이 잘 드러난 일부분만 읽으면서 해도 됩니다. 책을 읽어주는 한 사람과 책 놀이하는 사람 두 명 이상이 필요한 놀이입니다. 이때 작품 속의 등장인물의 감정을 표현할 수 있는 다양한 감정 카드를 미리 준비합니다.

<감정 알아맞히기 놀이 방법>

① 놀이에 참여할 사람 모두 같은 책을 읽습니다.

② 준비한 감정 카드를 골고루 똑같이 나누어 갖습니다.

③ 한 사람이 책을 천천히 읽어줍니다.

④ 책을 읽어주는 동안 주인공의 감정이나 마음이 나올 때 해당되는 감정 단어를 외칩니다.(예 기쁘다! 놀라다! 화나다! 섭섭하다! 심심하다! 미안하다! 싫다! 감동하다! 부럽다! 기쁘다! 억울하다! 허전하다! 걱정되다! 설레다!)

⑤ 외친 감정 카드에 해당되는 주인공의 감정에 대한 설명을 하고, 카드를 내려 놓습니다.

(예 『흥부와 놀부』: 흥부가 제비 다리를 고쳐주어 제비가 너무 기뻐요!)

⑥ 돌아가면서 감정 단어를 외치고, 설명이 적당하지 못하면 따로 준비한 감정 카드를 한 장 더 가져갑니다.

⑦ 갖고 있는 카드를 가장 빨리 내려놓은 사람이 이기게 됩니다.

📖 책 다섯고개 놀이

말놀이 중에 스무고개 수수께끼 놀이가 있습니다. 저학년은 스무 개의 질문을 떠올리기가 어렵기 때문에 기초적인 사항만 질문할 수 있는 다섯고개 정도가 적당합니다. 다섯고개는 최대 다섯 개의 질문 안에 답을 알아맞히는 게임입니다. 스무고개는 예, 아니오로만 대답할 수 있지만 다섯고개는 질문에 대한 적절한 답을 할 수 있습니다. 문제를 내는 사람이 책 속의 주인공, 등장인물이나 사물 등의 주제를 제시하며 머릿속으로 적당한 단어를 생각합니다. 그러면 상대방은 자신이 질문한 것에 답을 바탕으로 그 단어가 무엇인지 알아맞히는 놀이입니다. 아이들이 말의 재미를 느끼면서 어휘력을 높일 수 있고, 청각 집중력과 유추하는 능력도 키울 수 있는 책 놀이입니다.

〈엄마와 다섯고개 하는 방법〉

① 엄마와 아이가 같은 책을 읽습니다.
② 한 사람이 책에 나온 내용 중에 마음속에 어떤 사물을 정합니다.
③ 다른 사람이 5가지 질문을 준비해서 알아맞히도록 합니다.

〈예시 -『기억의 끈』다섯고개〉

① 첫째 고개 : 동물인가요? → 아닙니다.
② 둘째 고개 : 어떤 모양인가요? → 동그랗습니다.
③ 셋째 고개 : 무엇을 하는 건가요? → 무엇을 끼우는 것입니다.
④ 넷째 고개 : 어떤 색깔인가요? → 색깔이 다양합니다.
⑤ 다섯 째 고개 : 어떤 말로 끝나나요? → '추'로 끝납니다.
⑥ 단추입니다. → 네, 맞습니다!

아이들이 질문을 할 때는 사물의 특징을 쉽게 알 수 있는 질문을 하는 방법을 미리 알려줍니다.

📕 어떤 색깔인가요? 어떤 모양인가요? 어떤 냄새가 나나요? 어떤 소리를 내나요?

📖 '인물 초대합니다!' 놀이

가족 모두가 같은 책을 정해서 책을 읽습니다. 그런 다음 책 속에서 특별히 만나고 싶은 인물 한 명을 정합니다. 거실 가운데 의자를 놓고 모형 마이크를 준비합니다. 초대 인물을 아이가 해도 되고, 엄마나 아빠 누가 맡아도 좋습니다. 등장인물의 상황, 마음, 생각, 인물에게 하고 싶은 말 등을 떠올려 질문을 합니다. 인물 역을 맡은 사람은 그 주인공의 입장에서 대답을 합니다.

예 『푸른 사자 와니니』

다른 가족 : 처음 마디바 무리에서 떨어졌을 때 기분이 어떠했나요?

와니니 역할 : 처음 초원에서 혼자 지내야 해서 많이 무섭고 힘들었지만, 친구들이 있어서 덜 외로웠어요.

📖 추가할 만한 독후 활동

독후 활동은 앞서 소개한 것 외에도, 그림으로 표현하는 독후 활동, 만들기 독후 활동, 오감 표현 독후 활동이 있습니다.

1) 그림으로 표현하는 독후 활동

책 표지 그리기, 인상적인 장면 그리기, 주인공 그리기, 마인드맵, 만화 그리기 등으로 이미지로 표현하는 것을 좋아하는 아이들이 하면 좋습니다.

2) 만들기 독후 활동

각종 재료를 이용해서 책과 관련된 소재를 직접 만들어보거나, 책이나 신문, 책갈피, 책 달력 같은 것을 만들어보는 활동입니다.

3) 오감 표현 독후 활동

책 내용을 바탕으로 주인공 인터뷰, 연극이나 역할극 등 직접 감각을 이용해서 독후 활동을 합니다.

〔〔 단계별 독후 활동 리스트

어떤 독후 활동이든지, 저학년 고학년을 따지지 않고 우리 아이가 즐겁게 할 수 있는 활동을 하는 것이 중요합니다. 적어도 우리 아이 입에서 '책을 읽으면 독후 활동을 해야 해서 읽기 싫다'는 말은 나오지 않게 해야겠죠.

저학년은 저학년 수준에서 흥미를 가질 독후 활동을 하면 좋습니다. 만들기나 그림으로 표현하는 활동, 오감 표현 독후 활동은 일반적으로 아이들이 좋아하고 잘 할 수 있습니다. 글쓰기 독후 활동은 단계별로 접근할 필요성이 있습니다. 아직 문장 쓰기도 안 되었는데 독서일기를 쓰거나, 뒷이야기를 해서 쓰라고 하면 어려워합니다. 저학년은 할 수 있는 아주 쉬운 단계에서 진행하면 됩니다.

　다음 페이지의 표는 학교에서 제가 진행하고 있는 독후 활동 예시입니다. ('부록 2'에 이 활동을 그대로 따라 해볼 수 있는 독후 활동지를 수록해 두었습니다.) 1단계는 쉽게 할 수 있는 초보 단계입니다. 2단계는 중급 활동으로 조금 생각이 필요하고, 시간도 요구됩니다. 3단계는 책을 비교적 많이 읽고 난 후 깊이 있게 생각을 표현할 때 유용한 활동입니다. 굳이 단계에 구애받을 것 없이 아이가 좋아하는 활동을 하면 됩니다. 참고하여 집에서 아이와 함께 해볼 만한 종류를 골라 시도해볼 것을 추천합니다.

<단계별 독후 활동 예시>

단계	활동지	활동 내용 예시
공통	꽃보다 책읽기 독서 기록 카드	• 책을 읽고 난 후 책 제목을 순서대로 기록합니다. • 한 번 읽을 때마다 별에 색칠하고, 소리내어 읽도록 합니다. • 부모님에게 확인받고, 한 장을 다 쓰면 부모님의 칭찬 한마디를 받습니다.
	기적의 1줄 쓰기	• 매일 책을 읽고, 가장 기억에 남는 한 줄 문장을 기록합니다. • 한 권을 다 읽고 나서 기록하지 않아도 됩니다. 내가 읽은 것 중에서 가장 기억에 남는 문장을 써봅니다.
1 단계	생각그물 (마인드맵)로 나타내기	종이 가운데 부분에 책 제목이나 등장인물 이름을 쓰고 마음속에 떠오르는 생각들을 써봅시다. • 책의 제목이나 글감 또는 주제를 한가운데에 씁니다. • 마음속에 떠오르는 생각들을 선으로 연결하며 낱말로 씁니다. • 마인드맵을 보며 이야기의 줄거리를 간추려 써봅시다.
	그림이 있는 이야기	가장 기억에 남는 장면을 그리고, 이 장면을 그린 이유를 1~2줄로 써봅시다. • 책을 읽고, 가장 기억에 남는 장면을 생각합니다. • 가장 기억에 남는 장면을 그림으로 표현합니다. • 어떤 장면을 그린 것인지 소개하는 글을 써봅시다.
	독서 만화	책의 내용 중 재미있거나 인상 깊었던 사건을 만화로 표현해봅시다. • 인상 깊었던 내용을 네 장면으로 생각해봅니다. • 각 칸에 그림을 그리고 말주머니에 대화글을 써넣습니다. • 칸은 4컷이나 6컷 등 마음대로 나누어도 됩니다.
	내가 좋아하는 주인공 캐릭터	책 속에 등장하는 인물이나 주인공의 모습을 그려봅시다. • 내가 제일 좋아하는 인물이나 주인공을 떠올립니다. • 인물의 특징이 잘 드러나게 표현합니다. • 색연필이나 사인펜 등으로 색칠합니다.

단계	활동지	활동 내용 예시
1 단 계	톡톡 독서 삼행시	책 제목, 주인공 이름의 첫 글자를 따서 재미있게 말을 만들어봅시다. • 책을 읽고, 인물이나 책 제목, 내용과 관련 있는 낱말을 떠올립니다. 삼행시 짓기에 적절한 낱말을 선택합니다. 글자 수에 따라 '삼행시' '사행시' '오행시' 등이 됩니다. • 시를 쓸 때에는 가능한 한 작품과 관련된 내용을 쓰는 것이 좋습니다. • 좋은 삼행시가 되려면 뜻이 이어져 하나의 내용을 만들어야 합니다.
	주인공 칭찬 상장 주기	책을 읽고 내가 마음에 드는 주인공을 칭찬하고 상장을 만들어봅시다. • 주인공, 그림을 그려주신 선생님, 지은이 등 누구를 칭찬할지 생각합니다. • 상을 주는 이유가 잘 나타나도록 상장을 만들어보세요.
	자음과 모음을 찾아라!	• 오늘 내가 읽은 책에서 새롭게 알았거나 마음에 드는 낱말이 있었나요? • 기억하고 싶은 낱말을 6개 찾아 써보세요. • 찾은 낱말을 자음과 모음으로 찾아서 써보세요.
	기억에 남는 낱말 빙고게임	책을 읽으면서 기억에 남는 낱말을 찾아보세요. • 등장인물 이름이나 흉내 내는 말이나 새롭게 알게 된 낱말도 좋습니다. • 가족이나 친구와 함께 낱말을 쓰고 나서 낱말 빙고게임을 해보세요.
	흉내 내는 말을 찾아라!	내가 읽은 책에서 소리나 모양을 흉내 내는 말을 실감나게 읽어보세요. • 책을 다시 한 번 읽으면서 흉내 내는 말을 8개 찾아 써보세요. • 찾은 흉내 내는 말 중에 하나를 골라 짧은 문장을 만들어보세요.
	감동 가득 독서 달력 만들기	마음에 드는 책 표지나 주인공, 책에서 인상 깊었던 장면을 그려봅시다. • 매월 달력에 맞게 날짜를 쓰고, 날짜 칸에 읽은 책 제목을 써보세요. • 매월 말 독서 결과 계획을 잘 실천했는지 기록합니다.

단계	활동지	활동 내용 예시
1 단계	등장인물 별명 붙이기	책을 읽고 난 후 등장인물을 알아보고, 별명을 붙여 봅시다. • 오늘 내가 읽은 책 속에 나오는 인물들의 특징이나 성격을 떠올려보세요. • 그 인물들에게 적당하면서 특이한 별명을 이유나 까닭을 생각하면서 붙여보세요. • 책 속에 나오는 인물은 사람뿐 아니라 사물, 동물, 식물도 가능합니다.

	등장인물 칭찬 선물 주기	등장인물 중에서 선물을 주고 싶은 사람을 생각하고, 가장 어울리는 선물을 줘봅시다.
		• 주인공에게 주고 싶은 선물을 생각하여 가장 어울리는 선물을 주고 선물 주는 이유를 써보세요.
		• 선물을 그림으로 그리거나 신문 또는 잡지에서 찾아 오려붙여도 됩니다.
		  – 선물을 주고 싶은 사람 :
		  – 주고 싶은 선물 :
		  – 까닭 :

	다섯 고개 퀴즈	재미있게 읽은 책 내용으로 다섯 고개 퀴즈를 만들어봅시다. • 읽은 내용 중에 중요한 내용을 생각해보세요. • 다섯 고개 문제를 만들어 가족과 같이 문제를 풀어 보세요.
	짧은 글 짓기	책을 읽고 나서 기억에 남는 낱말을 넣어 짧은 문장을 써봅시다. • 기억에 남는 낱말을 4개 골라 써봅니다. • 낱말을 넣어 책을 읽고 난 느낌을 짧은 글로 문장을 써보세요.
	책 속의 명대사!	책을 읽으면서 감동을 주었거나 기억에 남는 명대사나 글귀를 적어봅시다. • 이 구절을 명대사로 뽑은 이유를 적어봅시다. • 이 명대사나 글귀를 어떤 상황의 누구에게 말해주고 싶은지 적어봅시다.
2 단계	다시 태어난 책표지	재미있게 읽은 책의 표지 그림을 다시 그려봅시다. • 책 제목, 지은이(글쓴이), 그린이, 출판사 등을 써넣습니다. 책 제목을 같이 바꾸어도 됩니다. • 표지에 나와 있는 장면도 함께 그려서 책 표지를 꾸밉니다.

단계	활동지	활동 내용 예시
2 단 계	시인이 되어	책을 읽고 나서 운율을 살려 시를 쓰고 색연필로 그림도 그려서 예쁘게 꾸며봅시다. • 책의 내용이 잘 드러나도록 줄거리를 동시로 나타내어 봅시다. 동시에 어울리는 그림도 그려 보세요.(색연필, 사인펜, 파스텔, 색종이, 나뭇잎 등을 이용하여 꾸며보세요) • 제목, 중심 내용과 글감은 무엇으로 나타낼까요? • 몇 개의 연으로 나눌까요? • 배경은 어떤 곳으로 할까요? 어울리는 그림을 그려보세요.
	주인공에게 전하는 나의 이야기 (편지 쓰기)	주인공(등장인물)에게 하고 싶었던 말을 편지로 말하듯이 써봅시다. • 책을 읽고 가장 기억에 남는 인물을 선택하세요. • 선택한 인물에게 하고 싶은 말, 배울 점 등을 예쁜 글씨로 편지를 써보세요. • 편지 형식: 받는 사람, 첫인사, 책을 읽게 된 동기, 하고 싶은 말 (내용, 재미있거나 감동적인 장면, 나의 생각이나 느낌 등), 끝인사, 보내는 사람
	엄마와 나랑 독서 퀴즈	내가 읽은 책의 줄거리와 등장인물 등을 이용하여 독서 퀴즈를 만들어 봅시다. • 책 이름 맞추기를 하거나 내가 읽은 책에서 이야기의 내용과 나오는 인물로 독서 퀴즈를 만들어보세요. • 정답은 아래에 거꾸로 쓰세요. • 친구들이 문제를 잘 풀 수 있도록 5문제를 만들어 보세요. • OX퀴즈, 단답형문제, 사지선다형, 서술형문제도 가능합니다.
	기자가 되어 인물 인터뷰	책을 읽고 인터뷰하고 싶은 인물이 있나요? 무슨 대화를 하고 싶은지 생각해봅시다. • 책을 읽고, 어떤 인물과 인터뷰를 할 것인지 선택합니다. • 책을 읽으면서 궁금했던 일, 그 때의 주인공 마음, 앞으로 어떻게 되었을까? 하는 것들을 주인공에게 질문을 하세요. • 기자의 답에 책 속 주인공의 입장이 되어 대답을 씁니다.
	본받고 싶어요	훌륭한 위인을 책으로 만났다면 어떤 점을 본받고 싶나요? • 위인전을 읽고 주인공이 한 일을 정리합니다. • 주인공에게 본받고 싶은 점을 써봅시다. • 읽은 책 속의 위인을 만난다면 어떤 말을 하고 싶은지 써보세요.

단계	활동지	활동 내용 예시
2 단 계	등장인물을 소개해요	내가 읽은 책의 주인공 중 친구들에게 소개하고 싶은 주인공을 소개해주세요. • 주인공이 한 일을 떠올리며 주인공의 모습을 그려봅니다. • 등장인물이 한 일을 소개하거나, 좋은 점을 칭찬해봅시다. 인물 이름, 모습, 성격, 좋아하는 것들, 버릇 등을 소개하는 글을 써봅니다.
	독서 일기	• 오늘 일기에 남기고 싶은 책이 있나요? 읽은 후 일기 형식으로 써보세요. • 책을 읽게 된 동기, 기억에 남는 장면과 그 이유, 나와 주인공 비교하기, 각오 및 다짐, 느낀 점 등을 중심으로 하여 독서 일기를 써보세요.
	뒷이야기가 궁금해!	• 내가 읽은 책의 마지막 장면은 어떻게 끝났나요? 내가 작가가 되어 그 뒤에 이어질 이야기를 상상하여 그려보고 이야기로 써보세요. • 책을 읽고, 인물이나 사건, 배경, 결말 등 무엇을 바꿔 쓸지 생각합니다. 이야기 흐름에 맞게 마음껏 상상해서 표현해보세요. • 이야기를 바꿔 쓴 후 어떻게 달라졌는지 비교해봅시다
	독서 일기	오늘 일기에 남기고 싶은 책이 있나요? 읽은 후 일기 형식으로 써보세요. • 책을 읽게 된 동기, 기억에 남는 장면과 그 이유, 나와 주인공 비교하기, 각오 및 다짐, 느낀 점 등을 중심으로 하여 독서 일기를 써보세요.
	뒷이야기 상상하여 그리기, 뒷이야기 짓기	내가 읽은 책의 마지막 장면은 어떻게 끝났습니까? 내가 작가가 되어 그 뒤에 이어질 이야기를 상상하여 그려보세요. 나는 이 책의 끝이 이렇게 될 것 같아요. • 책을 읽고, 인물이나 사건, 배경, 결말 등 무엇을 바꿔 쓸지 생각합니다. • 이야기를 바꿔 쓴 후 어떻게 달라졌는지 비교해봅니다.

단계	활동지	활동 내용 예시
3 단 계	'만약에…' 이야기 바꿔 쓰기	이야기 내용을 바꾸고 싶은 책이 있나요? 작가가 되어 이야기 내용을 바꾸어봅시다. • 이야기의 흐름에 맞게 뒤에 이어지는 이야기를 상상해서 써봅시다. • 책을 읽고, 인물이나 사건, 배경, 결말 등 무엇을 바꿔 쓸지 생각합니다. • 왜 바꿔 쓸 것인지에 대해서 생각합니다. • 이야기를 바꿔 쓴 후 어떻게 달라졌는지 비교해봅니다.
	내가 주인공 이라면	내가 책 속의 주인공이라면 어떻게 했을지 상상해봅시다. • 내가 가장 재미있게 읽은 책을 선택합니다. • 인상 깊은 장면, 감동한 부분을 중심으로 내가 주인공이라면 어떻게 했을지 생각하며 글을 써봅시다.
	내가 사랑하는 책 소개	내가 어렸을 때부터 좋아한 책이 있나요? 내가 가장 좋아하는 책을 골라보세요. • 책 표지나 책 속의 장면을 그리고, 이 책을 좋아하는 이유를 친구들에게 소개해주세요. • 책의 줄거리, 마음에 드는 인물, 등장인물 성격(특징), 가장 감동적인 대목, 기억에 남는 장면이나 말, 새로 알게 된 점, 이해되지 않는 부분, 의문점, 소개하는 이유 등을 적어봅시다.
	줄거리 간추리기	책을 읽고 가장 중요한 내용을 중심으로 요약해봅시다. • 주인공은 누구인가요? 언제, 어디에서 일어난 일입니까? • 이 작품의 줄거리, 가장 재미있었던 대목은 무엇인가요? • 나의 느낌이나 생각한 점을 써보세요.
	책 광고하기	내가 책을 파는 책장수라고 생각하고, 친구들에게 내 책을 광고해보세요. • 그림과 글을 섞어서 창의적으로 광고해 보세요. 어떤 점을 말해주면 친구들이 내 책을 살 수 있을까요? • 다른 사람이 그 책을 읽어보고 싶도록 재미있는 말을 만들어보세요.
	노랫말 만들기	내가 읽은 책의 내용을 '산토끼'나 '나비야' 같이 잘 아는 노래에 가사를 만들어 불러보세요. • 책을 읽고 책 내용과 느낌을 가사로 적어봅니다. • 가사를 넣어 노래를 바꾸어 불러봅니다.

단계	활동지	활동 내용 예시
3 단 계	책 읽고 주장하는 글쓰기	책을 읽으면서 주장하고 싶은 내용을 주제로 주장하는 글을 써봅시다. • 서론, 본론, 결론 형식에 맞추어서 주장하는 글을 써봅시다.
	독서 감상문	책을 읽은 후 나의 느낌이나 생각을 자유롭게 적어보세요. • 책을 읽고, 먼저 읽게 된 동기를 씁니다. • 다음에는 이야기의 줄거리를 간추려 씁니다. • 기억에 남는 장면과 그 이유, 나와 주인공 비교하기, 각오 및 다짐, 느낀 점 등을 중심으로 하여 독서 감상문을 써봅시다.

05

어떤 놀이보다 효과가 큰
엄마의 칭찬 놀이

📖 칭찬은 노력해야 하는 기술입니다

제 첫째가 초등학교 고학년이었을 때의 일입니다. 저는 집에서도 직업병처럼 아이들이 잘한 것보다 잘못한 것이 먼저 눈에 들어옵니다. 이 것은 제가 교사이기 때문에 부정적인 면을 고쳐주지 않으면 안 될 것 같은 특별한 사명감이 무의식적으로 나오는 탓이기도 합니다. 하루는 방이 너무 엉망이어서 왜 정리를 안 했느냐고 혼을 냈습니다. 그랬더니 아들이 "엄마는 왜 제가 잘할 때는 아무 말도 안하시다가, 어쩌다가 한 번 잘못하는 것을 꼭 집어서 혼내세요?"라며 섭섭해하는 것이었습니다. 저는 그 순간 새삼 깜짝 놀랐습니다. 아들 말이 맞았습니다. 마음은 아들을 사랑해서 도와주려고 했던 거였지만, 보이는 저는 어쩌다가 한 번 잘못하는 것만 지적하는 엄마였던 것입니다. 아이가 어떤 것을 잘하는지에 관심을 갖기보다, 급한 마음에 잘못한 것을 먼저 말하고 지적을 하는 제 태도가 문제였습니다.

이것은 저처럼 맞벌이를 하는 엄마들이 특히 많이 하는 실수이기도 합니다. 맞벌이 엄마는 삶이 너무 바쁘고 힘들고 시간이 없습니다. 그래서 시간을 쪼개서 아이의 숙제를 봐주고, 잘못된 점을 말하면 바로 딱딱 고치길 기대하지만 아이는 아이 나름의 습관 시간표가 있기 때문에 엄마 마음 같지 않습니다. 좀 더 잘하기를 바라는 부모, 부모의 요구에 맞추지 못하는 자녀의 마음이 조금씩 어긋나기 시작하면 소통에 문제가 생기게 됩니다.

바쁠수록 돌아가라는 속담이 있습니다. 결국엔 엄마가 조금 더 느긋하게 기다리는 게 필요한 것 같습니다. 제가 지켜본 대부분의 아이들은 잘하는 게 더 많습니다. 어쩌다가 실수하고, 어떤 부분에서 습관이 형성되지 않았을 뿐입니다. 바쁜 엄마가 챙겨주지 않아도 아이 스스로 잘하는 부분을 일단 칭찬해주고, 더 노력해야할 부분을 부드럽게 말해준다면 어떨까요? 아이는 나 자신이 잘하는 점은 긍정하면서 자신감을 갖게 되고, 못한다고 생각하는 부분을 더 잘할 마음을 먹게 될 거라 생각합니다.

사실 저는 성장 과정에서 부모님에게 칭찬을 거의 듣지 못하고 자라서 남을 칭찬하는 것이 참 어색합니다. (너무 바쁘고 힘든 시절을 보내느라 칭찬할 마음의 여유와 시간이 없으셨던 저의 부모님을 이해합니다.) 제 맘속으로는 '잘한다', '고맙다', '예쁘다', '좋다', '멋지다', '아름답다', '고생했다', '수고했다', '감동이다'라고 느끼면서도 직접 말로 표현하기는 너무 어려웠습니다. 누구를 칭찬한다는 것이 익숙지 않은 일이었기에 교사로서 특히 제가 많이 노력해야 하는 부분이었습니다.

사람들은 누구나 남들이 나의 단점보다 잘한 점을 먼저 봐주길 원합니다. 특히 미성숙한 아이들은 더 그러합니다. 아이가 성적표를 가져오면 엄마는 아이가 잘한 과목 칭찬보다 못 본 과목부터 지적하는 실수를 흔히 범합니다. 저도 제 아이들이 성적표를 가져오면 먼저 칭찬해주기보다 못한 과목을 보고 "이 과목은 왜 점수가 그래?"고 물어본 적이 더 많았던 것 같습니다.

아이는 엄마가 내가 잘한 것을 칭찬해주었으면 좋겠다고 생각하는 칭찬 기대치가 있습니다. 그런데 엄마가 그 기대를 묵살하고 못한 과목에 초점을 두고 말하면 아이는 잘한 과목에 대해 칭찬 받지 못해 속상한 마음과, 안 그래도 못해서 속상했는데 그것을 또다시 지적하는 엄마의 비공감적인 태도에 두 번 상처를 받게 되는 것입니다. 기대치가 높은 엄마들은 저학년 때는 아이들의 좋은 점을 칭찬하다가도 고학년에 갈수록 칭찬이 가물어갑니다. 자녀들에 대한 칭찬이 인색한 데는 부모님들의 아이들에 대한 기대가 점점 실망으로 바뀌는 경우가 많은 이유도 있습니다. 하지만 칭찬이 마를수록 아이는 칭찬 받을 일이 더 줄어들게 되죠.

사람의 두뇌는 타인의 좋은 행동보다 나쁜 행동에 훨씬 더 큰 반응을 보인다고 합니다. 부정적인 면만 유난히 두드러져 보이는 이유는『곰돌이 푸우』에 등장하는 침울하고 의기소침한 당나귀가 우리 마음속에 살고 있는 까닭입니다. 유교 문화권에서 자란 우리는 유난히 칭찬에 인색하고, 자신이 칭찬 받기는 것 또한 어려워합니다. 너무 칭찬을 많이 해주면 상대방이 부담스러워하고, 교만해질 것 같다는 오해도 한몫합니다. 부모 입에 마르지 않는 좋은 칭찬으로 크는 아이들은 시냇가에 심은 건강한 나무 같습니다. 꾸준한 칭찬이라는 영양분을 충분히 흡수하여 자란 아이들은 성장할수록 자신감을 얻고, 스스로 자신의 행동을 고쳐나가는 아이가 될 것이기 때문입니다.

저도 아들의 말에 자신을 돌아본 이후 아이들이 잘못할 때는 잠깐 기다리고, 잘한 것을 먼저 말하고 칭찬하려고 의식적으로 노력을 합니다. 아이의 현재의 부족함이 아니라 아이들이 지금 잘하는 것과 앞으로 잘할 가능성과 잠재력을 보고 인정해주면서 저도 기쁘고, 아이들도 행복하니까요.

📖 아이의 좋은 점을 의도적으로 포착하세요

교사라면 누구나 칭찬이 아이들의 긍정적인 행동의 변화를 이끌 수 있다고 알고 있습니다. 그렇지만 각양각색의 다양한 아이들과 많은 업무로 바쁜 일상을 보내다 보면 충분히 칭찬을 하지 못한 아쉬움이 남는 것이 현실입니다.

가정에서도 마찬가지입니다. 칭찬에 익숙하지 않은 부모들은 아이에게 칭찬하는 것이 쉽지 않습니다. 어떤 학생의 문제 행동에 대해 부모님과 상담하다 보면 그 친구에게는 단점을 모두 덮어버릴 만큼 큰 장점을 잊고 있다는 사실을 깨닫고 같이 놀라기도 합니다. 그래서 '우리 아이들의 좋은 점을 의도적으로 포착하기'가 필요하다는 생각을 합니다. 좋은 행동이 눈에 띄었을 때 기회를 놓치지 말고 칭찬을 하는 것은 아이의 존재를 긍정하는 것입니다.

집과 학교에서 칭찬으로 꾸준히 존중을 받은 아이들은 자신에 대해 긍정적인 마음을 가져서 무엇을 배워도 놀라운 성취를 보입니다. 안타까운 이야기지만 가정에서 칭찬을 많이 듣지 못한 아이들은 교사에게 친구의 행동을 많이 이르는 경향이 있습니다. 하루에도 수십 가지 발생하는 이르는 내용을 들어보면 친구 때문에 속상한 것, 친구가 못한 것에 관한 비난입니다. 가정에서 비난을 많이 받은 아이는 학교에서도 비난하는 아이가 됩니다. 칭찬을 많이 받은 아이는 친구의 좋은 점을 칭찬하는 아이가 됩니다. 여기에는 부모님의 노력이 반드시 필요합니다.

📖 생애 최고 칭찬은 어떻게 해야 할까요?

아이의 마음은 부모의 칭찬이라는 양식을 먹고 삽니다. 특히 학령기에 입문하는 저학년 시기는 지식과 기술을 습득하면서 근면성을 기르고, 이 과정에서 자시 자신의 일을 성공적으로 해냈다는 자신감과 만족감을 얻는 것이 중요합니다. 이 시기는 자아존중감의 발달을 위해 중요한 시기이기도 합니다. 자신에게 중요한 사람들에게 인정과 사랑을 받는다고 느끼는 정도, 중요하다고 생각하는 과제를 수행하는 능력이 평생 자존감을 형성시키는 데 영향을 미친다고 합니다. 아이의 자존감 형성에 있어 가장 중요한 사람인 부모님의 칭찬은 절대적입니다. 이는 독서 습관을 형성하는 데도 마찬가지입니다. 아이들에게 책을 읽을 기회를 주고 그 과제를 잘 해낼 때 적절한 칭찬을 해준다면 아이는 스스로를 존중하며 자신에게 주어진 일을 열심히 해내는 아이로 살 수 있을 것입니다.

그러면 어떤 행동을 해도 끊임없이 찬사를 늘어놓으면 우리 아이 마음이 건강할까요? 그건 아닙니다. 몸에 좋은 약도 지나치게 먹으면 부작용이 생기듯 칭찬도 잘못하면 오히려 독이 되는 경우가 있습니다. 우리에게 늘 칭찬만 하는 사람의 칭찬은 그 칭찬이 진짜인지 신빙성에 의구심을 갖게 만듭니다. 그래서 그 칭찬을 다 믿지 않습니다. 심지어 어떤 칭찬은 독이 되기도 합니다. 식물을 키울 때 초보자가 가장 어려운 것이 물주기입니다. 식물에 시도 때도 없이 물을 많이 주면 뿌리가 썩어버립니다. 식물에게 가장 좋은 것은 겉흙이 마를 때 적시에 일정량을 주는 것입니다. 우리 아이가 가장 칭찬이 필요할 때 가장 적절한 칭찬을 준다면 우리 아이는 건강하게 자랄 수 있습니다.

또 한 가지 주의할 점은, 아이를 구체적으로 칭찬하려면 평소에 부모가 바라는 행동을 구체적으로 말하고 가르쳐주어야 합니다. 정리정돈을 어떻게 해야 하는지, 세탁기에 빨래를 어떻게 넣어야 하는지, 숙제를 언제까지 어디만큼 해야 하는지, 글씨는 어떻게 써야 하는지, 밥을 먹고 난 후 그릇은 어디에 두어야 하는지, 책은 어떻게 읽어야 하는지 등 아이가 칭찬받을 기회, 성공의 기회에 대한 자세한 정보를 주는 것이 필요합니다.

1) 아이가 노력한 과정을 칭찬해주세요

"너는 머리가 좋아서 책을 잘 읽는구나."처럼 아이의 타고난 재능을 칭찬해주기보다는 "네가 이렇게 많이 책을 읽은 것은 성실히 노력했기 때문이구나!"처럼 노력과 과정을 칭찬해주는 것이 좋습니다. 지능이나 재능을 자주 칭찬받은 학생들은 똑똑하다는 주위의 기대를 저버리게 될까 걱정하고, 실패할까봐 어려운 과제를 하는 것을 피하고 싶어 합니다. 반면 노력한 과정을 칭찬받은 학생들은 실패를 해도 스스로 한계를 짓는 것이 아니라 자신의 노력이 부족한 것이 원인이라고 생각하고 더 열심히 하면 해낼 수 있다는 생각을 갖게 됩니다.

"네가 반에서 1등으로 책을 많이 읽다니 정말 잘했구나."보다는 "그 많은 책을 읽다니, 날마다 얼마나 열심히 읽었을까? 너의 자세가 정말 대단해!"라고 말하면 아이의 노력한 과정을 인정해주어 더 읽고 싶은 열정과 의지를 자극하는 좋은 칭찬이 됩니다. 결과에 상관없이 자신이 한 노력과 마음을 알아주고 칭찬해준다면 아이는 더 자신감이 생기게 됩니다.

2) 구체적으로 즉시 칭찬해주세요

"넌 부지런하니까 잘할 거야.", "넌 영리하니까 잘 해낼 거야." 같은 막연하고 두리뭉실한 칭찬은 아이들에게 크게 와닿지 않습니다.

" 네가 방금 소리 내어 책 읽는 소리를 들었는데 발음이 정말 좋아졌더라!"

" 지금 네가 쓴 이 문장이 엄마 마음에 와닿는구나! 어떻게 이런 문장을 쓸 수가 있지? 정말 대단해!"

"와글와글'이라는 단어를 넣으니 진짜 사람이 많이 모인 것처럼 실감나는 문장이 되네? 멋지다!"

"요즘 학교 갔다 와서 책상에 바르게 앉아서 책을 읽는 ○○이 모습을 보는 것만 해도 엄마는 기분이 좋아!"

이처럼 자신이 무엇을 잘해서 칭찬을 받았는지 알 수 있는 구체적인 말이 아이들 마음을 움직입니다. 그리고 칭찬해주고 싶었는데 잊어버려서 나중에 하게 되면 물론 안하는 것보다는 좋지만 그 효과가 지극히 반감됩니다. 할 수만 있다면 그 자리에서 즉시 구체적으로 하는 것이 효과가 좋습니다.

3) 더디 읽는 아이들은 어제보다 잘한 점을 칭찬해주세요

우리 반도 처음부터 매일 책을 읽고 발표하는 것이 익숙한 것은 아니었습니다. 대부분 책을 많이 읽어보지 않았고 한글을 잘 모르는 아이도 3명 정도 있었습니다. 부모나 교사 입장에서 더디 읽는 아이들, 읽기 수준이 빨리 향상되지 않는 아이들은 지켜보기에 답답할 수 있습니다. 이런 친구들에게는 '너는 누구보다 왜 잘 읽지 못하느냐'는 비교보다는 어제보다 오늘 잘한 점을 칭찬해주세요. 그러면 아이는 자신에 대해 자긍심을 느끼게 될 것입니다. 예를 들어,

"어제는 엄마가 시켜서 책을 읽었는데, 오늘은 스스로 책을 가지고 와서 읽었구나!"

"지난주에는 띄어 읽기가 가끔씩 틀렸는데, 오늘은 정말 하나도 안 틀리고 잘 읽었구나!"

"지난번에는 도서관에서 빌린 책 반납을 제때 못 했는데, 이번에는 제대로 했구나! 잘했어."

"흉내 내는 말을 잘 몰랐는데, 오늘은 흉내 내는 말을 4개나 알게 되었

구나!"

"독서 기록 카드에 지난번보다 책 제목을 또박또박 잘 썼구나. 너무 예뻐!"

"오늘은 큰 소리 내어 책을 아주 잘 읽네? 발음도 더 좋아졌어!"

이런 식으로 구체적으로 잘한 부분을 칭찬해주면 됩니다. 다른 아이들과 비교하기 보다는 아이가 어제보다 오늘 잘한 점을 칭찬하면 아이는 더 잘하고 싶은 마음을 먹게 됩니다.

4) 잘 읽는 아이도 지속적으로 칭찬해주세요

아이가 책을 읽을 때 처음에는 칭찬해주다가, 나중에는 칭찬해주지 않아도 당연히 알아서 잘할 거라 생각하는 경우가 있습니다. 하지만 지속적으로 매일 관심을 갖고 아이의 독서 행동에 칭찬과 격려를 보내주는 것이 필요합니다.

저는 학교에서 독서 기록 카드를 매일 검사하면서 많은 부모님들이 얼마나 아이의 독서에 관심을 갖고 매일 칭찬해주는지 직접 눈으로 확인할 수 있었습니다. 어머님들의 칭찬 댓글을 보면서 '이렇게 칭찬을 받으면 나라도 책 읽고 싶겠다.'라는 마음이 들 정도였어요.

엄마의 칭찬을 받고, 매일 소리 내어 읽는 과정을 엄마가 지켜봐주는 아이는 깜짝 놀랄 만큼 빠르게 읽는 속도가 빨라지고 발음이 좋아졌습니다. 아이들이 엄마와 함께 책 읽는 시간을 갖다 보니 부모 자녀 관계가 더 좋아지는 것도 쉽게 볼 수 있었습니다. 아이들이 책을 읽으면서 행복해하는 모습을 보니, 엄마도 저절로 행복해지고요.

5) 책 읽기 칭찬 선물로 행복한 추억을 만들어주세요

특수교육에서 아이들의 효과적인 행동 수정을 위해 '토큰 이코노미(token economy)'라는 칭찬 방법을 사용합니다. 아이가 잘하는 행동에 대해 별표(토큰)를 모두 모으면 아이에게 상을 줍니다. 토큰의 목적은 수행 과정 속에서 학습의욕과 인내심을 유발하고, 아이도 자신이 수행한 일의 결과에 대한 기대감을 증폭시켜서 효과가 좋습니다.

이런 토큰 이코노미 방법은 일반적인 어린 아이에게도 매우 유용합니다. 아이와 목표를 같이 세우고 목표를 달성하면 받을 선물을 약속합니다. 선물은 아이가 좋아하는 종류의 선물로 보상하면 좋습니다. 모든 것이 아이들에게 선물 같은 의미이지만, 어떤 선물을 할 때 특별히 의미를 부여해서 주면 좋습니다. 예를 들어 50권 달성 축하 파티, 100권 독서 기념 장난감 등입니다. 이때 아이들의 처음의 목적은 선물(외적 동기)이었더라도, 읽다 보니 책이 너무 재미있어서 스스로 읽는 과정(내적 동기)으로 자연스럽게 변화되도록 부모님들의 세심한 관심과 주의가 필요합니다. 그러기 위해서는 한 권 한 권 읽을 때마다 상황에 맞는 피드백과 칭찬이 필요합니다.

저는 교실에서 '칭찬왕국'(영화 「겨울왕국」을 본딴 이름입니다) 활동을 합니다. 칭찬왕국이라는 이름의 판에 아이들이 책을 읽으면 매일 1개씩 붙이게 합니다. 또 부모님의 칭찬 한마디를 받거나, 그 외 특별한 숙제를 하면 스티커를 붙입니다. 이 과정에서 아이들은 다른 사람과의 경쟁이 아니라 스스로를 칭찬하면서 오는 성취감을 느낍니다. 100개를 모은 아이들에게는 제가 칭찬의 의미로 인형을 선물하는데, 별거 아닌 거지만 아이들은 매우 큰 의미를 둡니다. 자신이 수고해서 목표한 것을 얻은 친구들은 그 기쁨이 하늘을 찌릅니다.

단, 칭찬 스티커를 아이의 행동을 통제하고, 수동적으로 만드는 도구로 사용하면 안 됩니다. 칭찬 스티커를 시작할 때 사전에 아이와 대화를 통해 아이가 원하는 목표를 정하고, 성실하게 지켜졌을 때는 꼭 약속을 지켜 선물을 주도록 합니다. 예를 들면 다음과 같습니다.

- '책을 한 권 읽으면 스티커 1개를 받는다. 스티커 100개 이상이면 가족이 영화관에 간다.'
- '책을 30분 읽으면 스티커 1개를 받는다. 스티커 1,000개 이상이면 가족 여행을 한다.'
- '책 한 권 읽을 때마다 100원씩 받아 저금통에 넣어 10만 원이 되면 내 자전거를 산다.'

📖 책을 더 사랑하게 만드는 엄마의 칭찬 댓글

반 아이들과 함께하면서 1년 동안 꾸준히 책을 잘 읽고 자존감도 높은 아이들은 한 가지 남다른 점이 있는 것을 발견했습니다. 그것은 엄마의 특별한 칭찬 댓글입니다. 책을 즐겁게, 많이 읽는 아이들의 부모님의 칭찬 댓글은 남달랐습니다. 아이가 잘 해낼 수 있을 거라는 긍정적인 믿음을 가지고 아이에게 사랑의 마음을 전합니다. 그리고 아이가 한 행동에 대해 구체적으로, 애쓰는 과정을 꼭 짚어 칭찬합니다. 아이의 존재감을 세워주는 동시에 꾸준히 목표에 잘 이를 수 있도록 격려합니다.

　1년 동안 1학년 아이들과 꾸준히 책 읽기를 지속할 수 있었던 이유는 이렇게 훌륭하신 부모님의 칭찬 댓글 덕분이라고 생각합니다. 그래서 여기에 함께 나누고 싶었습니다. 어떤 칭찬이 우리 아이에게 좋을지 한 번 생각해보고 칭찬 댓글로 엄마아빠의 마음을 전하면 좋겠습니다. 다음에 나오는 내용은 1년 동안 실제로 우리 반 부모님들이 '꽃보다 책 읽기' 노트에 적어주신 칭찬 댓글입니다.

📖 부모님들의 실제 칭찬 댓글 사례

- 사랑하는 ○○♡ 초등학교에 가서도 책을 통해 생각 주머니와 넓은 마음을 키우는 걸 보니 너무 기특해 ^^ 책이 주는 즐거움을 엄마보다 잘 아는 아들! 앞으로도 응원해!

- 학교에 적응하느라 알게 모르게 피곤이 누적되어 평소보다 일찍 잠들지만 졸린 눈 비비며 한 권, 한 권 그림에 글자에 내용에 눈도장 마음도장 찍느라 바쁜 ○○ 주말 동안 책 읽기를 놓치지 않는 당신 최고! 멋진 당신이오 ♡ ♡ ♡ ♡

- 또랑또랑 예쁜 목소리로 평소에 동생에게 책도 잘 읽어주는 ○○아 책 읽는 시간이 기대되고 설레는 책이 있다는 건 말할 수 없는 즐거움이지^^ 오늘도 엄마는 ○○이에게 한 수, 가르침을 받았네^^ 감사하고 사랑하고 응원해~

- 우와! 주말 내 소리 높여 음독한 ○○! 짝짝짝! 소리 내어 읽기가 목도 아프고 힘든데 이렇게 열심히 노력한 당신에게 박수를.

- 책 제목을 보며 감탄하는 모습에 엄마 미소 활짝^^ 독서를 통해 많은 상상과 모험을 경험하면서 기발하고 엉뚱한 너를 만들길 응원해~!!^^
- 재밌는 책이라며 척척 책에 손을 뻗는 ○○♡ 자세히 읽기, 꼼꼼하게 읽기가 큰 힘이 된다는 것 알지? 벌써 150권이야~ 우와~ 우리 더 소리 높여 읽어 보장~♪
- '꽃보다 책 읽기'의 숫자와 제목이 늘수록 ○○이의 생각 주머니와 마음 주머니가 쭉쭉 커지는 느낌을 느끼며 책 읽기의 재미에 푹 빠지길 늘 응원해! 재미있는 책 엄마가 열심히 공수해올게! 파이팅!
- 요즘 종이접기 책에 푹 빠져 있는 엄마 왕자님♡ 어떤 분야든 책으로 통한다는 것~! 홧팅!
- 책도 많이 읽으니 글쓰기가 아주 좋아졌어. 잘하고 있어!
- 소리 내어 책 읽는 모습이 예뻐!
- 도서관에서 엄마보다 책을 더 잘 고르는 것 같아. 다음엔 ○○이가 모두 골라볼까?
- 도서관에서 도서 대출에 재미 붙인 ○○, 어디 보물이 숨어 있나 하여 책장들 사이를 세심하게 살피는 모습을 상상하니 엄마가 절로 미소 지어져. 재미있는 보물찾기! 언제나 응원할게. 이렇게 잘하는 ○○이에게 잔소리는 진심 미안.
- 책을 또박또박 발음이 정확해져서 이쁘네요.
- 매일 먼저 책 읽겠다고 해줘서 정말 이뻐.
- 도서관 놀이 좋이라며 선생님이 되어 인형들에게 재미있게 책 읽어주는 우리 딸. 너무나도 재미있어 보여 엄마도 같이 듣고 싶었지만, 문밖에서 몰래 몰래 ㅜㅜ 다음엔 엄마도 끼워줘~
- 880권이라니 우와! 멋져 멋져! 세종대왕님이 '백독백습'을 하셨대. 백 번 읽는 것에서 한걸음 더 나아가 백 번을 써서 익혔다고. 훌륭한 분들의 독서 습관이 반복 읽

기와 쓰기에 있으시다니 훌륭한 ○○이도 바른 책 읽기 응원해. ♡ 멋져.

- 엉덩이 탐정이 그렇게도 재밌어? 읽고 또 읽고?^^ 우리 딸이 추리소설을 이리 좋아할 줄이야… 엉덩이 탐정처럼 어떠한 일도 차근차근 해결해 나가는 신통방통한 우리 딸이 되길 응원할게^^

- ○○이가 요즈음 자연 관찰 책을 곧잘 읽고 있네. 골고루 읽는 습관 좋아!!

- 고양이 학교가 얼마나 재밌길래 마지막 장에서 아쉬운 비명을 지르게 될까? 엄마도 궁금하다. 책에도 마중물이 필요하다는 사실~ 우물을 퍼올릴 때 물 한 바가지가 있어야 하거든. 마중 나가는 거지! 고양이 학교가 마중물이 되어 주말 책 바다를 만난 ○○ 멋지고 감사해.

- 난쟁이 요정들이 왜 나무를 심었는지, 너무 이야기를 잘 해주었어!

- 요즘 위기탈출 넘버원에 푹 빠진 ○○, 잘 읽고 힘든 상황에서 지혜롭게 헤쳐 나갈 수 있는 네가 되길 바라요^^

- 주말에 이모네도 다녀오고 피곤할 텐데도 독서를 해서 칭찬해.

- 매일 꾸준히 읽었더니 벌써 530권 돌파했네. 최고야. 고생했지. ○○이 생각이 쑥쑥 자랐을 거야.

- 학교 다녀와서 책 먼저 읽는 모습이 제일 멋진 것 같아. 다시 그렇게 해보자.

- 글밥이 많은 동화책도 이젠 잘 읽고 있어. 우리 ○○ 멋져요.

- 정신없이 한 주가 지났지? 바쁜 한 주를 보내느라 이번 주는 평소보다 책 읽는 시간이 많지 않았지만 그래도 꼬박꼬박 조금씩이라도 책을 놓지 않았다는 놀라운 사실~ ♪ 이제 외출할 때 전처럼 꼭 책 한 권 들고 나가자! 새로운 장소에서의 독서의 맛을 즐겨보자 ♡

- 부시럭부시럭 잠자리에서 일어난 채 책장을 넘기고 있는 ○○이를 보며 책 안 읽

는 엄마 순간, 반성 모드^^;; 엄마가 늘 ○○이 보며 배워 ㅠ,ㅠ

- 동생, 엄마 책도 읽어주고 감사해. 엄마 할머니 되면 많이 읽어줄 거지?

- 듬직하게 동생 책 많이 읽어주는 ○○. 동생 잠자리 독서 도와줘서 감사해.

- 아침에 일어나 조용히 책 읽는 모습이 너무 예쁜데 자주 그런 모습 볼 수 있으면 좋겠어.

- 추석 연휴에 책 읽기 확인칸이 모자라도 열심히 읽고 뒷면까지 만들어서 다 읽었다니. 훌륭하다. 우리 딸.

- 요즘 우리 집에 밤마다 구연동화 선생님이 오시나봐~ 엄마는 문밖에서 들어보는데 너무 재미있어. 다음엔 엄마 앞에서도 재미난 구연동화 선생님으로 변신해줘~

- 오늘은 그만 읽자고 했는데 한 장을 다 채우겠다며 책을 더 골라오는 멋진 우리 ○○이~ 금방 목표에 도착할 것 같은데? ^^ 우리 그 이상까지도 함께 달려가자~

- 엄마와 함께 책 읽는 시간을 너무나도 즐거워해서 고마워요. 우리 ○○이가 생각하는 폭이 더 넓어진 것 같아 너무 기특하다. 앞으로도 파이팅~

- 사랑하는 우리 딸. 가끔은 책 읽는 게 힘들기도 하지? 하지만 지금 이 시간들이 나중의 너에게 힘이 되어줄 수 있을 거야. 내색하지 않고 항상 노력해줘서 정말 고마워. 사랑해.

5장

초등 학부모가 가장
고민하는 문제 & 독서 처방전

Q 우리 아이가 자존감이 낮아 걱정입니다. 조그만 일에도 쉽게 상처 받습니다. 어떻게 하면 자존감이 높은 아이로 만들 수 있을까요?

A. 추천 도서 : 『너는 특별하단다』(맥스 루케이도 | 고슴도치)

*함께 읽으면 좋은 도서 : 『강아지똥』(권정생 | 길벗어린이), 『민들레는 민들레』(김 장성 | 이야기꽃), 『치킨 마스크』(우쓰기 미호 | 책읽는곰), 『진정한 챔피언』(파얌 에 브라히미 | 모래알), 『너는 최고의 작품이란다』(맥스 루케이도 | 두란노), 『잊어봐 조지야』(줄스 파이퍼 | 보림), 『난 내가 좋아』(낸시 칼슨 | 보물창고), 『내 귀는 짝짝 이』(기도 반 게네흐텐 | 웅진주니어), 『루빈스타인은 참 예뻐요』(펩 몬세라트 | 북 극곰)

자기를 소중하게 여기는 마음을 자아존중감이라고 합니다. 종종 '자존심'과 '자존감'을 혼용해서 사용하는데 방향이 다른 개념입니다. '자존심'은 다른 사람에게 굴하지 않고 자신의 품위를 지키려는 마음이고 '자존감'은 자신이 스스로 소중한 존재라고 인정하고 자신을 사랑하는 마음입니다. 자존심은 남과 상대적으로 비교하는 마음이고 자존감은 다른 사람과 상관없이 절대적으로 스스로 느끼는 감정입니다. 특히 영유아기에 가장 기본적인 자존감의 틀이 만들어지고, 이때 만들어진 자존감으로 평생 살아간다고 합니다.

첫 아이를 학교에 보낸 엄마는 마음이 불안합니다. 우리 아이가 잘 지내는지, 걱정이 됩니다. 다른 사람이 나를 존중해주기를 바라기 전에 이미 자신을 사랑하는 감정이 높은 아이는 행복하고 늘 긍정적이기 때문에 학교에서 잘 적응하고 성공적인 학교생활을 할 수가 있습니다. 자존감이 높은 아이는 학교에서 잘 적응합니다. 이에 반해 자존감이 낮은 아이는 부정적인 자아상을 갖고 있어 자신과 다른 사람에 대해 호의적이지 못합니다. 스스로 '나는 잘 하는 것이 없다, 나는 쓸모가 없다.'고 생각하기 때문에 행복하지 못합니다. 자신뿐 아니라 다른 친구들에게도 그런 시선으로 바라보기 때문에 교우관계가 원만하지 못합니다. 그러다 보면 방어하고 공격적으로 대응하다 보면 단체생활에서 소외되거나 거부당하는 경우가 생깁니다. 부모에게 사랑받지 못하고 자란 청소년들은 상대적으로 낮은 자존감을 갖게 되고 성인이 되어서도 쉽게 극복이 되지 않습니다.

호감을 갖고 있는 상대와 닮고 싶다는 생각에 무의식적으로 표정뿐만 아니라 행동까지도 따라하는 것을 심리학 용어로 '거울효과'라고 합니다. 아이들도 부모님의 태도와 감정을 거울처럼 따라하게 되어 있습니다. 아이들의 생김새, 말투, 몸짓, 생각, 행동은 모두 부모로부터 옵니다. 부모가 먼저 긍정적인 부모가 되면 아이들도 닮게 되어 있습니다. 부모가 부정적인 말과 행동을 버리고 긍정적인 언어와 태도를 습관화해야 합니다. 자존감 높은 사람들은 힘든 상황에서도 스스로 자신감을 불어넣어 줄 말로 자신을 스스로 높입니다. 부모의 긍정적인 태도와 습관은 그대로 아이들에게 전이됩니다. 우리 아이가 잘 생겨서, 아들이어서, 딸이어서, 공부를 잘 해서가 아니라 '있는 모습 그대로' 소중하다는 말을 해주어야 합니다. 모든 것을 있는 그대로 존중하고 아껴준다면 아무리 힘든 상황이 닥쳐와도 나를 사랑하는 사람 덕분에 힘을 내고, 역경을 극복해나갈 수 있습니다. 매일 '넌 반드시 해낼 수 있다'고 용기를 불어 넣어 주세요.

학교에서 아이의 자존감은 부모님이 우리 아이를 대한 태도와 정비례합니다. 아이들의 자존감을 검사하면 의뢰로 많이 낮은 것을 볼 수 있습니다. 아이의 성장을 위해서 했던 말들이 때로는 우리 아이 자존감을 낮게 할 때가 있습니다. 어떻게 보면 우리는 "너는 특별하단다."라고 말해주는 그 한 마디를 듣기 위해 살아가는 것은 아닐까 생각합니다.

『너는 특별하단다』를 함께 읽고 대화를 나누어보세요. 애니메이션을 같이 보면서 우리 아이의 마음을 두드려보세요. 혹시라도 펀치넬로처럼 스스로 특별한 자신의 모습을 알아보지 못하고 별딱지를 붙이기 위해 애쓰는 모습도 발견할 수 있을 것입니다. 책 속 주인공 펀치넬로가 자신을 찾아가는 과정을 읽으며 우리 아이도 '특별한 나'를 발견할 수 있을 것입니다.

Q 어떻게 해야 우리 아이가 인성이 아름답고 가치관이 바른 아이로 성장할 수 있을까요?

A. 추천 도서 : 『아름다운 가치사전』(채인선 | 한울림어린이)

*함께 읽으면 좋은 도서 : 『쿠키 한 입의 인생 수업』(에이미 크루즈로젠탈 | 책읽는 곰), 『중요한 사실』(마거릿 와이즈 | 보림), 『고슴도치 엑스』(노인경 | 문학동네), 『우리 가족입니다』(이혜란 | 보림)

최근 우리나라에 하브루타 교육 열풍이 불고 있습니다. 경제, 정치, 사상, 예술, 문화의 모든 분야에서 세계적으로 성공한 유대인들의 교육을 배우고 적용하기에 애쓰고 있는 것이죠. 그런데 학업 성취가 탁월한 유대인은 정작 중학교에 들어가서야 학과 공부를 시작합니다. 그렇다면 그 전에는 무엇을 공부할까요? 유대인은 0세에서 13세까지의 신앙교육을 최우선시합니다. 그래서 아이가 배 속에 있을 때부터 아이를 싸는 강보에 말씀을 새기고, 성경을 읽어줍니다. 태어나서부터 13세까지 1년에 2~3번 정도 모세오경을 암송해주고, 아이가 스스로 성경을 읽을 때까지 아버지가 읽어줍니다. 이처럼 성경을 반복하여 소리내어 읽으면서 암송하고 탈무드를 토론하며 배우기를 먼저 합니다.

유대인 부모가 자녀에게 지혜를 먼저 가르치고 맨 마지막에 학교 교육을 시키는 이유는 무엇일까요? 그것은 아이 뇌에 지식을 넣는 것보다 신앙 교육과 인성 교육이 우선시 되어야 함을 알기 때문입니다. 우리나라 아이들은 언제, 누구에게서 인생을 살아가는 데 필요한 바른 가치관과 인성을 배울 수 있을까요? 우리 아이들의 마음과 생각이 단단해지기 전에 너무 많은 학과 공부를 하는 우리나라는 학업 스트레스로 인해 청소년 자살률이 OECD 가입국 중 가장 높은 나라가 되었습니다. 우리 아이가 어렸을 때 인생을 어떻게 살아가야 할지 알려주는 가치관을 먼저 반복해서 알려주어야 합니다. 그래야 흔들리지 않고 공부도 더 잘할 수 있습니다.

아이가 초등학교에 들어가는 것은 막 사회생활을 시작하는 것과 같습니다. 뭐든지 용납이 되고, 이해가 되었던 유치원과 달리 아이는 독립된 개체로서 생활을 해야 합니다. 어떤 상황이 닥치면 그 상황을 판단해서 지혜롭게 헤쳐가야 합니다. 선생님과 친구들에게 감사한 상황이 되면 감사하고, 미안하면 미안한 마음을 표현하고, 용기를 내어 말해야 할 때 말할 수 있어야 합니다. 그래서 다양한 인간관계를 배울 기회가 상대적으로 적은 우리 아이들에게 상황에 따라 아이들이 꼭 알아야 할 가치나 덕목들을 아이들이 미리 생각해두고 적용하면 좋습니다.

채인선의 『아름다운 가치사전』, 『쿠키 한 입의 인생 수업』과 같은 책을 구비해서 반복해서 읽으면 좋습니다. 책을 읽고 나서 아이와 함께 상황에 따라 덕목 한 가지를 주제로 대화를 나눠보세요.

- **관용: 나와 다른 것을 너그럽게 받아들이는 태도**
  엄마: 관용에 대해 너는 어떻게 생각해?
  아이: 관용이란 동생이 내 교과서에 낙서를 했을 때, 화내지 않고 '다시 그러지 말라'고 부드럽게 말하는 거예요.

- **용기: 두려움 때문에 해야 할 일을 포기하지 않는 굳센 마음**
  엄마: 우리 ○○이는 어떤 용기 있는 사람이 되고 싶을까? ○○이가 생각하는 용기란 무엇일까?
  아이: 용기란 동생과 싸우고 나서 먼저 사과하는 마음이에요. 앞으로 동생과 말다툼하고 먼저 잘못했다고 할 거예요.

이런 식으로 읽고 나서 내용 중 한 가지를 골라 자신의 상황 속에 적용해보게 합니다. 말로 한번 만들어보고, 그림과 글로 표현해봅니다. 그림이 편한 아이는 그림만 그려도 되고, 글로 쓰고 싶은 아이는 글로 쓰게 하면 됩니다.

Q 우리 아이는 실패를 너무 두려워합니다. 무슨 일이든 하기도 전에 쉽게 포기하는 우리 아이가 걱정입니다.

A. 추천 도서 : 『틀려도 괜찮아』(마키타 신지 | 토토북)

*함께 읽으면 좋은 도서 : 『점』(피터 H. 레이놀즈 | 문학동네어린이), 『용기』(버나드 와버 | 반디출판사), 『꼴찌라도 괜찮아』(유계영 | 휴이넘), 『칠판 앞에 나가기 싫어』(다니엘 포세트 | 비룡소), 『하나도 안 떨려!』(주디스 비오스트 | 현암주니어), 『실수 때문에 마음이 무너지면 어떻게 하나요?』(클레어 프리랜드,재클린 토너 | 뜨인돌 어린이)

　두려움이 많고 소심한 것은 어린 아이의 특성입니다. 그러기 때문에 겸손할 수 있습니다. 하지만 사소한 실수에도 너무 속상해하는 친구들도 있습니다. 부모님이 챙겨준 준비물을 하나만 잃어버려도 걱정하고, 받아쓰기 한 개 틀렸다고 속상해서 하루 종일 기분이 안 좋은 친구가 있습니다. 어떤 친구는 그림을 그리다가 선이 삐져나간 것이 신경 쓰여 그것을 해결하기까지는 아무것도 못합니다. 어떤 친구는 잘못할까 봐 아예 시도조차 하지 않습니다.

　어렸을 때는 아이의 일거수일투족을 신경써야 하지만 커가면서 가능한 한 아이가 스스로 판단하고 스스로 부딪히며 배울 수 있도록 해야 합니다. 지나친 부모의 기대와 간섭은 아이가 작은 실수에 좌절하기도 하고 실패가 예상되는 과제는 하지 않으려고 합니다. 부모는 자녀가 실패를 하지 않도록 어려운 과제를 대신 해주거나 아니면 아주 쉬운 과제를 내주는 것도 아이의 성장에 도움이 되지 않습니다.

　부모는 우리 아이가 커 가면서 부딪히는 일에 대해 실패해도 괜찮고, 져도 괜찮다는 생각을 갖는 것이 중요합니다. 아이들도 부족함과 실패를 성장의 과정으로 생각하고 그 과정 속에서 '실패 내성'을 키우게 됩니다. 조그만 실패에도 상처받고 좌절하는 아이로 만들지, 실패 경험을 긍정적으로 활용하는 강인한 아이로 만들 것인지는 '못해도 괜찮다'라는 부모님의 말 한마디에 달려 있습니다. 실패를 격려하는 부모를 통해 아이는 '틀려도 괜찮아. 내가 실수해도 내가 형편없는 아이가 되는 것은 아니야. 우리 부모님은 내가 실패해도 나를 혼내거나 미워하지 않잖아.'라는 생각을 하게 됩니다.

추천 도서로 소개한 책들을 함께 읽으면서, 작은 실패에도 좌절하는 아이에게는 '못해도 괜찮다', '두려워해도 괜찮다'라고 말해주세요. 아이가 할 수 있는 작은 성취의 경험을 하면서 아이는 성장할 것입니다. 특히 1학년은 무슨 일이든 새롭게 시작하는 것이 많아서 잘해야 한다는 생각에 실수에 대한 두려움이 많습니다. 어떤 아이들은 실수할까 봐 아예 시작도 하지 않기도 하고 또는 자신의 실수를 절대 인정하지 않기도 합니다. 좋은 결과를 해내지 못할까 봐 미리 포기하기도 하고, 너무 완벽하게 하느라 에너지를 많이 낭비하기도 합니다.

『틀려도 괜찮아』는 교실에서 발표를 어려워하고, 실수할까 봐 두려워하는 아이들에게 시종일관 '틀려도 괜찮다'라고 하는 메시지를 전하며 아이들 마음을 다독입니다. 교실에 앉아서 쿵쾅거리는 가슴으로 걱정하는 아이들의 심리를 책 내용을 통해 따라가면서 틀리는 것이 나쁘지 않다는 것, 틀리면서 배우는 것이 당연하다는 생각을 갖게 해줍니다. 이 책을 읽으면서 우리 아이가 실수(실패)에 어떻게 생각하는지 대화해보세요. 그리고 이 책의 내용처럼 '못해도 괜찮다.', '두려워해도 괜찮다.'라고 말해주세요. 먼저 부모님이 실수에 관한 책을 읽으면서 아이들의 마음을 이해하는 것이 필요합니다.

작은 실패에도 좌절하며 완벽주의와 씨름하는 중·고학년들에게는 『실수 때문에 마음이 무너지면 어떻게 하나요?』를 권합니다. 실수를 잘 이해한 아이는 어떤 상황에서든지 자신을 잘 수용하고, 당당하게 실패를 인정하며 실수를 기쁘게 받아들이는 용기를 갖게 될 것입니다. 조금은 틀리고 삐끗해도 그때마다 새롭게 시작하고 배우려는 멋진 아이로 성장할 것입니다.

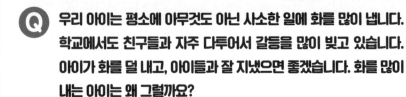

Q 우리 아이는 평소에 아무것도 아닌 사소한 일에 화를 많이 냅니다. 학교에서도 친구들과 자주 다투어서 갈등을 많이 빚고 있습니다. 아이가 화를 덜 내고, 아이들과 잘 지냈으면 좋겠습니다. 화를 많이 내는 아이는 왜 그럴까요?

A. 추천 도서 : 『화야, 그만 화풀어』(채인선 | 아지북스)

*함께 읽으면 좋은 도서 : 『소피가 화나면 정말 정말 화나면』(몰리 뱅 | 책읽는곰), 『화가 나는 건 당연해』(미셸린느 먼디 | 비룡소), 『부루퉁한 스핑키』(윌리엄 스타이그 | 비룡소), 『화난 책』(세드릭 라마디에 | 길벗어린이), 『화가 나서 그랬어!』(레베카 패터슨 | 현암주니어), 『나 진짜 화났어!』(조형윤 | 쉼어린이), 『불 뿜는 용』(라이마 | 천개의바람), 『내 안에 공룡이 있어요!』(다비드 칼리 | 진선아이), 『나는 가끔 화가 나요!』(칼레 스텐벡 | 머스트비), 『화가 날 땐 어떡하지?』(코넬리아 스펠만 | 보물창고), 『화가 나』(최형미 | 올파소)

　교실에서 유독 화가 많아 감정을 주체할 수 없는 아이들을 가끔 만납니다. 지금도 많이 기억나는 친구인데, 일시적인 가정환경 문제로 인해 스트레스를 크게 받게 되면서 스스로 감당이 안 되는 경우 학교에서 그 화를 푸는 것이었습니다. 아이들이 가진 화의 감정은 생각보다 매우 깊고 크기 때문에 교우관계에 문제뿐 아니라 학교폭력 문제로 비화되는 경우도 있습니다. 또는 어린 시절부터 적절하게 감정 표현을 하는 방법을 배우지 못한 아이들은 속으로 화를 참았다가 한꺼번에 내는 경우가 있습니다. 또 어떤 아이는 화를 내는 습관이 들어버려 늘 화를 내기도 합니다. 체육시간에 시합을 할 때 우리 편이 졌다고 화를 내고, 친구가 자기 몸을 살짝 친 걸로도 성질을 냅니다.

　아이들이 크면 괜찮을 거라고 쉽게 생각하면 오산입니다. 아이들이 화를 낼 때 그냥 넘어가지 말고 바람직하게 자신의 감정을 표현하는 연습을 시켜주는 것이 필요합니다. 아이들도 아이 수준에서 내가 화가 나는 상황을 제때 알아차리고 건강하게 풀어내는 것이 필요합니다. 학교에서 화낼 일도 아닌데 이런저런 이유로 툭하고 화를 내는 아이들은 어디선가 누군가 불어넣은 '화'라는 풍선을 한가득 마음에 받아온 아이들입니다. 어떤 부모님들은 화라는 감정을 잘 표현하지 못하게 무작정 억제하여 도리어 화를 키우는 경우도 생깁니다. 화가 나는 상황인데 화를 내지 못하게 하면 아이도 스트레스를 받습니다. 참고 참았던 화가 화산처럼 폭발하면 아이는 죄책감을 느끼게 되고, 또 다시 화를 내는 상황이 반복되어 분노조절 장애를 겪을 수 있습니다.

화라는 감정의 실체에 대해서 이야기해볼 수 있는 책들이 많이 있습니다. '아름다운 감정학교' 시리즈 중 하나인 『화야 그만 화 풀어』는 아이가 화가 났을 때 생기는 감정을 잘 이해하고 화를 잘 다스리는 방법을 알려주는 책입니다. 이 책은 화를 조심히 데리고 다녀야 할 동물에 비유하며 우리 안에 있는 화를 잘 인지하고, 적절하게 표출할 수 있는 방법을 이야기합니다. 그리고 화보다 더 가치 있는 것이 남을 이해하고 용서하는 마음이라고 알려주고 화를 잘 다스리는 방법과 더불어 화를 잘 참는 방법도 알려줍니다.

아이들이 내는 화는 부모님이나 선생님의 감정이 투사된 경우가 많습니다. 그래서 부모님이 읽고 적용할 내용도 있습니다. '화났을 때의 격한 모습을 아이들에게 보이지 않기', '아이들 앞에서는 부부 싸움을 하지 않기', '용서가 무엇인지 알려주기', '유머를 가르쳐주기', '긍정적인 마음을 갖게 하기' 등의 내용을 부모님의 생활에도 적용한다면 우리 아이는 자신의 감정을 잘 받아들이고 사랑할 줄 아는 건강한 아이가 되는 길에 한 발 더 가까워질 것입니다.

추가로 중·고학년들에게는 '키라의 감정학교' 시리즈 중 하나인 『화가 나!』를 권합니다. 화보다 더 가치 있는 것이 남을 이해하고 용서하는 마음임을 스스로 깨닫게 되면서, 화라는 감정을 잘 조절하는 건강한 아이가 되는 방법을 배우게 될 것입니다.

Q 아이가 친구를 잘 사귀지 못해 학년이 바뀔 때마다 스트레스를 받습니다. 어떻게 하면 친구를 잘 사귀고 잘 지낼 수 있을까요?

A. 추천 도서 : 『친구를 모두 잃어버리는 방법』(낸시 칼슨 | 보물창고)

*함께 읽으면 좋은 도서 : 『무지개 물고기』(마르쿠스 피스터 | 시공주니어), 『친구 사귀기』(김영진 | 길벗어린이), 『아모스와 보리스』(윌리엄 스타이그 | 비룡소), 『화요일의 두꺼비』(러셀 에릭슨 | 사계절), 『바보와 머저리』(박현정 | 파란자전거), 『브라운 아저씨의 신기한 모자』(아야노 이마이 | 느림보) , 『비밀 친구가 생겼어』(수전 메도 | 비룡소), 『친구를 사귀는 아주 특별한 방법』(노턴 저스터 | 책과콩나무), 『숲 속 작은 집 창가에』(유타 바우어 | 북극곰), 『사소한 소원만 들어주는 두꺼비』(전금자 | 비룡소)

초등학교 저학년 시기에 아이들이 행복할 수 있는 가장 큰 비법은 무엇일까요? 많은 요소가 있지만 친구들과 사이좋게 지내는 것을 들 수 있을 겁니다. 초등학교 저학년이 학교생활에서 겪는 어려움은 친구관계가 가장 많은 부분을 차지합니다. 아이들은 학교에서 하루에 5~6시간 적지 않은 시간을 보냅니다. 특히 저학년은 매우 감정적이라 사고보다 감정이 앞서는데, 친구관계가 나쁜 친구는 부정적인 정서와 감정을 갖게 되어 친구들과 부정적인 관계를 맺게 됩니다. 저학년 때 형성된 또래관계는 고학년 때까지 계속 이어지기 때문에 아이가 학교에서 소외되고 있지는 않은지 관심을 갖고 관찰하는 게 필요합니다. 저학년 때 친구들과의 긴밀한 유대관계가 잘 형성되면 각종 폭력이나 괴롭힘을 사전에 예방할 수 있습니다. 타인과의 관계를 이해하기 시작하는 시기에 긍정적 관계를 형성할 수 있도록 학급을 경영하는 일은 교사 입장에서 한 해의 성패가 걸린 매우 중요한 일이기도 합니다.

엄마들도 학교에 아이를 처음 보내고 나서 가장 걱정하는 것은 공부가 아닌 친구관계인 것을 볼 수 있습니다. 학교에 갔다 오면 친구와 잘 지냈느냐는 것을 먼저 물어보죠. 어떤 아이들은 며칠 만에 반 아이들과 모두 친구가 되는 반면 어떤 아이는 1학기가 다 가도록 친구를 제대로 사귀지 못합니다. 친구와는 가족과 다르게 상대를 이해하고 배려하면서도 자기 생각도 잘 말해야 좋은 관계가 유지가 됩니다. 감정과 욕구를 중심으로 사고하는 저학년 시기의 아이들은 자기중심성에서 벗어나 다른 사람의 입장을 생각하기가 쉽지 않습니다.

특히 요즘 아이들은 형제나 친구들이 별로 없는 환경에서 자랍니다. 그러기에 학교에서 좋은 친구를 찾고 싶어 합니다. 교실은 다양한 아이들이 생활합니다. 친구와 다양한 상황 가운데 어떻게 하면 친구와 사이좋게 지낼 수 있을지 아이는 더 잘 알고 있습니다. 학교생활은 아이가 주체가 되어 생활하는 공간이기 때문에 부모님이 너무 간섭하거나 직접적으로 나서면 아이의 자율성을 깨칠 수가 있기 때문에 아이 스스로 친구와 잘 사귀는 능력을 길러주는 게 중요합니다.

친구를 잘 사귀는 아이들은 남을 잘 배려하고 양보와 협동을 잘 하는 아이입니다. 친구가 먼저 다가와주기만을 바라는 것보다 먼저 좋은 친구가 되는 법, 사이좋게 지내는 방법을 가르쳐주는 게 필요합니다. 때론 진정한 친구를 찾기 위해서는 있는 그대로의 모습을 받아들여야 한다는 사실도 필요합니다. 친구가 싫어하는 말을 하면 친구가 싫어한다는 것, 구체적으로 남에게 배려하는 것, 남에게 양보하는 것, 친구 말에 공감을 잘하는 것, 친구의 생각을 존중해주는 것, 나와 다른 친구들을 인정하고 함께 지내는 것을 알려주어야 합니다.

『친구를 모두 잃어버리는 방법』은 어떻게 하면 친구를 모두 잃어버릴 수 있는지를 이야기하며 친구가 되는 멋진 방법을 역설적으로 알려줍니다. 이 책을 통해 아이들은 친구를 사귈 때 어떻게 행동해야 할지 생각해보게 될 것입니다. 아이들이 좋아하는 『무지개 물고기』도 아이들에게 친구와의 우정, 나눔의 기쁨을 알게 해주는 책입니다. 이 외에 친구를 사귀는 것과 관련된 다양한 책을 읽으면서, 다양한 상황에서 우리 아이가 행복하게 친구를 사귈 수 있도록 도와주기 바랍니다.

Q 우리 아이는 친구들과 너무 자주 싸웁니다. 승부욕이 너무 지나쳐서, 다른 아이들과 많이 다툽니다. 어떤 상황에서든 지기 싫어하는 우리 아이 어떻게 하면 좋을까요?

A. 추천 도서 : 『싸우지 말고 사이좋게』(마리알린 바뱅 | 시공주니어)

*함께 읽으면 좋은 도서 : 『꿈틀이를 찾아줘』(마이클 그레니엇 | 국민서관), 『싸워도 우리는 친구』(김주열 | 다림), 『싸움대장 곰돌이』(곽금주 | 한국셰익스피어), 『1등이 아니어도 괜찮아』(수사나 이세른 | 정글짐북스), 『성격이 달라도 우리는 친구』(에런 블레이비 | 세용), 『네가 있어 난 행복해!』(로렌츠 파울리 | 비룡소)

유난히 승부욕이 강한 아이가 있습니다. 줄을 서도 맨 앞에 서야 하고, 준비물을 받아도 제일 먼저 받아야 하고, 밥도 일찍 먼저 먹어야 합니다. 친구한테 한 대 맞으면 친구를 몇 대 더 때려야 분이 풀리는 아이들도 있습니다. 체육 시간에 우리 편이 지면 너무 속상해서 어쩔 줄을 모르고 사용했던 체육기구를 내동댕이치기도 합니다. 내가 이기면 기분이 좋고, 지면 너무도 속상해서 분노 조절이 되지 않는 것입니다.

학교에서 잘하고 싶은 마음은 기특하나, 이기는 법만 배워서 누구에게든 이기려고만 하는 아이들을 대하다 보면 진이 빠질 때가 있습니다. 항상 이기는 연습만 한 왕자님, 공주님으로 자란 요즘 아이들은 지는 것을 유난히 어려워합니다. 항상 우리 아이가 최고가 되기를 바라는 부모님은 내 아이가 속상하고 스트레스를 받아 괴로워하는 것을 참을 수가 없습니다. 하지만 무분별한 칭찬으로 기를 살려주기를 계속한다면 아이는 영양가 없는 자만심만 자랄 것입니다.

우리 아이가 학교와 사회에서 잘 적응하길 바란다면 스스로 남을 배려하며 잘 지내는 방법을 찾게 해야 합니다. 과거에는 경쟁에서 무조건 승리하는 자가 리더가 되었다면 앞으로 다가올 미래 사회의 리더는 남을 위할 줄 아는 사람이라고 생각합니다. 내가 최고여야만 하는 사람은 세상 사람들을 품을 수 없기 때문입니다. 승부욕이 너무 강해서 다른 아이들과 잘 부딪히는 아이에게는 '져도 괜찮다'고 자주 말해주어야 합니다. 그리고 '지혜롭게 잘 지는 연습'을 시켜주어야 합니다. 친구와 스스로 화해도 청하고 양보하는 것이 진정으로 승리하는 것이라는 것을 깨닫게 해주어야 합니다. 이 사회는 나 혼자 이기면서 살아갈 수 없습니다. 다 같이 이기면서 살아가는 방법을 깨달으면서 아이는 진정한 리더가 되어 갑니다.

친구에게 맞거나 싸움에서 지고 돌아와 속상한데 엄마한테까지 혼나면 자신감이 더 떨어집니다. 그렇다고 해서 아이 대신 문제를 해결해주는 것은 도움이 되지 못합니다. 아이들은 싸운 뒤에 친구관계가 더 좋아질 수도 있기 때문에 객관적으로 바라보는 마음의 여유가 필요합니다. 친구와 다툰 후 속상한 아이의 마음을 충분히 읽고 공감하고 다독여주세요. 그리고 자신의 감정을 바르게 표현하는 방법을 보여주고, 기회를 많이 갖는 게 필요합니다. 평소에 긍정적인 감정뿐 아니라 부정적인 감정을 건강하게 표현하는 기회를 가져야 대화가 이어질 수 있습니다.

아이와 함께 친구와 갈등을 해결하는 상황이 담긴 이야기를 읽고 나눠보세요. 평소 자신의 친구 관계를 다른 사람의 눈을 통해 조망하면서 객관적으로 바라볼 수 있는 눈이 길러질 것입니다. 『싸우지 말고 사이좋게』는 아이들이 생활 속에서 겪는 일들을 아이들 눈높이로 담은 생활 동화입니다. 책 속에 등장하는 친한 친구 '톰'과 '루'는 사소한 이유로 싸우게 됩니다. 이에 톰의 아빠는 사랑하는 사람들도 문제가 있으면 싸우기도 하고, 떨어져 있어 보기도 하고, 또 아무 일 없었던 것처럼 화해할 수도 있다는 것을 부드럽게 알려줍니다.

친구와 싸우고 화해하는 것이 아이들의 일상이긴 하지만, 책 속 주인공 루가 아무도 자기를 사랑하지 않는다고 생각하듯이 싸우고 난 후 화해하는 것은 역시 어려운 일입니다. 책 속 주인공처럼 생활 속에서 친구와의 갈등은 피할 수 없습니다. 이 책처럼 친구와의 갈등을 다룬 그림책은 다툼이 일어난 원인과 과정, 결과를 보여주어 읽는 아이는 간접적으로 갈등을 해결하는 경험을 습득하게 됩니다.

Q 아이가 무엇이든 부모에게 의존하고 스스로 하려고 하지 않아 걱정입니다. 숙제도 하라고 해야 겨우 하고, 준비물도 잘 챙기지 못합니다. 어떻게 해야 할까요?

A. 추천 도서 : 『진짜 일 학년 책가방을 지켜라!』(신순재 | 천개의바람)

*함께 읽으면 좋은 도서 : 『왜 내가 치워야 돼?』(정하영 | 책속물고기), 『정리하기 싫어』(이다영 | 시공주니어), 『레아의 엉망진창방 정리정돈하기』(크리스티네 메르츠 | 창조아이)

초등학교에서 가장 중요한 생활 습관은 정리정돈, 자기 물건 챙기기입니다. 정리정돈을 잘하는 습관은 학력에도 영향을 끼칩니다. 자신의 것임이 분명한 연필, 지우개, 색연필 같은 학용품이 바닥에 떨어졌는데도 줍지 않는 아이들이 있습니다. 게을러서가 아니라 아이들이 내 물건을 직접 정리정돈할 기회를 많이 갖지 않아 습관이 들지 않은 까닭입니다. 또 맞벌이 자녀나 할머니, 할아버지 손에 자란 아이들 중에 정리정돈을 못하는 아이들이 있는데, 이는 아이의 서투르게 정리정돈하는 모습을 보는 게 답답하기도 하고 시간 여유도 없어 어른이 다 정리해줘버렸기 때문입니다. 이렇게 습관이 되면 다 커서도 내 물건을 정리정돈하지 못하는 사람이 되는 일이 생깁니다. 정리정돈은 공부할 시간을 빼앗는 게 아니라 자신의 물건을 정리하면서 다음 활동을 계획하게 하는 꼭 필요한 과정입니다. 교실에서 많은 아이들이 자기 학용품을 찾느라 본 수업 활동에 늦습니다. 늦으면 늦을수록 학업 성취는 떨어지게 마련입니다.

아이가 정리정돈이 잘 안 되면 처음에 정리정돈의 원칙과 방법을 가르쳐주고, 어른과 함께 정리하는 시간을 가져봅니다. 먼저 내 가방 챙기기를 연습해봅니다. 매일 자녀의 가방 속을 살펴보는 것이 필요합니다. 너무 많은 물건들이 있으면 아이들이 정리하기가 힘듭니다. 꼭 필요한 물건만 단순하게 관리하게 합니다. 아이들이 자신이 사용하는 서랍장이나 책꽂이를 준비해서 아이들 스스로 관리하고 정리하게 합니다. 또 아이가 어릴 때부터 책을 읽거나 물건을 쓰고 난 뒤에는 반드시 제자리에 갖다놓도록 가르칩니다. 그리고 쓰레기도 본인이 직접 버리고 정리하게 해야 합니다.

초등학교 생활을 시작하는 때부터 교과서와 공책에 이름을 쓰고 종류별로 정리하게 합니다. 정리정돈은 내 물건에 이름을 써서 관리하는 것에서부터 시작합니다. 입학을 하면 새롭게 준비해야 할 준비물이 많습니다. 새학기 준비물 안내장을 보내면 엄마 혼자서 다 사서 이름표까지 붙여주는 경우가 많습니다. 그렇게 해주기보다는 아이 스스로 좋아하는 종류의 학용품을 사고, 자신이 직접 이름표를 일일이 붙일 수 있게 지도해주세요. 그 과정에서 아이들은 자신의 물건에 대한 애착심을 느끼게 됩니다. 특히 서툴더라도 자신이 직접 이름을 쓰면 자신의 물건에 대한 책임감이 더해질 수 있습니다. 이름표를 붙이고 투명테이프로 잘 감싸면 잘 떨어지지 않습니다. 개인정보 보호 차원에서 옷이나 가방, 신발 등은 안 보이는 곳에 이름을 쓰는 것이 좋습니다. 내 물건을 잘 정리하는 친구는 이미 반절은 성공했다고 볼 수 있습니다.

정리정돈을 왜 해야 하는지, 어떻게 해야 하는지 아이들에게 책을 읽으면서 스스로 해결할 수 있도록 도와주는 책도 큰 도움이 됩니다. 『진짜 일 학년 책가방을 지켜라!』를 읽으면 내 물건을 잘 챙기기 위해 고군분투하는 주인공 '준수'의 모습 속에 자신의 모습을 투사해볼 수 있고 자신의 일에 대한 책임감을 기를 수 있습니다. 『레아의 엉망진창방 정리정돈하기』는 레아가 다른 사람들은 어떻게 정리정돈을 하는지 알아보고, 스스로 자기 방을 정리하는 자기만의 방법을 고안해서 정리하는 내용입니다. 아이들에게 방을 정리하라고 하면 잔소리가 되지만, 책을 통해 메시지를 전달하면 스스로 정리정돈할 마음을 먹고 실천할 확률이 높아집니다.

Q 우리 아이는 너무 산만합니다. 한시도 가만히 앉아 있지 못하고 진득하게 앉아서 책을 읽지 못합니다. 어떻게 하면 집중력을 기를 수 있을까요?

A. 추천 도서 : 『자꾸 딴생각이 나』(양혜원 | 스콜라)

*함께 읽으면 좋은 도서 : 『머리 쓰는 그림책 시리즈』(이소비 | 부즈펌어린이), 『숨바꼭질 그림책』(솔트앤페퍼 | ThinkStone), 『아델과 사이먼』(바버라 매클린톡 | 베틀북), 『똑똑한 그림책』(오니시 사토루 | 뜨인돌어린이), 『찾아봐 찾아봐 12 시계 나라를 탈출한 숫자들』(상수리 출판기획부 | 상수리), 『흔한 남매 시리즈』(흔한남매 | 미래엔아이세움), 『이상한 과자 가게 전천당』(히로시마 레이코 | 길벗스쿨), 『추리 천재 엉덩이 탐정 시리즈』(트롤 | 미래엔아이세움), 『마당을 나온 암탉』(황선미 | 사계절)

교실에서 유난히 집중하지 못하는 아이가 있습니다. 놀이를 할 때 한 가지 놀이에 집중하지 못하고, 이거 했다 저거 했다 금방 싫증을 냅니다. 정리정돈도 하지 않고 여기저기 들쑤시고 다니면서 교실을 어질러놓기가 다반사입니다. 다른 아이들은 한 자리에 앉아서 한 시간도 놀기도 하고 책도 읽는다는데 개구쟁이 우리 아이는 너무 산만한 것 같아 걱정이라는 학부모님들이 많습니다.

아이들의 집중력은 매우 짧습니다. 만 2세는 7분 정도, 만 5~6세는 12분 정도, 초등학교 저학년은 평균 15~20분, 고학년은 평균 30분 정도 집중할 수 있다고 합니다. 아이들의 주의 집중은 전두엽에서 관장하는데 이는 성인이 될 때까지 아주 느리게 발달합니다. 아이가 집중력이 부족한 것은 너무나 자연스럽고 당연한 발달 단계 과정입니다. 그런데도 아이에게 무리하게 주의 집중을 요구하고 화를 내는 것은 역효과를 낼 수 있습니다.

흔히들 집중력은 타고난 기질이라고 생각하지만 양육 환경과 부모님의 양육 태도가 영향을 끼칠 가능성이 높습니다. 아이의 집중력을 높이는 방법은 아이가 몰입해서 무언가를 할 때 최대한 방해하지 않는 것입니다. 아주 급한 경우만 부모가 개입하고, 아이가 그 활동이 끝날 때 용건을 말해주도록 합니다. 그리고 집중력을 높일 수 있는 놀이나 활동을 하도록 합니다. 그중에서 집중력을 높일 수 있는 활동으로 그림책 읽어주기를 들 수 있는데, 이는 놀라운 힘을 발휘합니다. 어렸을 때부터 엄마가 그림책을 읽어준 아이는 집중력이 높다는 연구 결과가 많습니다.

또 집중력이 부족한 아이들일지라도 눈을 반짝거리면서 책을 읽을 때가 있습니다. 바로 아이들이 진짜 좋아하는 책을 만났을 때입니다. 작년에 만났던 어떤 친구는 평소 책에 큰 관심이 없었는데, 친구들이 보고 있는 『흔한 남매』를 따라 읽어보더니 그때부터 책에 흠뻑 빠져버렸습니다. 시리즈 다음 편이 나올 때마다 제일 먼저 사서 보고, 다른 책도 점점 더 많이 읽게 되었죠. 『흔한 남매』, 『이상한 과자 가게 전천당』, 『엉덩이 탐정』 시리즈는 저학년, 고학년을 가리지 않고 좋아합니다. 우리 아이가 책에 흥미가 없고 집중력이 부족하다면 아이들의 독서 욕구를 자극하는 흥미로운 책을 접하게 해주세요. 책을 매일 사달라고 조르게 될지도 모릅니다.

또 놀이처럼 재미있어할 만한 그림책을 찾아 읽어주는 것도 좋습니다. 『머리 쓰는 그림책』 시리즈, 『아델과 사이먼』, 『똑똑한 그림책』처럼 아이의 흥미를 끌수 있는 책을 함께 읽으면서 상상력과 호기심을 자극시키고 집중력을 기를 수 있습니다. 아이가 애니메이션을 좋아한다면 『마당을 나온 암탉』처럼 애니메이션을 기반으로 한 책을 함께 보면서 독서 흥미를 높일 수도 있을 것입니다. 책을 싫어하는 아이도 자신이 관심 있어 하는 아이템이나 캐릭터가 나오는 책은 매우 좋아합니다. 『찾아봐 찾아봐』, 『숨바꼭질 그림책』은 책 속 여기저기 숨어 있는 숫자들과 캐릭터 등을 찾으며 아이들의 창의력과 집중력을 키울 수 있는 책입니다. 『자꾸 딴 생각이 나』는 잘 집중하지 못하는 주인공 '산하'가 학교에서 겪는 일들을 통해 집중력이 부족한 아이를 이해할 수 있고, 어떻게 하면 집중력이 강한 아이로 키울 수 있는지 힌트를 얻을 수 있습니다. 책 읽기를 좋아하고 집중력이 높은 아이로 성장시키고 싶다면 부모님이 평소에 아이를 잘 관찰하고 함께 대화를 나눠서 아이가 좋아하는 책을 적절히 권해주는 것이 중요합니다.

Q 우리 아이 알림장과 숙제는 언제까지 도와주어야 하나요? 아이가 스스로 숙제 잘하는 방법 좀 알려주세요!

A. 추천 도서 : 『숙제가 제일 싫어요』(안네테 노이바우어 | 주니어김영사)

*함께 읽으면 좋은 도서 : 『피튜니아, 공부를 시작하다』(로저 뒤봐젱 | 시공주니어), 『배운다는 건 뭘까?』(채인선 | 미세기), 『평생 도움 초등 독서법』(사이토 다카시 | 위즈덤하우스)

첫 아이를 초등학교에 보내는 엄마는 입학 첫날부터 쏟아져 나오는 안내장과 챙겨 보내야 할 수많은 준비물, 안내사항에 놀라움을 금하지 못합니다. 문제는 1학년 내내 부모님이 챙겨주어야 할 것이 많다는 것입니다. 부모가 신경 쓰지 못하면 아이들이 안내장을 제대로 챙겨오지 못해 중요한 것을 놓칠 수도 있고, 준비물을 제대로 챙겨가지 못하면 자신감을 갖고 수업에 참여할 수가 없는 일도 생깁니다. 또 자기 물건 관리가 잘 안되고 정리정돈이 안 되는 친구는 언제까지 준비물을 챙겨줘야 할까 답답한 마음도 생깁니다.

그러면 언제까지, 어디까지 부모 손이 가야 할까요? 그런데 이것은 아이에 따라 다릅니다. 아이의 수준에 따라 스스로 아주 잘하는 아이도 있고, 고학년이 될 때까지 아주 천천히 습관이 드는 아이들도 있기 때문입니다. 대체적으로 1학년 때 가장 많이 손이 필요하고, 2학년까지도 부모 신경이 많이 쓰입니다.

1학년은 초등학교 첫 입학에서부터 어떻게 습관을 들이느냐에 따라 초등학교의 학교생활 성공이 달려 있습니다. 요즘의 학교에서는 숙제를 거의 내주지 않지만, 1학년은 아이가 학습을 잘 이해하지 못하기 때문에 부모 도움이 필요한 경우가 왕왕 있습니다. 그리고 정리정돈 습관 형성 여부와 한글 국어 읽기 쓰기 실력 수준에 따라 부모가 신경 쓰는 정도가 다를 수 있습니다. 일단 먼저 1학년은 학습 습관이 형성되는 과정이므로 엄마가 아이와 함께 숙제를 봐주어야 합니다. 책 읽기 숙제가 있다면 제대로 잘 하도록 지켜봐 주어야 합니다. 이후 어느 정도 습관이 되면 엄마가 봐주지 않아도 스스로 잘 할 수 있습니다. 매일 알림장을 보고, 사인해주고, 안내사항과 준비물을 확인하는 과정을 반복하며 엄마가 아이의 학교생활에 관심이 있음을 아이가 알아야 합니다. 궁금한 사항을 알림장에 써서 담임선생님과 소통할 수 있습니다. 학교에서 숙제를 안 해오거나 준비물을 안 갖추고 학습이 떨어진 아이들의 대부분은 부모가 알림장에 사인을 제때 안하는 경우가 많습니다. 아이가 준비를 못하면 위축되고, 자신감이 떨어지게 됩니다. 1학년은 우리 아이가 알아서 잘하는 아이라고 절대 믿으면 안 되는 학년입니다. 부모의 관심만큼 아이는 성장하고, 뿌리가 깊어집니다.

일기 쓰기는 1학년 2학기가 되어서도 어떻게 해야 할지 쩔쩔매며 혼자서 못하는 아이가 많습니다. 하지만 이럴 때 다른 아이들은 다 하는데 왜 너는 못하냐며 혼내면 절대 안 됩니다. 우리 아이는 아직 일기 쓰기가 익숙하지 않은 것뿐입니다. 특히 조금만 어려우면 쉽게 포기하고 좌절하는 아이라면 스스로 자신감을 갖게 될 때까지 도움을 주는 것이 필요합니다. 하지만 도와주는 것이 어른이 대신 해주는 것으로 변하면 안 됩니다. 내가 해야 할 일을 스스로 하지 않으면 어른이 되어도 부모에게 끝없이 의존하게 될 테니까요. 사소한 생활습관에서 자율성을 키운다면 스스로 공부도 하게 될 것입니다.

『숙제가 제일 싫어요』는 숙제 잘하는 방법을 알려주는 유쾌한 학습동화로, '행복한 1학년을 위한 학교생활동화' 시리즈 중 한 권입니다. 책 속 선생님이 알려주는 일급비밀 '숙제 잘하는 아이 되기'를 참고해보세요. '행복한 1학년을 위한 학교생활동화'는 1학년 아이가 학교생활에서 겪게 되는 이야기를 통해서 아이가 숙제 잘하는 방법, 독서 습관, 용돈관리, 청결, 친구관계 등 학교생활을 잘 할 수 있는 방법들을 가르쳐줍니다.

Q 아이와 담임선생님이 잘 맞지 않는 것 같아요. 어떻게 해야 할까요?

A. 추천 도서 : 『고맙습니다, 선생님』(패트리샤 폴라코 | 미래엔아이세움)

*함께 읽으면 좋은 도서 : 『괜찮아, 우리 모두 처음이야』(이주희 | 개암나무), 『학교 가기 싫은 선생님』(박보람 | 노란상상), 『여덟 살 오지 마!』(재희 | 노란돼지), 『선생님하고 결혼할 거야』(다니엘 포세트 | 비룡소), 『학교 가기 싫어!』(크리스티네 뇌스틀링거 | 비룡소), 『곱슬머리 내 짝꿍』(조성자 | 대교북스주니어), 『축하해요 1학년!』(이상교 | 효리원), 『우리 선생님이 최고야』(케빈 헹크스 | 비룡소)

교사와 학부모의 사이는 쉽지 않습니다. 아이 교육을 위해서 가장 친해야 하는 관계인데 가깝게 지내기에는 서로 조심스러운 부분이 많죠. 부모는 우리 아이가 학교생활을 잘하리라 생각하고 학교를 보내지만 부모의 바람과 달리 학교는 다양한 아이들이 모여 있는 곳이다 보니 크고 작은 다양한 문제가 발생합니다. 학교라는 곳은 학생, 학부모, 교사 학교 공동체가 이런 문제 상황을 한마음으로 풀어나가야 하는 곳입니다.

학교생활에서 선생님과의 관계는 매우 중요합니다. 부모보다 더 많은 시간을 함께 보내는 선생님과 잘 지내면 아이는 학교생활을 잘 할 수 있습니다. 입학하기도 전에 '선생님이 무서우니까 말씀 잘 들어야한다'며 선생님을 무서운 존재로 부정적으로 인식시키면 아이가 앞으로 교사와 좋은 관계를 맺는데 방해가 될 우려가 있습니다. 그러면 어떻게 해야 선생님과 좋은 관계를 맺을 수 있을까요?

우선 교사는 학생의 바람직한 학교 적응과 발달을 돕기 위해 최선을 다합니다. 그러나 교사에 따라 교육 철학이나 교육관에 따라 가르치는 교육과정 외에 조금씩 강조하는 게 다를 수 있습니다. 어떤 선생님은 학업과 생활의 기본 습관을 강조하고, 어떤 선생님은 책임을 강조하고, 어떤 선생님은 아이들 인성교육에 마음을 쏟습니다. 선생님이 책 읽기를 강조하는 선생님이라면 맞춰 따라가다 보면 아이는 책을 잘 읽는 아이가 될 것입니다. 복습 노트를 강조하는 선생님에게 1년 동안 배운 아이는 공책 정리를 잘하고 생각이 깊어지게 됩니다. 또 정리정돈과 청소를 중요하게 여기는 선생님이라면 자기 물건을 잘 관리하고 정리하는 습관을 더 기르게 될 것입니다.

때로는 아이가 따라가기 버거워할 수도 있습니다. 아이가 귀찮고 힘들다고 짜증을 낼 때 감정은 공감해주되 그런 과제를 내준 선생님의 뜻을 부모님이 아이에게 한 번 더 설명해준다면 아이는 선생님을 잘 따를 마음을 먹게 될 것입니다. 선생님이 강조하는 자질을 가정에서도 더 꼼꼼하게 챙겨서 그 해에 아이가 성장할 목표로 삼는다면 아이는 좋은 장점을 한 가지 더 익힐 수 있습니다.

자기가 좋아하는 것만 하려하고, 싫어하는 것은 배우지 않는 불균형 학습자가 되는 것은 누구도 바라지 않을 것입니다. 학교에서 선생님이 원하는 것은 학생이 완벽하게 해내는 것이 아니라 그 과제를 통해 한걸음 더 나아가는 것입니다. 단계에 맞춰 최선을 다하다 보면 우리 아이는 어느새 성장하게 됩니다. 이때 부모님이 함께 도와주어야 합니다. 간혹 학교에서 내주는 과제를 엄마가 안 해도 된다고 했다며 하지 않는 아이가 있습니다. 부모님은 아이의 수준과 상황을 생각해서 '안 해도 된다'고 판단한 것이겠지만, 그것은 아이가 성장할 기회를 놓치는 것입니다. 완전한 부모도, 완전한 선생님도, 완전한 학생도 없습니다. 우리 아이가 더 행복한 학습자가 될 수 있도록 서로 부족한 부분을 보완하는 것이지요.

아이와 함께 『고맙습니다, 선생님』처럼 좋은 학교 선생님에 관한 책을 읽으며 대화를 나눠보세요. 선생님의 역할을 이해하고, 자신을 성장시키려는 선생님의 관심과 지도에 긍정적으로 따르는 기회가 될 것입니다. 그리고 그런 노력을 통해 자신을 사랑하는 선생님을 더 많이 만나게 될 것입니다.

Q 아이가 틈만 나면 스마트폰 게임을 하려 해서 갈등이 심합니다. 어떻게 하면 우리 아이가 게임 중독에서 벗어날 수 있을까요?

A. 추천 도서 : 『내 친구 스마트폰』(최정현 | 꿈터)

*함께 읽으면 좋은 도서 : 『스마트폰 괴물이 나타났어요!』(박혜정 | 하늘콩), 『스마트폰에 갇혔어!』(알리센다 로카 | 노란상상), 『돌려줘요, 스마트폰』(최명숙 | 고래뱃속)

요즈음 아이들에게 스마트폰은 가장 친한 친구입니다. 하지만 이 친구와만 너무 붙어 지내게 되면 학교생활에 잘 적응하지 못하고 실제 친구관계에서는 어려움을 겪을 수 있습니다. 게임 중독이 되면 친구들과 밖에서 만나서 노는 것보다 집에서 게임하는 것을 더 좋아하고, 가족이나 친지 모임에 가서도 게임만 하려고 합니다. 대화 내용은 주로 게임과 관련된 내용이고, 다른 활동에 별다른 흥미가 없습니다. 더 나아가 게임을 하지 못한 날에는 불안해하거나, 다른 일에 의욕을 보이지 못합니다. 게임을 할 때 자기도 모르게 욕을 하거나 흥분된 모습을 보이기도 합니다. 게임을 못한 날에는 심통을 부리거나 화를 내기도 하고, 폭력적이거나 잔인한 게임 장면을 보고도 아무렇지도 않은 듯 반응합니다.

특히 아이가 혼자서 보내는 시간이 긴 경우 스마트폰 사용 관리를 철저하게 해주어야 합니다. 편의상 스마트폰으로 동요나 동화를 들려주는 경우가 있는데, 가급적 부모가 직접 부르거나 읽어주며 아이와 친밀한 시간을 보내는 것이 정서적·지적 발달에 훨씬 더 도움이 됩니다. 아이가 보호자와 함께하는 영상 통화 외에는 스마트폰을 이용하지 않도록 하는 것이 좋습니다. 부모가 스마트폰 과의존일 경우, 아이도 과의존 위험이 큽니다. 가정 내 아이와 함께 스마트폰 활용 규칙을 만들어 다같이 일관되게 지키도록 합니다.

스마트폰을 우리 아이 손에 쥐어주기 전에 어린이 게임 중독 예방 그림책 『내 친구 스마트폰』을 함께 읽어보세요. 스마트폰을 너무 좋아하는 '지후'가 스마트폰 게임에 중독되어 일상생활이 망가지고 자기 조절이 안 되어 어그러진 현실을 보여줌으로써 아이들에게 스마트폰의 문제성에 대해 생각할 기회를 주는 책입니다. 이 책은 밤이나 낮이나 스마트폰 게임만 하며 사람도 몰라보던 지후가 스마트폰을 잃어버리면서 폭력적으로 변했다가 가족들의 관심과 사랑으로 점차 스마트폰 게임 중독을 극복하는 모습을 보여주어 아이와 함께 스마트폰의 장단점에 대해 얘기를 나눠보기 좋은 소재를 제공합니다. 이 그림책을 아이와 함께 읽어보면서 어떤 부작용이 있는지 이야기해보고, 건강하게 사용하는 방법을 함께 모색해볼 수 있게 될 것입니다.

한국정보화진흥원의 스마트 쉼센터 사이트에 있는 '스마트폰 과의존 유아동 관찰자 척도(www.iapc.or.kr에서 검사 및 결과 확인 가능)'로 아이의 스마트폰 사용 경향을 점검해보는 것도 추천합니다. 인터넷 게임이 걱정된다면 '유아·초등 저학년 인터넷 게임중독 경향성 척도'로 아이의 현재 상태를 점검해봐도 좋을 것입니다. 이것 역시 스마트 쉼센터에서 할 수 있는 검사이며 결과에 따라 필요한 예방 교육 자료를 얻거나 상담을 받을 수도 있습니다.

에필로그

아이의 미래를
바꾸는 독서

"꿀은 달콤해. 지식의 맛도 달콤해. 하지만 지식은 그 꿀을 만드는 벌과 같은 거야. 이 책장을 넘기면서 쫓아가야 얻을 수 있는 거야."

패트리샤 폴라코 자전적인 그림책 『고맙습니다, 선생님』에서 주인공이 마지막으로 한 말입니다. 저도 이런 선생님이 되고 싶었습니다.

"책이란 우리 내면에 존재하는 얼어붙은 바다를 깨는 도끼여야 해."

책 읽기의 핵심을 표현한 위 문장을 읽을 때마다, 책의 힘을 새롭게 생각하곤 합니다. 책은 제가 날마다 조금씩 새로워질 수 있도록 힘이 되어주었습니다. 그리고 독서 습관이 잘 형성되어서 자신의 미래를 잘 준비하고 있는 두 자녀에도 아주 좋은 보약이 되었습니다.

이 원고를 쓰면서 저의 두 아이가 글을 배우고 나서부터 꾸준히 쓴 일기와 독후감, 글쓰기를 꺼내 읽어 보았습니다. 아이의 시험지를 채점해주거나 끼고 공부를 가르쳐주지는 못했지만 매일 책 읽기, 일기 쓰기, 독후감 쓰기는 놓치지 않고 챙겼습니다. 우리 아이가 책을 잘 읽고, 공부도 잘하는 행복한 학습자가 된 것은 저 혼자만의 노력으로 이루어진 것은 아닙니다. 두 아이는 감사하게도 학교에서 해마다 좋은 담임선생님을 만나서 일기와 독후감을 쓰는 습관을 길렀습니다. 한글을 배우고 나면서 꾸준히 읽고 쓴 글들을 보면서 독서와 글쓰기라는 열쇠를 잘 열고 걸어왔다고 생각합니다.

저는 막중한 책임감을 가지고 제자들에게 책을 권하고 책의 참맛을 느끼는 방법을 지도해왔습니다. 책 읽는 기쁨을 아는 순간, 아이는 세상에서 가장 행복한 학습자가 됩니다. 더 이상 그 친구의 장래는 걱정하지 않아도 됩니다. 왜냐하면 자기의 길을 찾아서 갈 수 있으니까요. 우리의 모든 것을 바꾸는 독서가 우리 학교, 우리나라를 바꿀 수 있는 작은 불씨가 되길 희망합니다. 무엇보다도 책의 힘을 경험하고, 책 속에서 변화된 친구들이 더 많아지길 바랍니다. 배우는 것이 즐거운 학생, 가르치는 것이 행복한 교사들이 더 많이 늘어나기를 바랍니다. 대한민국 엄마들이 이 책을 읽고, 자녀들과 함께 책을 읽고 독서 습관을 하나라도 실천한다면 이 책이 세상에 나온 사명을 다한 것이 될 것입니다.

아이들의 성장을 위해 함께 애써주신 학부모님들과, 소중한 이야기의 주인공이 된 학생들이 있었기에 이 책이 시작될 수 있었습니다. 제가 평생 받아볼 수 없는 사랑을 전해준 1학년 친구들, 책을 읽으면서 책과 완전히 친구가 된 아이들, 책과 함께 웃으면서 즐겁고 보내고 성장한 아이들의 웃음이 지금도 제 마음에 가득합니다. 교사로서 아이들 삶에 조금이나마 선한 영향력을 끼칠 수 있도록 허락해준 아이들에게 감사합니다. 이 책을 빌어 제가 만났던, 그리고 앞으로 만날 수많은 아이들이 모두 행복하고, 책 속에서 자기 길을 찾으며 자연이 주는 위로를 받으며 살길 기원합니다.

이 책이 나오기까지 많은 분들의 도움이 필요했습니다. 먼저 제 삶의 시작과 끝에 함께하시는 하나님께 감사드립니다. 그리고 책과 아이들이 함께 만들어낸 교실 속 이야기를 따뜻하게 바라보고, 한 권의 책으로 세상에 나오게 해주신 메가스터디(주)에 감사의 말씀을 드립니다. 전문적인 식견으로 많은 사람들이 읽을 수 있는 책으로 정리될 수 있도록 동행해주셨습니다. 아울러 책 쓰는 삶에 강력한 동기와 영감을 불어넣어주신 김진수 선생님과 '리딩으로 리드하라' 모임에서 삶을 나눈 선생님들의 격려가 있기에 이 책을 쓸 수 있었습니다. 그리고 아이들의 성장과 행복을 위해 함께 수고했던 작년 동학년 선생님들(안효순, 이채연, 박하나)을 비롯한 동료 선생님들께 감사의 인사를 드립니다. 제가 좋은 선생님이 되도록 도와준 수많은 동료 교사들이 있기에 늘 힘을 얻을 수 있었습니다. 그리고 무엇보다 부족한 나와 함께 배우고 함께 성장해준 수많은 제자들에게 커다란 감사를 보냅니다. 마지막으로 자식을 본인의 목숨보다 사랑하시는 어머니와 늘 사랑으로 섬겨주시는 가족들, 끊임없는 기도로 동역해주시는 행복한 교회 식구들과 사랑과 격려로 글쓰기에 동역을 해준 남편 서기석, 그리고 엄마아빠보다 더 성실하게 최선을 다해 사는 아들 딸 주원, 주혜에게 깊은 사랑의 마음을 전합니다.

부록1

교과서수록도서 & 교과연계도서 리스트

교과서수록도서

교과 각 단원별로 정해진 학습 내용을 설명하기 위해 그 일부가 발췌되어 학습에 활용되는 도서를 말합니다. 대부분 국어 과목에 해당되며, 교과서 뒷면의 부록 '실린 작품'편에 소개됩니다. 본 책에서는 국정교과서 국어, 수학, 사회, 과학 과목만을 수록하였습니다. 교과서수록도서는 교과서에 실린 부분을 아이들이 학교에서 공부하게 되므로, 미리 읽어두면 배경 지식이 풍부해져 학습에 큰 도움이 됩니다. 교과서수록도서 목록은 해당 학년 학기별 교과서와 교과서정보서비스/교과서바로민원센터(www.textbook114.com) 내용을 참고하였습니다.

교과연계도서

각 수업 단원과 관련된 학습목표를 달성하는 데 도움이 되는 책을 말합니다. 아이가 흥미 있어 하는 분야의 교과연계도서를 접할 수 있게 해주면 학교 수업 이해에도 도움이 되고 독서에 대한 관심도 높일 수 있을 것입니다.

교과연계도서 목록은 공공 도서관, 어린이 도서 출판사, 인터넷서점, 검인정 교과서 출판사 등의 단체 홈페이지에서 확인할 수 있습니다. 본 부록에 실린 교과연계도서는 인천광역시교육청 계양도서관 2020년 과제지원센터 교과연계도서목록(통권8호), 한국어린이출판협의회, 사서협회 추천 도서 등을 참고하여 선정하였습니다. 선정 기준은 저자의 개인적의 의견과 경험을 바탕으로 아이들의 인성과 학습에 도움이 되는 책 중에서 가급적 국내 작가 신간 위주로 소개하고, 다양한 출판사의 책들을 담는 것으로 하였습니다. 과목은 주요 과목(국어, 수학, 사회, 과학, 통합 등) 위주로 수록하였습니다.

* 빨간색 글씨 도서는 교과서수록도서, 그 외 도서는 교과연계도서입니다.
* 지은이가 여러 명인 도서의 경우 지면 관계상 대표 저자 1인만 표기하였습니다.
* 수록도서 중 일부가 절판된 경우가 있으나, 오랫동안 아이들에게 사랑을 받은 책인 데다 도서관 및 중고서점에서는 현재도 찾을 수 있어서 삭제하거나 교체하지 않았습니다.

1학년 국어 교과서 수록도서 & 교과연계도서

교과	단원	책 제목	지은이	출판사
국어 1-1 가	아이들과 함께 읽기 좋은 책	놀기 대장 1학년 한동주	윤수천	아이앤북
		단어 수집가	피터 H. 레이놀즈	문학동네
		세상에서 가장 힘의 센 말	이현정	달달북스
		수퍼거북	유설화	책읽는곰
	1. 바른 자세로 읽고 쓰기	곰곰아, 괜찮아?	김정민	북극곰
		글씨 쓰기 삼총사	게드 소비지크	머스트비
		나 혼자 해볼래 글씨 쓰기	권진경	리틀씨앤톡
		내 담요 어디 갔지?	사사키 요코	북극곰
		내 이름	신혜은	장영
	2. 재미있는 ㄱㄴㄷ	동물 친구 ㄱㄴㄷ	김경미	웅진주니어
		라면 맛있게 먹는 법	권오삼	문학동네
		생각하는 ㄱㄴㄷ	이보나 흐미엘레프스카	논장
		소리치자 가나다	백은희	비룡소
		손으로 몸으로 ㄱㄴㄷ	전금하	문학동네
		숨바꼭질 ㄱㄴㄷ	김재영	현북스
		표정으로 배우는 ㄱㄴㄷ	솔트앤페퍼	소금과 후추
		개구쟁이 ㄱㄴㄷ	이억배	사계절
		꽃이랑 소리로 배우는 훈민정음 ㄱㄴㄷ	노정임	웃는 돌고래
		생일 축하해요 ㄱㄴㄷ	박상철	여우고개
		요롷게 해봐요	김시영	마루벌
		우리 엄마 ㄱㄴㄷ	전포롱	파란자전거
		코끼리가 수 놓은 아름다운 한글	이현상	월천상회
		행복한 ㄱㄴㄷ	최숙희	웅진주니어
	3. 다함께 아야어여	동물이랑 소리로 배우는 훈민정음 아야어여	노정임	웃는 돌고래
		말놀이 동요집1,2	최승호	비룡소
		문혜진시인의 말놀이 동시집(전3권) : 의성어, 의태어, 음식	문혜진	비룡소
		자음 모음 놀이	서향숙	푸른사상
		즐거운 하루 와글와글 낱말책	소피 파튀	키즈엠
	4. 글자를 만들어요	어머니 무명 치마	김종상	창작과비평사
		이가 아파서 치과에 가요	한규호	받침없는동화

교과	단원	책 제목	지은이	출판사
국어 1-1 가	4. 글자를 만들어요	냠냠 한글 가나다	정낙묵	고인돌
		와글와글 낱말이 좋아	리처드 스캐리	보물창고
		장터에서 ㄱㄴㄷ	고래필통	한국삐아제
	5. 다정하게 인사해요	또박또박 반갑게 인사해요	안미연	상상스쿨
		숲 속 작은 집 창가에	유타 바우어	북극곰
		왜 인사 안 하면 안 되나요?	정민지	참돌어린이
		이럴 땐 "미안해요!" 하는 거야	황윤선	노란돼지
		인사할까, 말까?	허은미	웅진다책
		칭찬으로 재미나게 욕하기	정진	키위북스
	6. 받침이 있는 글자	구름놀이	한태희	미래엔아이세움
		동동 아기 오리	권태응	다섯수레
		글자동물원	이안	문학동네
		곰돌이 팬티	투페라 투페라	북극곰
		울렁울렁 맞춤법	이송현	살림어린이
		1학년 백점 국어	서지원	처음주니어
국어 1-1 나	7. 생각을 나타내요	아가 입은 앵두	서정숙	보물창고
		괴물이 나타났다!	신성희	북극곰
		난 낱말 사전이 좋아	프랑수아즈 부셰	파란자전거
		낱말 공장 나라	아네스드 레스트라드	세용출판
		낱말 먹는 고래	조이아 마르케자니	주니어김영사
		낱말 수집가 맥스	케이트 뱅크스	보물창고
	8. 소리 내어 또박또박 읽어요	강아지 복실이	한미호	국민서관
		문장부호	난주	고래뱃속
	9. 그림일기를 써요	(오늘의 일기)학교 가는 날	송언	보림
		나의 첫 번째 일기장	이안	장영
		난 일기 쓰기가 정말 신나!	조영경	북오션
		바람이 좋아요	최내경	마루벌
		소중한 하루	윤태규	그림공작소
		엉망진창 월화수목금토일	밀리 카브롤	키즈엠
		이렇게 쓰면 나도 일기왕!	김용준	파란정원
		일기 쓰기 싫어요!	김혜형	키위북스

1학년 국어 교과서수록도서 & 교과연계도서

교과	단원	책 제목	지은이	출판사
국어 1-2 가	1. 소중한 책을 소개해요	그림자 극장	송경옥	북스토리아이
		까르르 깔깔:오감이 자라는 동시집	이상교	미세기
		꼬리 이모 나랑 놀자	박효미	미래엔아이세움
		나무늘보가 사는 숲에서	루이 리고	보림
		난 책이 좋아요	앤서니 브라운	웅진주니어
		발가락	이보나 흐미엘레프스카	논장
		숲속의 모자	유우정	미래엔아이세움
		인어공주	로버트 사부다	넥서스 주니어
		자전거 타고 로켓 타고	카트린 르 블랑	키즈엠
		나는 책이 좋아요	앤서니 브라운	웅진주니어
		늑대가 들려주는 아기 돼지 삼형제 이야기	존 셰스카	보림
		마법 침대	존 버닝햄	시공주니어
		인어공주(팝업북)	로버트 사부다	넥서스주니어
		줄무늬가 생겼어요	데이빗 섀논	비룡소
		책이 꼼지락꼼지락	김성범	미래엠앤비
	2. 소리나 모양을 흉내내요	구슬비	이준섭	문학동네
		까르르 깔깔	이상교	미세기
		누가 내 머리에 똥 쌌어?	베르너 홀츠바르트	사계절
		박박 바가지	서정오	보리
	국어활동	초코파이 자전거	신현림	비룡소
	3. 문장으로 표현해요	가을 운동회	임광희	사계절
		정말 정말 한심한 괴물 레오나르도	모 윌렘스	웅진주니어
		한 문장부터 열 문장까지 초등 글쓰기	강승임	소울키즈
	4. 바른 자세로 말해요	딴 생각하지 말고 귀기울여 들어요	서보현	상상스쿨
		콩 한알과 송아지	한해숙	애플트리테일즈
		나는 나의 주인	채인선	토토북
		마술 연필	돈 피고트	사파리
		마음아 작아지지 마	신혜은	시공주니어
	국어활동	아빠가 아플 때	한라경	리틀씨앤톡
	5. 알맞은 목소리로 읽어요	1학년 동시교실	김종상	주니어김영사
		몰라쟁이 엄마	이태준	우리교육

교과	단원	책 제목	지은이	출판사
	국어활동	내 마음의 동시 1학년	신현득	계림북스
	6. 고운 말을 해요	몽몽 숲의 박쥐 두 마리	이혜옥	한국차일드 아카데미
		내가 먼저 사과할게요	홍종의	키위북
		오늘도 화났어	나카가와 히로타카	내인생의책
		꼬마 너구리 요요	이반디	창비
	7. 무엇이 중 요할까요	도토리 삼 형제의 안녕하세요	이현주	길벗 어린이
		소금을 만드는 맷돌	홍윤희	예림아이
		내 에티켓이 어때서	정명숙	파란정원
		도서관 벌레와 도서관 벌레	김미애	파란정원
		도서관 할아버지	최지혜	고래가숨쉬는 도서관
국어 1-2 나	8. 띄어 읽어요	나는 자라요	김희경	창비
		내가 좋아하는 곡식	이성실	웅진주니어
		솔이의 추석 이야기	이억배	길벗어린이
		구름빵	백희나	한솔수북
		달이네 추석맞이	선자은	푸른숲주니어
		솔이의 추석 이야기	이억배	길벗어린이
		왜 띄어 써야 돼?	박규빈	길벗어린이
		왜 맞춤법에 맞게 써야 돼?	박규빈	길벗어린이
	국어활동	역사를 바꾼 위대한 알갱이, 씨앗	서경석	미래아이
	9. 겪은 일을 글로 써요	(미리 보고 개념잡는) 초등 일기쓰기	이재승	아이세움
		오소리네집 꽃밭	권정생	길벗어린이
		쿠키 한 입의 인생수업	에이미 크루즈 로 젠탈	책읽는곰
		살려 줘!	강효미	살림어린이
	10. 인물의 말과 행동을 상상해요	별을 삼킨 괴물	민트래빗 플래닝	민트래빗
		숲속 재봉사	최향랑	창비
		엄마 내가 할래요!	장선희	장영
		마당을 나온 암탉	황선미	사계절
		선녀와 나무꾼	김순이	보림
		숲속 재봉사의 꽃잎 드레스	최향랑	창비
	국어활동	붉은 여우 아저씨	송정화	시공주니어

1학년 수학 교과서수록도서 & 교과연계도서

교과	단원	책 제목	지은이	출판사
수학 1-1	1. 9까지의 수	1,2학년이 꼭 읽어야 할 교과서 수학 동화	이경윤	효리원
		1학년 스토리텔링 수학동화	우리기획	예림당
		괴물 나라 수학 놀이 많을까? 적을까?	롤리 커포	키즈엠
		세계가 주목하는 싱가포르 어린이 수학1 : 숫자	아자나 차터지	이종주니어
		수 세기 대장의 생일 파티	야크 드레이선	스푼북
		수학하는 어린이 1 : 수와 숫자	전연진	스콜라
		숫자 1의 모험	안나 체라솔리	봄나무
	2. 여러 가지 모양	1학년에는 즐깨감 도형	와이즈만 영재교육연구소	와이즈만북스
		나무 하나 그려주세요	록산느 마리 갈리에	꿈교
		도형 나라 동물 구출 작전	이희란	대교출판
		동그라미 세모 네모가 모여서	정명순	점자
		세계가 주목하는 싱가포르 어린이 수학4 : 도형	아자나 차터지	이종주니어
		어디로 갔을까 나의 한 쪽은	쉘 실버스타인	시공주니어
	3. 덧셈과 뺄셈	1학년 스팀 수학 : 새 교과서를 반영한 스토리텔링 수학	서지원	상상의집
		술술 읽으면 개념이 잡히는 통합교과 수학책 5: 도형 규칙 찾기 좌표	스티브 웨이	계림북스
		담푸스 핀란드 초등 수학 세트(전 6권)	헬레비 뿌트꼬넨	담푸스
		덧셈 왕자와 뺄셈 공주가 만나요	문주영	한국헤르만헤세
		셈을 해 볼까?	마리 베롱도-아 그렐	아름다운사람들
		수학식당 세트(전 3권)	김희남	명왕성은자유다
	4. 비교하기	1학년 스팀 수학: 창의 편	오샘	상상의집
		검은 고양이만 사는 마을	안나 체라솔리	담푸스
		수학발표왕을 만드는 슈퍼수학 1	이경희	풀빛미디어
		알쏭달쏭 알라딘은 단위가 헷갈려	황근기	과학동아북스
		얼마나 길까? 길이를 비교하는 재미있는 방법	제시카 건더슨	키즈엠
	5. 50까지의 수	서울교대 스토리텔링 수학 친구 : 1학년	서울교대 초등수학연구회	녹색지팡이
		1학년 창의 수학	초등 사고력 창의력 연구회	밝은미래

교과	단원	책 제목	지은이	출판사
수학 1-1	5. 50까지의 수	꼬마 마법사의 수세기	박선희	아이세움
		바다 100층짜리 집	이와이 도시오	북뱅크
	1. 100까지의 수	수학이 술술 풀리는 1학년 수학 일기	함윤미	예림당
		마법의 숫자: 수 읽기와 자릿값	아나 알론소	영림카디널
		수학 개미의 결혼식	서지원	와이즈만북스
		수학을 푹푹 먹는 황금이 수와 연산	박현정	뜨인돌어린이
		키키는 100까지 셀 수 있어!	이범규	비룡소
	2. 덧셈과 뺄셈 (1)	수학 교과서가 쉬워지는 덧셈과 뺄셈	조셉 미드툰	아이세움
		핀란드 초등학생이 배우는 재미있는 덧셈과 뺄셈	리카 파카라	담푸스
		양치기 소년은 연산을 못한대	박영란	뭉치
	3. 여러 가지 모양	모양들의 여행	크라우디아 루에다	담푸스
		어린 수학자가 발견한 도형	이원영	한울림어린이
		이상한 나라의 도형 공주	서지원	나무생각
		헨젤과 그레텔은 도형이 너무 어려워	고자현	뭉치
수학 1-2	4. 덧셈과 뺄셈 (2)	덧셈 뺄셈이 이렇게 쉬웠다니!	구원경	파란정원
		시꾸기의 꿈꾸는 수학교실 1~2학년	박현정	파란자전거
		따끈따끈 열만두	박정선	시공주니어
	5. 시계 보기와 규칙 찾기	밤하늘의 별을 다 세는 방법	로마나 로맨션	책과콩나무
		쉿! 신데렐라는 시계를 못 본대	고자현	동아사이언스
		시간을 재는 눈금 시계	김향금	아이세움
		시계보기가 이렇게 쉬웠다니!	김지현	파란정원
		신통방통 받아올림	서지원	좋은책어린이
		우리 시계탑이 엉터리라고?	박정선	시공주니어
		시계 탐정 123	서영	책읽는곰
	6. 덧셈과 뺄셈 (3)	나 혼자 해볼래 덧셈 뺄셈	서지원	리틀씨앤톡
		초등 수학 교과서 : 계산편	초등수학을 즐기는모임	베이직북스
		핀란드 초등 수학 교과서와 함께 떠나는 수학여행	헬레비 뿌르꼬넨	담푸스
		수똑똑 수학동화 14 덧셈 왕자와 뺄셈 공주가 만나요	문주영	한국헤르만헤세
		리안의 수학 모험 5 : 덧셈과 뺄셈	편집부	위두커뮤니케이션즈

1학년 통합, 안전한생활 교과서수록도서 & 교과연계도서

교과	단원	책 제목	지은이	출판사
봄 1-1	1. 학교에 가면	1학년이 되었어요	차태란	해와나무
		규칙이 왜 필요할까요?	서지원	한림출판사
		나 혼자 해볼래 준비물 챙기기	김지연	리틀씨앤톡
		두근두근 1학년 새 친구 사귀기	송언	사계절
		선생님은 너를 사랑해 왜냐하면	강밀아	글로연
		선생님은 싫어하고 나는 좋아하는 것	엘리자베스 브라미	청어람아이
		짝꿍 바꿔 주세요	노경실	씨즐북스
		학교에 간 공룡 앨리사우루스	리처드 토리	책과콩나무
	2. 도란도란 봄동산	1학년이 꼭 읽어야 할 교과서 과학 동화	손수자	효리원
		내가 채송화처럼 조그마했을 때	이준관	푸른 책들
		너는 어떤 씨앗이니?	최숙희	책읽는곰
		봄은 어디쯤 오고 있을까	통합교과연구회	상상의집
		어린이 첫 곤충·식물 사전	김옥현	글송이
여름 1-1	1. 우리는 가족입니다	내 동생은 늑대	에이미 다이크맨	토토북
		단란한 가족 바비아나	영민	그림책공장소
		아가! 가족이어서 행복해	권미량	공동체
		안돼요, 안돼요 엄마	아마노 케이	한림출판사
		엄마가 화났다.	최숙희	책 읽는 곰
		엄마의 선물	김윤정	상수리
	2. 여름나라	간질간질 여름이 좋아	미토	단비어린이
		그림으로 보는 기후 말뜻 사전	조지욱	사계절
		빗방울이 후두둑	전미화	사계절
		수박 수영장	안녕달	창비
		스티나의 여름	레나 안데르손	청어람아이
		여름을 주웠어	한라경	책내음
		여름이 왔어요.	찰스 기냐	키즈엠
		할머니의 여름 휴가	안녕달	창비
가을 1-2	1. 내 이웃 이야기	아기 돼지 삼형제 이야기	폴 갈돈	시공주니어
		우당탕탕, 할머니 귀가 커졌어요.	엘리자베드 슈티메르트	비룡소
		우리 집 뒤에는 누가 있을까?	라우라 발테르	주니어김영사
		이웃사촌	클로드 부종	물구나무

교과	단원	책 제목	지은이	출판사
가을 1–2	2. 현규의 추석	가을은 풍성해	박현숙	키다리
		가을을 파는 마법사	노루궁뎅이 창작교실	노루궁뎅이
		가을이 계속되면 좋겠어	캐스린 화이트	키즈엠
		더도 말고 덜도 말고 한가위만 같아라	김평	책읽는곰
		사계절 생태놀이(가을)	붉나무	길벗어린이
		솔이의 추석이야기	이억배	길벗어린이
겨울 1–2	1. 여기는 우리나라	비밀스러운 한복나라	무돌	노란돼지
		사시사철 우리놀이 우리문화	이선영	한솔수북
		신나는 열두달 명절이야기	우리누리	주니어중앙
		신통방통 김치	정은주	좋은책어린이
		통일의 싹이 자라는 숲	전영재	마루벌
		하늘높이 태극기	어린이통합교과 연구회	상상의집
		햇빛과 바람이 정겨운 집, 우리 한옥	김경화	문학동네
		훈민정음 : 빛나는 한글을 품은 책	조남호	열린어린이
	2. 우리의 겨울	눈의 나라에 놀러갔어요	시빌 폰 올페즈	책찌
		겨울의 마법	매튜 J. 백	키즈엠
		눈오는 날	에즈라 잭 키츠	비룡소
		마녀 위니의 겨울	밸러리 토머스	비룡소
		아빠하고 나하고 얼음 썰매 타러가요	양상용	보리
		쿠키 한 입의 우정 수업	에이미 크루즈 로젠탈	책읽는곰
안전한 생활	1. 나는 안전 으뜸이	스마트걸 12:생활 안전	서영희	재미북스
		안전, 어디까지 아니?	이승숙	고래가숨쉬는 도서관
		Why? 생활안전	조영선	예림당
	2. 우리 모두 교통안전	빨간불과 초록불은 왜 싸웠을까	가브리엘 게	개암나무
		아는 길도 물어 가는 안전 백과	이성률	풀과바람
	3. 소중한 나	나를 지키는 안전수첩 : 유괴 성폭력 예방 그림책	서보현	한솔수북
		앗! 조심해! 나를 지키는 안전교과서	정영훈	동아엠앤비
	4. 우리 모두 안전하게	위기탈출 넘버원 시즌2, 3 : 지진 안전	스토리박스	밝은미래
		쿠키런 서바이벌 대작전 5 : 화재 편	김강현	서울문화사

2학년 국어 교과서수록도서 & 교과연계도서

교과	단원	책 제목	지은이	출판사
국어 2-1 가	아이들과 함께 읽기 좋은 책	겁보 만두	김유	책읽는곰
		쿵푸 아니고 똥푸	차영아	문학동네어린이
	1. 시를 즐겨요	내 별 잘 있나요	이화주	상상의 힘
		딱지 따먹기	강원식	보리
		아니, 방귀 뽕나무	김은영	사계절
		아빠 얼굴이 더 빨갛다	김시민	리젬
		윤동주 시집	윤동주	범우사
		1 · 2학년이 꼭 읽어야 할 교과서 동시	권오삼	효리원
		마음이 예뻐지는 동시, 따라 쓰는 동시	이상교	나무생각
	국어활동2-1	동무동무 씨동무	편해문	창작과비평사
		우리동네 이야기	정두리	푸른책들
		짝 바꾸는 날	이일숙	도토리숲
	2. 자신있게 말해요	아주 무서운 날:발표는 두려워!	탕무니우	찰리북
		으악, 도깨비다	유애로	느림보
		2학년 사고력 쑥쑥 생각 쑥쑥 철학 동화	정동수	글사랑
		나는 오드리야!	데이브 와먼드	키즈엠
		아무도 지나가지 마!	이자벨 미뇨스 마르틴스	그림책공작소
	3. 마음을 나누어요	기분을 말해 봐요	디디에 레비	다림
		내 꿈은 방울토마토 엄마	허윤	키위북
		오늘 내 기분은	메리엔 코카-레플러	키즈엠
		우당탕탕 아이쿠	마로스튜디오	한국교육방송공사
		거짓말하고 싶을 때	팀 합굿	키즈엠
		내 마음은 보물 상자	조 위테크	키즈엠
	국어활동2-1	42가지 마음의 색깔	크리스티나 누녜 스페레이라	레드스톤
	4. 말놀이를 해요	께롱께롱 놀이 노래	편해문	보리
		어린이가 정말 알아야 할 우리 전래 동요	신현득	현암사
		귀뚜라미와 나와	윤동주	보물창고
		봄 편지	서덕출	푸른책들
		숲 속 작은 집 창가에	유타 바우어	북극곰

교과	단원	책 제목	지은이	출판사
국어 2-1 가	5. 낱말을 바르고 정확하게 써요	이모, 공룡 이름 지어주세요	노정임	현암주니어
		괴물들의 저녁 파티	엠마 야렛	북극곰
		맞춤법 띄어쓰기 따라쓰기1-초급편	윤선아	효리원
		사랑하는 친구에게	톰 퍼시벌	키즈엠
		지혜랑 어휘랑 놀자!	이성모	교학사
	6. 차례대로 말해요	까만 아기 양	엘리자베스 쇼	푸른 그림책
		작은 집 이야기	버지니아 리 버튼	시공주니어
		소영이네 생선 가게	조하연	걸애
		육하원칙대로 말하라고? 왜 때문에?	권해요	큰북작은북
		코끼리 아저씨의 신기한 기억법	베셀 산드케	월천상회
	국어활동2-1	머리가 좋아지는 그림책(창의력 편)	우리누리	길벗스쿨
국어 2-1 나	7. 친구들에게 알려요	비빔밥 꽃 피었다	김황	웅진주니어
		왜, 세계유산일까?	강경환	눌와
		할머니가 물려주신 요리책	김숙년	장영
	8. 마음을 짐작해요	내가 조금 불편하면 세상은 초록이 돼요	김소희	토토북
		내 마음이 말할 때	마크 패롯	웅진주니어
		몰라쟁이 엄마	이태준	보물창고
		변했으면 변했으면	이은선	책고래
		왕할아버지 오신 날	이영미	느림보
		쥐구멍에 숨고 싶은 날	이지수	키즈엠
	9. 생각을 생생하게 나타내요	선생님, 바보 의사 선생님	이상희	웅진주니어
		큰턱 사슴벌레 VS 큰뿔 장수풍뎅이	장영철	위즈덤하우스
		내 마음이 말할 때	마크 패롯	웅진주니어
	10. 다른 사람을 생각해요	내가 도와줄게	테드 오닐	비룡소
		내 잘못이 아니야	김정신	아주좋은날
		오늘의 기분은 먹구름	토 프리먼	키즈엠
		화가 날 땐 어떡하지?	코넬리아 스펠만	보물창고
	11. 상상의 날개를 펴요	신기한 독	홍영우	보리
		욕심쟁이 딸기 아저씨	김유경	노란돼지
		치과 의사 드소토 선생님	윌리엄 스타이그	비룡소
		행복한 왕자	오스카 와일드	아이위즈
	국어활동2-1	7년 동안의 잠	박완서	작가정신

2학년 국어 교과서수록도서 & 교과연계도서

교과	단원	책 제목	지은이	출판사
국어 2-2 가	1. 장면을 떠올리며	감기 걸린 날	김동수	보림
		김용택 선생님이 챙겨주신 1학년 책가방 동화	이규희	파랑새어린이
		나무는 즐거워	이기철	비룡소
		수박씨	최명란	창비
		참 좋은 짝	손동연	푸른책들
		훨훨 간다	권정생	국민서관
	국어활동2-2	교과서 전래 동화	조동호	거인
		원숭이 오누이	채인선	한림출판사
	2. 인상 깊었던 일을 써요	바람 부는 날	정순희	비룡소
		1학년 3반 김송이입니다!	정이립	바람의아이들
		내 마음이 말할 때	마크 패롯	웅진주니어
		멍청한 두덕 씨와 왕도둑	김기정	미세기
		발표하기 무서워요	미나 뤼스타	두레아이들
	3. 말의 재미를 찾아서	의좋은 형제	신원	한국헤르만헤세
		꿀떡을 꿀떡	윤여림	천개의바람
		막막골 훈장님의 한글 정복기	김은의	파란자전거
		밤 한 톨이 떽때굴	방정환	창비
		속담에 똥침 놓기	손재수	HomeBook
		읽으면서 바로 써먹는 어린이 속담	한날	파란정원
	4. 인물의 마음을 짐작해요	아홉 살 마음 사전	박성우	창비
		신발 신은 강아지	고상미	스콜라
		크로텔레 가족	파트리시아 베르비	교학사
		신발 신은 강아지	고상미	위즈덤하우스
		아무도 모를걸!	이하영	책고래
	국어활동2-2	개구리와 두꺼비는 친구	아널드 로벨	비룡소
	5. 간직하고 싶은 노래	산새알 물새알	박목월	푸른책들
		저 풀도 춥겠다	부산 알로이시오 초등학교 어린이	보리
		호주머니 속 알사탕	이송현	문학과지성사
		아홉 살 마음사전	박성우	창비
		쥐눈이 콩은 기죽지 않아	이준관	문학동네

교과	단원	책 제목	지은이	출판사
국어 2-2 가	6. 자세하게 소개해요	별 헤는 아이	윤동주	봄볕
		스파이더맨 가방을 멘 아이	조르지아 베촐리	머스트비
		아빠는 내가 지킨다!	박현숙	살림어린이
		작은 풀꽃의 이름은	나가오 레이코	웅진주니어
	국어활동2-2	엄마를 잠깐 잃어버렸어요	크리스 호튼	보림qb
국어 2-2 나	7. 일이 일어난 차례를 살펴요	나무들이 재잘거리는 숲 이야기	김남길	풀과바람
		거인의 정원	오스카 와일드	봄볕
		내 말 좀 들어 줘	김정신	위즈덤하우스
		저학년을 위한 레 미제라블	빅토르 위고	아테나
		종이봉지 공주	로버트 문치	비룡소
	국어활동2-2	소가 된 게으름뱅이	한은선	지경사
	8. 바르게 말해요	내 언어습관이 어때서!	박신식	파란정원
		언어 예절, 이것만은 알아 둬!	박현숙	팜파스
		왜 고맙다고 말해야해요	엠마 웨딩턴	이종주니어
		좋은 말로 할 수 있잖아	김은중	개암나무
	국어활동2-2	밥상에 우리말이 가득하네	이미애	웅진주니어
	9. 주요 내용을 찾아요	달님에게 여자친구가 생겼어요	가순열	HomeBook
		동물원에 갇힌 슈퍼스타	신현경	해와나무
		변신돼지	박주혜	비룡소
		노래하는 은빛 거인	신원미	머스트비
		짜증방	소중애	거북이북스
	10. 칭찬하는 말을 주고받 아요	언제나 칭찬	류호선	사계절
		몸과 마음을 튼튼하게 하는 어린이 습관 사전	김경옥	그린북
		수상한 칭찬통장	신채연	해와나무
		숲속 별별 상담소	신전향	파란자전거
		칭찬 초콜릿	권해요	큰북작은북
	11. 실감 나게 표현해요	팥죽할멈과 호랑이	박윤규	시공주니어
		공룡은 굵지 않아	르웬 팜	북극곰
		소리 산책	폴 쇼워스	불광출판사
		심청 이야기 효녀로다 효녀로다	김복태	보림
		오늘은 내가 선생님	이진용	큰북작은북
		환상의 짝꿍	브라이언 콜리어	북극곰

2학년 수학 교과서수록도서 & 교과연계도서

교과	단원	책 제목	지은이	출판사
수학 2-1	1. 세 자리 수	2학년 100점 수학 꾸러기	박신식	처음주니어
		도형이 이렇게 쉬웠다니!	정유리	파란정원
		만화보다 재미있는 2학년 수학 연습장	홍세윤	아주좋은날
		세계가 주목하는 싱가포르 어린이 수학 1 : 숫자	아자나 차터지	이종주니어
		수학시간에 울 뻔 했어요	서지원	나무생각
	2. 여러 가지 도형	똑똑해지는 수학퍼즐 1단계: 1,2학년	하이라이츠 편집부	아라미
		세상에서 가장 우스꽝스러운 그림 도둑	펠리시아 로	푸른숲주니어
		엄마 아빠를 구한 돼지: 평면도형	백명식	내인생의책
		이상한 나라의 도형 공주	서지원	나무생각
		핀란드 초등 수학 교과서와 함께 떠나는 수학여행	헬레비 뿌트꼬넨	담푸스
		헨젤과 그레텔은 도형이 너무 어려워	고자현	뭉치
	3. 덧셈과 뺄셈	NEW 기적의 계산법 1	기적의계산법 연구회	길벗스쿨
		따라하면 덧셈뺄셈이 저절로 100	유선영	삼성출판사
		세계가 주목하는 싱가포르 어린이 수학 2 : 계산	아자나 차터지	이종주니어
		수학 교과서가 쉬워지는 덧셈과 뺄셈	조셉 미드툰	아이세움
		양치기 소년은 연산을 못한대	박영란	뭉치
		핀란드 초등학생이 배우는 재미있는 덧셈과 뺄셈	리카 파카라	담푸스
	4. 길이 재기	마녀들의 보물 지도 : 길이 재기	아나 알론소	영림카디널
		세계가 주목하는 싱가포르 어린이 수학 3 : 측정	아자나 차터지	이종주니어
		쉿! 신데렐라는 시계를 못 본대	고자현	뭉치
		신통방통 길이 재기	서지원	좋은책어린이
		퀴즈! 과학상식 : 황당 측정 수학	권찬호	글송이
		키가 120킬로그램?	권혜정	열다
	5. 분류하기	끼리끼리 차곡차곡	한태희	소담주니어
		시골쥐는 그래프가 필요해	이현주	을파소
		아기 염소는 경우의 수로 늑대를 이겼어	고자현	뭉치
		우주선 타기는 정말 진짜 너무 힘들어	이재윤	미래엔아이세움
	6. 곱셈	강미선쌤의 개념 잡는 곱셈 비법	강미선	스콜라스

교과	단원	책 제목	지은이	출판사
수학 2-1	6. 곱셈	곱셈구구가 이렇게 쉬웠다니!	정유리	파란정원
		뒤죽박죽 곱셈구구 별장	이희란	대교출판
		떡장수 할머니와 호랑이는 구구단을 몰라	이안	뭉치
		수학을 후루룩 마시는 황금이 : 평면도형과 연산	박현정	뜨인돌어린이
		수학이 쉬워지는 곱셈구구	로지 디킨스	사파리
수학 2-2	1. 네 자리 수	똑똑해지는 수학퍼즐 1단계: 1,2학년	하이라이츠편집부	아라미
		마법의 숫자	아나 알론소	영림카디널
		스토리텔링 창의 수학 똑똑 2학년 1권 수	신사고스토리텔링 창의수학연구회	좋은책어린이
		한눈에보는 교과서 수학	조은선	한솔수복
		해법 기초계산 E4, F4	최용준	천재교육
	2. 곱셈구구	곱셈구구가 이렇게 쉬웠다니!	정유리	파란정원
		수학이 쉬워지는 곱셈구구	로지 디킨스	사파리
		신통방통 곱셈구구	서지원	좋은책어린이
		어린왕자와 함께 떠나는 구구단 여행	김재인	동인
	3. 길이재기	마녀들의 보물지도	아나 알론소	영림카디널
		비교쟁이 콧수염 임금님	서지원	나무생각
		속담 속에 숨은 수학: 단위와 측정	송은영	봄나무
		쉿! 신데렐라는 시계를 못 본대	고자현	뭉치
	4. 시각과 시간	세상에서 가장 아슬아슬한 자동차 습격사건	펠리시아 로	푸른숲주니어
		시간이 보이니?	페르닐라 스탈펠트	시금치
		지구의 시간을 되찾은 돼지: 시간과 시각	백명식	내인생의 책
	5. 표와 그래프	그래프를 만든 괴짜	헬레인 베커	담푸스
		손으로 따라 그려봐 : 그래프	한정혜	뜨인돌어린이
		수학하는 어린이. 3: 표와 그래프	이광연	스콜라
		쉿 우리끼리 그래프 놀이	서보현	미래엔아이세움
		용돈을 올려주세요	제니퍼 더슬링	한국듀이
	6.규칙 찾기	술술 읽으면 개념이 잡히는 통합교과 수학책 5 : 도형규칙찾기 좌표	스티브 웨이	계림북스
		신비숲으로 날아간 수학	박현정	파란자전거
		차례차례 숲에 사는 도깨비	김성은	을파소
		토끼 숫자 세기 대소동	앤 매캘럼	주니어김영사

2학년 통합 교과서수록도서 & 교과연계도서

교과	단원	책 제목	지은이	출판사
봄 2-1	1. 알쏭달쏭 나	1,2학년이 꼭 읽어야 할 우리 몸	우리몸연구소	효리원
		꿈꾸는 변신대왕	이지선	장영
		나는 나의 주인	채인선	토토북
		나는요	김희경	여유당
		남자답게? 여자답게? 그냥 나답게 할래요!	최형미	팜파스
		당신은 빛나고 있어요	에런 베커	웅진주니어
		있는 그대로의 나를 사랑해!	이지연	큰북작은북
		주인공은 너야	마크 패롯	웅진주니어
		행복한 늑대	엘 에마토크리티코	봄볕
	2. 봄이 오면	꽃 피는 봄이 오면	이진	키즈엠
		민들레는 민들레	김장성	이야기꽃
		봄	소피 쿠샤리에	푸른숲주니어
		봄이 오면	한자영	사계절
		비빔밥 꽃 피었다	김황	웅진주니어
		살랑살랑 봄바람이 인사해요	김은경	시공주니어
		어진이의 농장 일기	신혜원	창비
		작은 풀꽃의 이름은	나가오 레이코	웅진주니어
여름 2-1	1. 이런 집 저런 집	가족의 가족을 뭐라 부르지?	채인선	미세기
		바빠가족	강정연	바람의아이들
		숲속 사진관	이시원	고래뱃속
		여우 씨의 새 집 만들기	정진호	위즈덤하우스
		우리 엄마는 외국인	줄리안 무어	봄볕
		이웃집에는 어떤 가족이 살까	유다정	위즈덤하우스
		한국에서 부란이 서란이가 왔어요!	요한 슐츠	고래이야기
	2. 초록이의 여름 여행	노래하는 곤충도감	세나가 타케시	부즈펌
		뒤바뀐 여름 방학	어린이통합교과 연구회	상상의집
		봄 여름 가을 겨울 숲속 생물도감	한영식	진선아이
		봄 여름 가을 겨울 풀꽃과 놀아요	박신영	사계절
		봄·여름·가을·겨울 신기한 곤충 이야기	이수영	글송이
		와글와글 떠들썩한 여름으로 떠나요	이희주	조선북스
		우리와 함께 살아가는 곤충 이야기	한영식	미래엔아이세움

교과	단원	책 제목	지은이	출판사
여름 2-1	2. 초록이의 여름 여행	환경아, 놀자	환경교육센터	한울림어린이
가을 2-2	1. 동네 한 바퀴	꽃잎 아파트	백은하	웅진주니어
		꿈을 다리는 우리 동네 세탁소	강효미	토토북
		나의 지도책	사라 파넬리	소동
		선생님, 우리 집에도 오세요	송언	창비
		우리 마을에 해적이 산다	박인경	키즈엠
		우리동네 봉사왕	고정욱	책글터
		우리동네 슈퍼맨	허은실	창비
	2. 가을아 어디 있니	가을 파는 마법사	이종은	노루궁뎅이
		계절을 만저보세요	송혜승	창비
		낙엽 스낵	백유연	웅진주니어
		도서관에 나타난 해적	나디아 알리	봄볕
		엄마 반 나도 반 추석 반보기	임정자	웅진주니어
		와글와글 세계 어린이 환경뉴스	현재웅	국립생태원
		우리 옷 고운 옷 한복이 좋아요	김홍신	노란우산
		행복한 허수아비	베스 페리	북극곰
겨울 2-2	1. 두근두근 세계 여행	그레타 툰베리가 외쳐요!	자넷 윈터	꿈꾸는섬
		다문화 친구 민이가 뿔났다	한화주	팜파스
		세계 음식 백과사전	알레산드라 마스트란젤로	그린북
		세계로 가는 종이비행기	어린이통합교과 연구회	상상의집
		숨은그림찾기로 보는 지구사회 : 세계 곳곳의 자연과 문화를 함께 만나요	전지은	예림당
		시끌시끌 지구촌 민족 이야기	정유리	뭉치
		안녕! 우리나라는 처음이지?	모이라 버터필드	라이카미
	2. 겨울 탐정대의 친구 찾기	겨울	소피 쿠샤리에	푸른숲주니어
		겨울을 만났어요	이미애	보림
		겨울이 왔어요	박경원	삼성당
		나의 봄 여름 가을 겨울	린리쥔	베틀북
		눈은 누가 만들어요?	따라스 프록하이시코	책과콩나무
		없는 발견	마르틴쉬 주티스	봄볕

3학년 국어 교과서 수록도서 & 교과연계도서

교과	단원	책 제목	지은이	출판사
국어 3-1 가	독서단원	곱구나! 우리 장신구	박세경	한솔수북
		소똥 밟은 호랑이	박민호	열림카디널
		최기봉을 찾아라	김선정	푸른책들
	1. 재미가 톡톡톡	꽃 발걸음 소리	오순택	아침마중
		너라면 가만있겠니?	우남희	청개구리
		바람의 보물찾기	강현호	청개구리
		바삭바삭 갈매기	전민걸	한림출판사
		삐뽀삐뽀 눈물이 달려 온다	김륭	문학동네
		아! 깜짝 놀라는 소리	신형건	푸른책들
		으악, 도깨비다!	손정원	느림보
		개 사용 금지법	신채연	잇츠북어린이
		뻥튀기 학교	한은경	도토리숲
		책 읽기가 즐거운 101가지 이유	라주아드리르 편집부	미디어창비
	국어활동3-1	감자꽃	권태응	창비
		귀신보다 더 무서워	허은순	보리
	2. 문단의 짜임	글쓰기 실력을 키워주는 즐거운 책 만들기	강승임	소울키즈
		글쓰기 하하하	이오덕	양철북
		일기로 시작하는 술술 글쓰기	이향안	다락원
	3. 알맞은 높임 표현	서로서로 통하는 말	박은정	개암나무
		자기표현 사전	박신식	채우리
		존댓말을 잡아라	채화영	파란정원
	국어활동3-1	아드님, 진지 드세요	강민경	좋은책어린이
	4. 내 마음을 편지에 담아	리디아의 정원	사라 스튜어트	시공주니어
		글짓기는 가나다: 편지글	한국소설대학	자유지성사
		편지는 어떻게 처음 씌어졌을까?	러디어드 키플링	블루앤트리
	5. 중요한 내용을 적어요	플랑크톤의 비밀	김종문	예림당
		한눈에 반한 우리 미술관	장세현	사계절
		깜박쟁이 도도 메모왕 되다	송윤섭	주니어김영사
		1등하는 공부비법 메모의 기술	박은교	꿈꾸는사람들
		자기주도학습을 위한 어린이 메모 습관	박은교	꿈꾸는사람들
	6. 일이 일어난 까닭	비밀의 문	에런 베커	웅진주니어
		행복한 비밀 하나	박성배	푸른책들

교과	단원	책 제목	지은이	출판사
국어 3-1 나	6. 일이 일어난 까닭	(생각숲으로 떠나는 질문여행) 어린이를 위한 독서하브루타	황순희	팜파스
		생명을 위협하는 공기 쓰레기, 미세먼지 이야기	박선희	팜파스
		요리하는 돼지 쿡	이순진	해와나무
	7. 반갑다, 국어사전	명절 속에 숨은 우리 과학	오주영	시공주니어
		신통방통 국어사전 찾기	박현숙	좋은책어린이
		이해력이 쑥쑥 교과서 맞춤법 띄어쓰기 100	한해숙	아주좋은날
		초등 표현력 사전	기획집단MOIM	파란자전거
	국어활동3-1	종이접기 백선 5	종이나라편집부	종이나라
	8. 의견이 있어요	아씨방 일곱동무	이영경	비룡소
		글쓰기 더하기	이오덕	양철북
		신통방통 의견이 담긴 글 읽기	박현숙	좋은책어린이
		우리 모두 주인공	최형미	킨더랜드
	국어활동3-1	도토리 신랑	서정오	보리
	9. 어떤 내용 일까	개구쟁이 수달은 무얼 하며 놀까요?	왕입분	재능교육
		알고 보면 더 재미있는 곤충 이야기	김태우	뜨인돌어린이
		프린들 주세요	앤드루 클레먼츠	사계절
		동물들의 놀라운 집 짓기	로라 놀스	한겨레아이들
		초등국어 독해력 사다리 : 1,2단계	안명숙	다락원
	국어활동3-1	씨앗부터 나무까지 식물이 좋아지는 식물책	김진옥	궁리출판
		하루와 미요	임정자	문학동네
	10. 문학의 향기	강아지똥	권정생	길벗어린이
		만복이네 떡집	김리리	비룡소
		쥐눈이콩은 기죽지 않아	이준관	문학동네
		짝 바꾸는 날	이일숙	도토리숲
		축구부에 들고 싶다	성명진	창비
		쥐눈이콩은 기죽지 않아	이준관	문학동네
		지우개 똥 쪼물이	조규영	창비
		책 즐겁게 읽는 법	박동석	봄볕
	국어활동3-1	바위나리와 아기별	마해송	길벗어린이
		타임캡슐 속의 필통	남호섭	창비

3학년 국어 교과서수록도서 & 교과연계도서

교과	단원	책 제목	지은이	출판사
국어 3-2 가	1. 작품을 보고 느낌을 나누어요	거인 부벨라와 지렁이 친구	조 프리드먼	주니어RHK
		나, 생일 바꿀래!	신채연	현암주니어
		나는 3학년 2반 7번 애벌레	김원아	창비
		마음이 예뻐지는 동시, 따라 쓰는 동시	이상교	어린이나무생각
		수상한 칭찬통장	신채연	해와나무
		슈퍼 독 개꾸쟁 2 : 타일왕국 사수 대작전	정용환	고릴라박스
		그 소문 들었어?	하야시 기린	천개의바람
		만복이네 떡집	김리리	비룡소
		악당이 사는 집	이꽃님	주니어김영사
		기차에서 3년	조성자	미래엔아이세움
		15소년 표류기	쥘 베른	비룡소
	국어활동3-2	귀신선생님과 진짜 아이들	남동윤	사계절
	2. 중심 생각을 찾아요	들썩들썩 우리 놀이 한마당	서해경	현암사
		설빔, 남자아이 멋진 옷	배현주	사계절
		도깨비가 슬금슬금	이가을	북극곰
		로봇이 왔다	한혜영	함께자람
		잃어버린 갯벌, 새만금	우현옥	미래아이
	국어활동3-2	가자, 달팽이 과학관	윤구병	보리
		꽃과 새, 선비의 마음	고연희	보림
	3. 자신의 경험을 글로 써요	미리 보고 개념 잡는 초등 독서감상문 쓰기	이재승	미래엔아이세움
		반복해서 읽고 쓰는 독후감 대백과	김종윤	비채의서재
		어린이를 위한 글쓰기 수업	서예나	푸른날개
		생각대장의 창의력 글쓰기	이혜영	한울림어린이
		이야기는 어떻게 만들까?	페르닐라 스탈펠트	시금치
	4. 감동을 나타내요	까불고 싶은 날	정유경	창비
		내 입은 불량 입	경북봉화분교 어린이들	크레용하우스
		눈코귀입손!	김종상	위즈덤북
		어쩌면 저기 저 나무에만 둥지를 틀었을까	이정환	푸른책들
		지렁이 일기 예보	유강희	비룡소
		진짜 투명 인간	레미 쿠르종	씨드북
		마법사 안젤라, 그레이몬스터를 도와줘!	김우정	파란자전거

교과	단원	책 제목	지은이	출판사
국어 3-2 가	4. 감동을 나타내요	정말 멋진 날이야	김혜원	고래뱃속
		지렁이 일기 예보	유강희	비룡소
		진짜 투명인간	레미 쿠르종	씨드북
	5. 바르게 대화해요	어린이를 위한 말하기 수업	이정호	푸른날개
		어린이를 위한 비폭력 대화	김미경	우리학교
		남미영의 인성학교 – 우정과 언어예절	남미영	예림당
	국어활동3-2	별난 양반 이 선달 표류기1	김기정	웅진주니어
국어 3-2 나	6. 마음을 담아 글을 써요	꼴찌라도 괜찮아!	유계영	휴이넘
		다시 빨강 책	바바라 리만	북극곰
		닭인지 아닌지 생각하는 고기오	임고을	샘터
		사랑에 대한 작은 책	울프 스타르크	책빛
		할아버지 집에는 귀신이 산다	이영아	꿈교출판사
	국어활동3-2	알리키 인성 교육1:감정	알리키	미래아이
	7. 글을 읽고 소개해요	신발 신은 강아지	고상미	위즈덤하우스
		온 세상 국기가 펄럭펄럭	서정훈	웅진주니어
		큰턱 사슴벌레 VS 큰뿔 장수풍뎅이	장영철	위즈덤하우스
		거짓말 경연대회	이지훈	거북이북스
		내 친구 마틴은 말이 좀 서툴러요	알레인 아지레	라임
		해저 2만 리	쥘 베른	은하수
	국어활동3-2	아인슈타인 아저씨네 탐정 사무소	김대조	주니어김영사
	8. 글의 흐름을 생각해요	이야기 할아버지의 이상한 밤	임혜령	한림출판사
		오늘도 궁금한 것이 많은 너에게	샤를로트 그로스테트	아름다운사람들
		우주로 가는 계단	전수경	창비
		플로팅 아일랜드	김려령	비룡소
		희망이 담긴 작은 병	제니퍼 로이	도토리숲
	국어활동3-2	숨 쉬는 도시 꾸리찌바	안순혜	파란자전거
	9. 작품 속 인물이 되어	무툴라는 못 말려!	베벌리 나이두	국민서관
		방과 후 초능력 클럽	임지형	아이세움
		불곰에게 잡혀간 우리 아빠	허은미	여유당
		저학년을 위한레 미제라블	빅토르 위고	아테나
	국어활동3-2	눈 : 모두가 주인공인 다섯 친구 이야기	박웅현	비룡소

3학년 수학·사회 교과서수록도서 & 교과연계도서

교과	단원	책 제목	지은이	출판사
수학 3-1	1. 덧셈과 뺄셈	계산 천재가 된 돼지 : 사칙 연산	백명식	내인생의책
		나혼자 해볼래 덧셈 뺄셈	서지원	리틀씨앤톡
		덧셈 뺄셈, 꼼짝 마라!	조성실	북멘토
		덧셈 뺄셈이 이렇게 쉬웠다니	구원경	파란정원
	2. 평면도형	서커스단의 도둑사건	아나 아론소	알라딘북스
		지금 하자! 개념 수학 3 : 도형	강미선	휴먼어린이
		평면도형이 운동장으로 나왔다!	김지연	생각하는아이지
	3. 나눗셈	사꾸기의 꿈꾸는 수학교실 3~4학년	박현정	파란자전거
		정교수의 파자 수학 탐험대 1 : 수와 연산	정완상	아울북
	4. 곱셈	곱셈비법	강미선	스콜라스
		별빛 오케스트라의 특별한 공연	송미영	한국톨스토이
		수학 요정들과 함께 하는 수학 왕 따라잡기	최재희	가문비어린이
		수학이 쉬워지는 곱셈구구	로지 디킨스	사파리
	5. 길이와 시간	고양이가 맨 처음 CM를 배우던 날	김성화, 권수진	아이세움
		눈물을 모으는 악어	아나 알론소	영림카디널
		아르키는 어림하기로 걸리버 아저씨를 구했어	김승태	뭉치
		우리 시계탑이 엉터리라고?	박정선	시공주니어
		재기재기 양재기 비교나라로	고희정	토토북
	6. 분수와 소수	가우스는 소수 대결로 마녀들을 물리쳤어	김정	뭉치
		분수와 소수가 우리 집으로 들어왔다!	황혜진	생각하는아이지
	7. 수학으로 세상보기	동요에서 찾은 놀라운 수학원리	송은영	개암나무
수학 3-2	1. 곱셈	수학하는어린이 5 : 연산	박종주	스콜라
		수학 탐정스 : 납치범은 바로 너	조인하	아이세움
	2. 나눗셈	부자가 된 나눗셈 소년	네이선 지머먼	주니어김영사
		신통방통 플러스 나머지가 있는 나눗셈	서지원	좋은책어린이
	3. 원	가르쳐주세요! 원에 대해서	김은영	지브레인
		누나는 수다쟁이 수학자 : 수와 도형	박현정	뜨인돌어린이
		도형 마법사의 놀이 공원	한태희	한림출판사
		수학빵	김용세	와이즈만북스
	4. 분수	소원이 이루어지는 분수	도나 조 나폴리	주니어김영사
		수학 유령 베이커리	김선희	살림어린이

교과	단원	책 제목	지은이	출판사
수학 3-2	5. 들이와 무게	단위와 측정	로지 호어	어스본 코리아
		속담 속에 숨은 수학 : 단위와 측정	송은영	봄나무
		알쏭달쏭 알라딘은 단위가 헷갈려	황근기	뭉치
		이리 보고 저리 재는 단위 이야기	김은의	풀과바람
		최고의 요리사가 될 거야	이현경	한국톨스토이
	6. 자료와 정리	그래프를 만든 괴짜	헬레인 베커	담푸스
		마왕의 군사 비밀을 알아낸 돼지	백명식	내인생의책
		생쥐의 꿈이 이루어지다	윤지현	한국톨스토이
		파스칼은 통계 정리로 나쁜 왕을 혼내줬어	서지원	뭉치
사회 3-1	1. 우리 고장의 모습	메가 독서논술 B단계 1권 우리 고장의 생활	메가북스 편집부	메가북스
		똑똑한 지리책 1. 자연지리	김진수	휴먼어린이
		모험가를 위한 세계탐험 지도책	사라 셰퍼드	머스트비
		백두에서 한라까지 우리나라 지도 여행	조지욱	사계절
		지도에 다 나와 있어요	최은경	한국슈바이처
		초등 지리 바탕 다지기 : 지도 편	이간용	에듀인사이트
		한권으로 보는 그림 세계 지리 백과	신현종	진선아이
	2. 우리가 알아보는 고장 이야기	가야에서 보낸 하루	김향금	웅진주니어
		고구려를 아로새긴 비석	김일옥	개암나무
		고인돌 : 거대한 돌로 이룬 역사	이영문	열린어린이
		내 이름은 독도	이규희	밝은미래
		선생님, 3·1운동이 뭐예요?	배성호	철수와영희
		우리의 유네스코 세계유산	권동화	뭉치
	3. 교통과 통신 수단의 변화	SNS가 뭐예요?	에마뉘엘 트레데즈	개암나무
		길이름 따라 역사 한 바퀴	김은의	꿈꾸는초승달
		꼬리에 꼬리를 무는 지식여행 1 : 교통수단	톰 잭슨	다림
		대중교통 타고 북적북적 도시 탐험	이나 게츠버그	키다리
		세상을 움직이는 교통 이야기	베로니크 코르지베	다림
		어린이를 위한 배 세계사 100	임유신	이케이북
		클릭, 세상을 바꾸는 통신	박영란	아르볼
		탈것들을 찾아 떠나는 세계 지도 여행	정은주	파랑새어린이

3학년 사회·과학 교과서 수록도서 & 교과연계도서

교과	단원	책 제목	지은이	출판사
사회 3-2	1. 환경에 따른 삶의 모습	조상들의 지혜로운 생활이야기	이광렬	일진사
		놀면서 배우는 한국축제	유경숙	봄볕
		밥상을 차리다 : 한반도 음식 문화사	주영하	보림
		북한 친구를 추가하겠습니까?	강미진	아르볼
		우리가 사는 한옥	이상현	네버랜드
		자연의 빛깔을 담은 우리 옷과 장신구	정재은	주니어RHK
		장 서방네 온돌 놓는 날	김준봉	한국톨스토이
		패션의 역사가 궁금해!	글터 반딧불	꼬마이실
	2. 시대마다 다른 삶의 모습	가야에서 보낸 하루	김향금	웅진주니어
		먹고 놀고 즐기는 열두 달 기념일	전미경	길벗스쿨
		옛날 도구가 뚝딱! 현대 도구가 척척!	김하늬	미래엔아이세움
		우리 민속 놀이에는 어떤 이야기가 담겨 있을까?	서찬석	채우리
		전래놀이 101가지	이상호	사계절
		짚신 신고 시간 여행	주설자	청개구리
		초등학생을 위한 전래놀이	장영주	글사랑
	3. 가족의 형태와 역할 변화	거꾸로 가족	신은영	단비어린이
		돼지책	앤서니 브라운	웅진주니어
		막두	정희선	이야기꽃
		베트남에서 온 우리 엄마	신동일	가문비어린이
		할머니와 수상한 그림자	황선미	위즈덤하우스
과학 3-1	1. 과학자는 어떻게 탐구할까요	관찰은 나의 힘	임권일	지성사
		동물은 뼈부터 다르다고요?!	노정임	현암사
		초등학생을 위한 과학실험 380	E. 리처드 처칠	바이킹
	2. 물질의 성질	바다 위 쓰레기 괴물 플라스틱 아일랜드	김은경	파란정원
		얍! 액체 고체 기체 삼단 변신 : 물질의 상태	김덕희	한국셰익스피어
		어쩌지? 플라스틱은 돌고 돌아서 돌아온대!	이진규	생각하는아이지
		포슬포슬 요술 밀가루	정미금	한국톨스토이
	3. 동물의 한살이	Hello!! My job : 동물 사육사	김정아	이락
		수컷 암컷 도감 누가 수컷 누가 암컷	다카오카 마사에	시공주니어
		정브르가 알려주는 파충류체험 백과	정브르	바이팅
		팔랑팔랑, 한들한들 배추흰나비	예종화	한국슈타이너

교과	단원	책 제목	지은이	출판사
과학 3-1	4. 자석의 이용	깜짝 놀라운 과학 18.자석	전미화	주니어김영사
		나침반	길미향	길벗어린이
		밀고 당기는 자석	정완상	이치사이언스
		신비한 자석의 세계	대한과학진흥회	스완미디어
	5. 지구의 모습	공기는 안 괜찮아	고여주	상상의집
		시끌벅적 지구의 역사	황근기	한국슈타이너
		우리가 사는 지구의 비밀	캐런 브라운	사파리
		지구 사용설명서 2	장미정	한솔수북
과학 3-2	1. 재미있는 나의 탐구	관찰하고 탐구하고 1 : 동식물의 한살이	프랑수아즈 드 기베르	내인생의책
		교과서 속 기초 탐구	이대형	한울림어린이
		호기심 해결	해바라기	HomeBook
	2. 동물의 생활	동물로 세상에서 잘 살아남기	김남길	풀과바람
		우리가 사랑하는 멸종 위기 동물들	최종욱	아롬주니어
		웃기는 동물 사전	아드리엔 바르망	보림
		지구는 어디든 동물원이야 1	권오길	지구의아침
		진짜 진짜 재밌는 작은 생물 그림책	톰 잭슨	라이카미
	3. 지표의 변화	3·4학년이 꼭 읽어야 할 교과서 과학 동화	이붕	효리원
		그림으로 보는 지형 말뜻사전	조지욱	사계절
		수상한 지진과 지형의 비밀	서해경	키큰도토리
		지오팡과 함께 떠나는 대한민국 지질여행	박정웅	멘토엔북스
	4. 물질의 상태	꼬마과학자 4종	앙드리엔 수테르-페로	보림
		맛있는 과학. 2 : 고체, 액체, 기체	문희숙	주니어김영사
		맨처음 과학. 2 : 물질 세계의 비밀을 밝혀라	김태일	휴먼어린이
		별난 과학 물질 이야기	로버트 로랜드	그린북
	5. 소리의 성질	How So? 빛과 소리	포툰	한국헤르만헤세
		WHAT 왓? 빛과 소리	김지현	왓스쿨
		놀라운 소리의 세상	대한과학진흥회	스완미디어
		맛있는 과학 6 : 소리와 파동	문희숙	주니어김영사
		별빛의 속도	콜린 스튜어트	애플트리태일즈
		쿵! 소리로 깨우는 과학	안토니오 피셰티	다림

4학년 국어 교과서 수록도서 & 교과연계도서

교과	단원	책 제목	지은이	출판사
국어 4-1 가	독서단원	멋져 부려, 세발자전거!	김남중	낮은산작은숲
		초정리 편지	배유안	창비
		한밤중 달빛 식당	이분희	비룡소
		콩가면 선생님이 웃었다	윤여림	천개의바람
		신호등 특공대	김태호	문학과지성사
	1. 생각과 느낌을 나누어요	100살 동시 내 친구	김완기	청개구리
		가끔씩 비오는 날	이가을	창비
		경주 최씨 부잣집 이야기	심현정	느낌이있는책
		나비를 잡는 아버지	현덕	효리원
		사과의 길	김철순	문학동네
		우산 속 둘이서	장승련	21문학과문화
		최씨 부자 이야기	조은정	여원미디어
		피자의 힘	김자연	푸른사상
	국어활동4-1	고래를 그리는 아이	윤수천	시공주니어
		내 맘처럼	최종득	열린어린이
		이솝이야기	신순재	아이즐북스
	2. 내용을 간추려요	나무 그늘을 산 총각	권규헌	봄볕
		맴맴 노래하는 매미	유영진	한국톨스토이
		네 칸 명작 동화집	로익 곰	책빛
		복실이와 고구마 도둑	허윤	거북이북스
	국어활동4-1	꽃신	윤아해	사파리
	3. 느낌을 살려 말해요	가방 들어주는 아이	고정욱	사계절
		경제의 핏줄 화폐	김성호	미래아이
		무지개 도시를 만드는 초록 슈퍼맨	김영숙	위즈덤하우스
		수상한 여행 친구	소중애	거북이북스
	국어활동4-1	아는 길도 물어 가는 안전 백과	이성률	풀과바람
	4. 일에 대한 의견	조선 사람들의 소망이 담겨 있는 신사임당 갤러리	이광표	그린북
		지붕이 들려주는 건축 이야기	남궁담	현암주니어
		두려움을 먹는 기계	로베르트 산티아고	알라딘북스
		맘대로 되는 일이 하나도 없어!	이승민	풀빛
		일기로 시작하는 술술 글쓰기	이향안	다락원

교과	단원	책 제목	지은이	출판사
국어 4-1 가	5. 내가 만든 이야기	구름공항	남궁담	현암사
		그림자 놀이	이수지	비룡소
		아름다운 꼴찌	이철환	주니어RHK
		쩌우 까우 이야기	김기태	창비
		초록 고양이	위기철	사계절
	국어활동4-1	신기한 그림족자	이영경	비룡소
국어 4-1 나	6. 회의를 해요	로봇 반장	송아주	스푼북
		어린이 비정상회담	조아라	꿈꾸는사람들
		토론왕 아무나 하냐?	김성준	아주좋은날
	7. 사전은 내 친구	생명, 알면 사랑하게 되지요	최재천	더큰아이
		알고 보니 내 생활이 다 과학!	김해보	예림당
		콩 한 쪽도 나누어요.	고수산나	열다
		국어사전 찾기	박현숙	좋은책어린이
		초등 한자력 사전	기획집단 MOIM	파란자전거
	국어활동4-1	가을이네 장 담그기	이규희	책읽는곰
		놀면서 배우는 세계 축제 1	유경숙	봄볕
	8. 이런 제안 어때요	공원을 헤엄치는 붉은 물고기	곤살로 모우레	북극곰
		글쓰기 대장 나가신다!	윤영선	생각하는책상
		글쓰기가 뭐가 어려워?	강승임	책속물고기
		우리 아이 글쓰기	서승옥	꿈틀
	9. 자랑스러운 한글	세계 속의 한글	홍종선	박이정출판사
		세종대왕, 세계 최고의 문자를 발명하다	이은서	보물창고
		주시경	이은정	비룡소
		우리말의 특급 비밀, 맞춤법 따라쓰기	장은주	다락원
		훈민정음 : 세계가 놀라는 우리의 글자	한문희	주니어김영사
	10. 인물의 마음을 알아봐요	글자 없는 그림책 2	신혜원	사계절
		나 좀 내버려 둬	박현진	길벗어린이
		두근두근 탐험대	김홍모	보리
		비빔툰 9	홍승	문학과지성사
		그래서 슬펐어?	고정욱	거북이북스
		바꿔!	박상기	비룡소
		사차원 엄마	이경순	함께자람

4학년 국어 교과서수록도서 & 교과연계도서

교과	단원	책 제목	지은이	출판사
국어 4-2 가	독서단원	오세암	정채봉	창비
		나의 아름다운 정원	심윤경	한겨레출판
		알아주는 사람	하모	우주나무
		엄마 사용법	김성진	창비
	1. 이어질 장면을 생각해요	마당을 나온 암탉	황선미	사계절
		도깨비폰을 개통하시겠습니까?	박하익	창비
		도서관을 훔친 아이	알프레드 고메스 세르다	풀빛미디어
	2. 마음을 전하는 글을 써요	매일매일 힘을 주는 말	박은정	개암나무
		세상에서 가장 유명한 위인들의 편지	오주영	채우리
		세상을 감동시킨 위대한 글벌레들	김문태	뜨인돌어린이
		어린이를 위한 글쓰기 수업	서예나	푸른날개
		유통 기한 친구	박수진	문학과지성사
		조이	주나무	바람의아이들
	국어활동4-2	아들아, 너는 미래를 이렇게 준비하렴	필립체스터필드	글고은
	3. 바르고 공손하게	단톡방 귀신	제성은	마주별
		예절 바른 아이가 세상을 바꾼다	양태석	살림어린이
		후루룩 셰프의 예절 레시피	강정화	다락원
	4. 이야기 속 세상	사라, 버스를 타다	윌리엄 밀러	사계절
		송아지가 뚫어 준 울타리 구멍	손춘익	웅진주니어
		젓가락 달인	유타루	바람의아이들
		콩닥콩닥 짝 바꾸는 날	강정연	시공주니어
		바위님, 내 아들 사 가시오!	장세현	휴먼어린이
		늘 푸른 원터마을에서 강라찬 올림	최유정	리틀씨앤톡
국어 4-2 나	5. 의견이 드러나게 글을 써요	변치 않는 친구 반려동물	최정원	뭉치
		우리 마을에 원자력 발전소가 생긴대요	마이클 모퍼고	책과콩나무
	국어활동4-2	100년 후에도 읽고 싶은 한국 명작 동화 II	한국명작동화 선정위원회	예림당
		두고두고 읽고 싶은 한국 대표 창작 동화 3	이원수	계림북스
		함께 사는 다문화 왜 중요할까요?	홍명진	나무생각
	6. 본받고 싶은 인물을 찾아봐요	사흘만 볼 수 있다면 그리고 헬렌켈러 이야기	헬렌 켈러	두레아이들

교과	단원	책 제목	지은이	출판사
국어 4-2 나	6. 본받고 싶은 인물을 찾아봐요	정약용	김은미	비룡소
		교과서 큰인물 이야기(전 81권)	권태문	한국헤르만헤세
		나는 여성 독립운동가입니다	김일옥	상수리
		말라리아를 퇴치한 투유유 이야기	수 루	두레아이들
		별별 시상식 세계인물대상	릴리 머레이	미래엔아이세움
		스티브 잡스	멀리사 머디나	다섯수레
		외치고 뛰고 그리고 써라!	이선주	씨드북
		이야기 교과서 인물 : 세종대왕	이재승	시공주니어
		훈맹정음 할아버지 박두성	최지혜	천개의바람
	국어활동4-2	우리 조상들은 얼마나 책을 좋아했을까?	마술연필	보물창고
		초희의 글방 동무	장성자	개암나무
	7. 독서감상문을 써요	어머니의 이슬 털이	이순원	북극곰
		투발루에게 수영을 가르칠 걸 그랬어!	유다정	미래아이
		너는 나의 영웅	최은영	함께자람
		마지막 가족 여행	이창숙	별숲
		책, 즐겁게 읽는 법	박동석	봄볕
	국어활동4-2	멋진 사냥꾼 잠자리	안은영	들베개어린이
		한국 밤 곤충 도감	백문기	자연과생태
	8. 생각하며 읽어요	고양이가 된 고양이	박서진	보랏빛소어린이
		끝나지 않은 진실 게임	전은지	밝은미래
		시원탕 옆 기억사진관	박현숙	노란상상
		옆집이 수상해	양지안	위즈덤하우스
		우리반에 도둑이 있다	고수산나	잇츠북어린이
	국어활동4-2	자유가 뭐예요?	오스카 브르니피에	상수리
	9. 감동을 나누며 읽어요	멸치 대왕의 꿈	이월	키즈엠
		쉬는 시간에 똥 싸기 싫어	김개미	토토북
		우리 속에 울이 있다	박방희	푸른책들
		지각 중계석	김현욱	문학동네
		나의 미누 삼촌	이란주	우리학교
	국어활동4-2	고학년을 위한 동요 동시집	한국아동문학학회	상서각
		기찬 딸	김진완	시공주니어

4학년 수학·사회 교과서수록도서 & 교과연계도서

교과	단원	책 제목	지은이	출판사
수학 4-1	1. 큰 수	가우스, 동화 나라의 사라진 0을 찾아라	김정	뭉치
		개념연결 만화 수학 교과서 4학년	최수일	비아에듀
		양말을 꿀꺽 삼켜버린 수학 1,2	김선희	생각을담는어린이
	2. 각도	마지막 수학전사5	서지원	와이즈만북스
		몬스터 마법수학3 – 늑대인간 최후의 전투(상)	정완상	경향에듀
		스펀지 초등수학 2	슈가박스	시공주니어
		오일러오즈의 입체도형 마법사를 찾아라	이안	뭉치
	3. 곱셈과 나눗셈	나누기, 수학 책을 탈출하다	장경아	생각하는아이지
		몹시도 으스스한 수학교실	권재원	와이즈만북스
		수학 유령의 미스터리 마술 수학	정재은	글송이
		수학 지옥 탈출기	강호	살림어린이
		초등 한 권으로 끝내는 수학 사전	이경희	뜨인돌어린이
	4. 평면도형의 이동	사각사각정사각 도형 나라로!	고희정	토토북
		오각형 꽃, 삼각형 줄기, 육각형 눈	이재혁	그린북
		천하무적 창의수학 연구소 3 –평면도형	한헌조	보랏빛소
	5. 막대그래프	손으로 따라 그려 봐_그래프	한정혜	뜨인돌어린이
		수학 유령의 미스터리 로봇 수학 (스토리텔링수학12)	정재은	글송이
		툴툴 마녀는 수학을 싫어해	김정신	진선아이
		파스칼은 통계 정리로 나쁜 왕을 혼내줬어	서지원	뭉치
	6. 규칙 찾기	신비 숲으로 날아간 수학	박현정	파란자전거
		양말을 꿀꺽 삼켜버린 수학 1.	김선희	생각을담는어린이
		어떻게 문제를 풀까요?	이레네 벤투리	알라딘북스
수학 4-2	1. 분수의 덧 셈과 뺄셈	분수 넌 내 밥이야	강미선	북멘토
		분수와 소수	로지 디킨스	어스본코리아
		분수와 소수가 우리 집으로 들어왔다!	황혜진	생각하는아이지
	2. 삼각형	삼각형으로 스피드를 구해줘!	정완상	자음과모음
		삼각형	게리 베일리	미래아이
	3. 소수의 덧 셈과 뺄셈	가우스는 소수 대결로 마녀들을 물리쳤어	김정	뭉치
		분수와 소수 이야기	고와다 마사시	Gbrain
		핀란드 초등 수학 교과서와 함께 떠나는 수학여행 5 : 분수, 소수, 어림값을 익히다	헬레비 뿌트꼬넨	담푸스

교과	단원	책 제목	지은이	출판사
수학 4-2	4. 사각형	피타고라스가 들려주는 사각형 이야기	배수경	자음과모음
		사각형 다시보기	박교식	수학사랑
		사각형: 수학 과학 자연에서 찾는 도형	캐서린 셀드릭 로스	비룡소
		오각형 꽃, 삼각형 줄기, 육각형 눈	이재혁	그린북
	5. 꺾은선 그래프	생쥐의 꿈이 이루어지다	윤지현	한국톨스토이
		신통방통 플러스 표와 그래프	서지원	좋은책어린이
		툴툴 마녀는 수학을 싫어해	김정신	진선아이
	6. 다각형	마지막 수학전사 5	서지원	와이즈만북스
		초등 수학 코딩 : 엔트리 도형편	임해경	길벗어린이
사회 4-1	1. 촌락의 형성과 주민생활	굿모닝 사회탐구 51. 농촌이 변하고 있어요	최계선	한국슈바이처
		도시는 어떻게 만들어졌을까?	에릭 바튀	봄볕
		방방곡곡 한국지리 여행	김은하	봄나무
		우리 마을이 좋아	김병하	한울림어린이
	2. 도시의 발달과 주민생활	구석구석 우리나라 지리 여행	양승현	아이앤북
		모두가 아픈 도시: 환경 탐정단 미스터리를 파헤쳐라	백은하	뜨인돌어린이
		백두에서 한라까지 우리나라 지도 여행	조지욱	사계절
		우리나라 우리땅	양대승	거인
	3. 민주주의와 주민 자치	대통령은 누가 뽑나요?	정관성	노란돼지
		민주주의가 뭐예요?	박윤경	비룡소
		비밀투표와 수상한 후보들	서해경	키큰도토리
		쉿! 비밀투표야!	나탈리 다르장	라임
		초등학생이 알아야 할 참 쉬운 정치	앨릭스 프리스	어스본코리아
사회 4-2	1. 촌락과 도시의 생활 모습	아기돼지 삼형제가 경제를 알았다면	박원배	열다
		어린잉를 위한 생산과 이동의 원리	리비 도이치	풀과바람
		와글와글 어린이 경제 수업	김세연	다림
		우리 동네 경제 한 바퀴	이고르 마르티나슈	책속물고기
		장바구니는 왜 엄마를 울렸을까	석혜원	풀빛
	2. 필요한 것의 생산과 교환	이해력이 쑥쑥 교과서 사회경제 용어 100	조시영	아주좋은날
		우리 학교가 사라진대요!	예영	마음이음
		상품 속 세계사	심중수	봄볕
		할머니의 마법수레	조연화	청개구리

4학년 사회·과학 교과서수록도서 & 교과연계도서

교과	단원	책 제목	지은이	출판사
사회 4-2	3. 사회 변화와 문화의 다양성	미래는 어떨까요?	부뤼노 골드만	개암나무
		세상에 대하여 우리가 더 잘 알아야 할 교양 69 : 인구와 경제 인구가 많아야 경제에 좋을까?	정민규	내인생의책
		안녕, 세계의 친구들	마이아 브라미	샘터
		엘릭스와 함께하는 미래 세계 : 제4차 산업혁명과 인공지능	야신 아이트 카시	세용
		우리나라 문화재 북아트	신정민	시대인
과학 4-1	1. 과학자처럼 탐구해볼까요?	곤충의 몸무게를 재 볼까?	요시타니 아키노리	한림출판사
		사소한 구별법	김은정	한권의책
		오드리의 놀라운 발명	레이첼 발렌타인	주니어김영사
		초등학생이 궁금해하는 호기심 해결	해바라기	HomeBook
	2. 지층과 화석	뼈만 남았네! 공룡과 화석	함석진	아르볼
		지구의 판이 궁금해	주디스 허버드	매직사이언스
		초등학생을 위한 자연과학 365. 1학기	자연사학회연합	바이킹
		흔들흔들 뒤흔드는 지진	미셸 프란체스코니	개암나무
	3. 식물의 한살이	나의 첫 생태도감-식물편	지경옥	지성사
		세상에서 가장 착한 초록 반려식물	한영식	아르볼
		식물은 마술사	장수하늘소	해솔
		식물은 참 신기해!	심후섭	가문비어린이
		씨앗에서 숲까지 식물의 마법여행 1	권오길	지구의아침
		씨앗은 어떻게 자랄까?	한영식	다섯수레
	4. 물체의 무게	4학년이 꼭 읽어야 할 26가지 과학 이야기	우리기획	학은미디어
		4학년이 만나는 과학	예종화	글사랑
		과학은 쉽다! 4 보이지 않는 힘의 비밀을 찾아라!	최영준	비룡소
		신통방통 플러스 들이와 무게	서지원	좋은책어린이
	5. 혼합물의 분리	과학 선생님도 궁금한 101가지 초등 과학 질문사전	김재성	북멘토
		달콤 쌉쌀한 설탕의 진실	김은의	풀과바람
		생활에서 발견한 재미있는 과학 55	에릭 요다	뜨인돌어린이
		알고 보니 내 생활이 다 과학!	김해보	예림당
	6. 지구의 모습	놀면서 배우는 생활 속 과학	톰 팃	해와나무
		아래에 무엇이 있을까요?	클라이드 기퍼드	보림

교과	단원	책 제목	지은이	출판사
과학 4-1	6. 지구의 모습	왜 나는 지구가 도는 것을 느낄 수가 없을까요?	제임스 도일	생각하는책상
		우리의 지구 행성	루스 시몬스	애플트리태일즈
		우주 토끼의 뱅뱅 도는 지구 여행	오주영	상상의집
		지구인이 우주로 가는 방법	피에르 프랑수아 모리오	라이카미
		탐험가와 함께 떠나는 세계 일주	사라 셰퍼드	머스트비
		해저 지도를 만든 과학자, 마리 타프	로버트 버레이	비룡소
과학 4-2	1. 식물의 생활	과학적이고 감성적인 한 가족의 반려식물 키우기	강지혜	상상의집
		궁금한 식물 이야기	해바라기	토피
		동화의 나라 해반천	손영순	책과나무
		만화로 떠나는 우리 동네 식물여행	황경택	뜨인돌
		무럭무럭 쑥쑥 식물 성장의 비밀	한수프	국립생태원
	2. 물의 상태 변화	물 – 내 인생의 그림책86	프랑수아즈 로랑	내인생의책
		물은 예쁘다	김성화	토토북
		물이 돌고 돌아	미란다 폴	봄의정원
		우리가 함께 쓰는 물, 흙, 공기	몰리 뱅	도토리나무
		초등학생을 위한 맨처음 과학. 5 : 대기와 물의 순환 원리를 찾아라	김태일	휴먼어린이
	3. 거울과 그림자	거울과 렌즈는 마법이 아니야!	아나 알론소	알라딘북스
		마법의 그림자놀이 도감	블랙 핑거스	북스토리아이
		안드로메다에서 찾아온 과학개념 1 : 물체와 물질 빛과 그림자	김진욱	과학동아북스
	4. 화산과 지진	QBOX 과학 58 흔들흔들, 무슨 일일까? (우주와 자연, 화산과 지진)	김기린	한국톨스토이
		대비해! 대피해! 지진과 안전	신방실	아르볼
		미리 보는 지구 과학책	조 넬슨	풀과바람
		앗! 지구가 이상해요	황근기	산하
		오늘도 흔들흔들 지진 연구소	김남길	풀과바람
	5. 물의 여행	QBOX 과학 57 물방울 요정의 여행 (우주와 자연, 물의 순환)	봉현주	한국톨스토이
		물은 예쁘다	김성화	토토북
		물은 정말 힘이 세	김영호	시공주니어
		물을 지켜야 우리가 살아요	이영란	풀과바람

5학년 국어 교과서수록도서 & 교과연계도서

교과	단원	책 제목	지은이	출판사
국어 5-1 가	독서단원	돌 씹어 먹는 아이	송미경	문학동네
		가족을 주문해 드립니다	한영미	살림어린이
		불량한 자전거 여행	김남중	창비
		십 년 가게	히로시마 레이코	위즈덤하우스
		일수의 탄생	유은실	비룡소
	1. 대화와 공감	어린이를 위한 시크릿	윤태익	살림어린이
		참 좋은 풍경	박방희	청개구리
		(어린이를 위한) 대화 발표의 기술	김은성	위즈덤하우스
		(어린이를 위한) 칭찬	김하늬	위즈덤하우스
		(초등학생을 위한) 대화법	인디나인	대일
		고민을 해결해드립니다	에밀리 테이시도르	책속물고기
		미카엘라 4 : 긴급! 친구 실종 미스터리	박에스더	고릴라박스
		초등 고민 격파	최옥임	꿈꾸는달팽이
	2. 작품을 감상해요	가랑비 가랑가랑 가랑파 가랑가랑	정완영	사계절
		난 빨강	박성우	창비
		마음의 온도는 몇도일까요	정여민	주니어김영사
		별을 사랑하는 아이들아	윤동주	푸른책들
		수일이와 수일이	김우경	우리교육
		참 좋은 풍경	박방희	청개구리
		미지의 파랑—소울메이트를 찾아서	차율이	고릴라박스
		별을 사랑하는 아이들아	윤동주	푸른책들
		우리 모두 시를 써요	이오덕	양철북
	3. 글을 요약해요	공룡 대백과 : 점박이 한반도의 공룡	이용규	웅진주니어
		브리태니커 만화 백과: 여러 가지 식물	봄봄 스토리	미래엔아이세움
		색깔 속에 숨은 세상 이야기	박영란	미래엔아이세움
		한 권으로 보는 그림 세계 지리 백과	신현종	진선아이
		설명문은 어떻게 써요?	어린이 에세이 교실	자유토론
	4. 글쓰기의 과정	7교시 글쓰기	김순례	경향미디어
		대한민국 글쓰기 교과서	김종상	파란정원
		명문대 합격 글쓰기	진순희	초록비책공방
		어린이 인문 교양을 위한 글짓기 대백과	박진환	비채의서재

교과	단원	책 제목	지은이	출판사
국어 5-1 가	4. 글쓰기의 과정	왜 써, 뭘 써, 어떻게 써?	김민선	밝은미래
		우리말 관용어	정재윤	현북스
		일기로 시작하는 술술 글쓰기	이향안	다락원
	5. 글쓴이의 주장	재미있는 음식과 영양 이야기	현수랑	가나출판사
		OK 맞춤법 띄어쓰기-고급편	조종순	효리원
		박지원 글쓰기법	양혜원	주니어RHK
		생각하는 교과서 어휘: 국어·사회 편	고정욱	알라딘북스
국어 5-1 나	6. 토의하여 해결해요	돼지는 잘못이 없어요	박상재	내일을여는책
		어린이 토론학교 : 돈과 경제	김지은	우리학교
		토론은 싸움이 아니야	한현주	팜파스
		토론이 좋아요	김정순	에듀니티
		학급회의 더하기	이영근	현북스
		희의토론 어디까지 아니?	김윤정	고래가숨쉬는도서관
	7. 기행문을 써요	여행자를 위한 나의 문화유산 답사기 2	유홍준	창비
		곰쌤과 함께 떠나는 우리 고장 기행문	책쓰는아이들	꿈과희망
		기행문은 어떻게 써요?	어린이에세이교실	자유토론
		서유견문 : 우리나라 최초의 서양 견문록	유길준	파란자전거
		안녕 나는 서울이야	이나영	상상력놀이터
	8. 아는 것과 새롭게 안 것	바람소리 물소리 자연을 닮은 우리 악기	청동말굽	문학동네
		지켜라 멸종 위기의 동식물	백은영	뭉치
		생각하는 교과서 어휘: 국어·사회 편	고정욱	알라딘북스
		우리말 동요 노랫말들은 어디에서 왔을까	김양진	루덴스
	9. 여러가지 방법으로 읽어요	4차 산업혁명	이현희	서유재
		4차 산업혁명이 바꾸는 미래 세상	연유진	풀빛
		상상이 현실이 되는 4차 산업혁명	백명식	가문비어린이
		술렁술렁 제4차 산업 혁명이 궁금해!	글터 반딧불	꼬마이실
		신통방통 의견이 담긴 글 읽기	박현숙	좋은책어린이
	10. 주인공이 되어	잘못 뽑은 반장	이은재	주니어김영사
		엄마와 잘 이별하는 법	임정자	해와나무
		초한지 10: 최후의 결전	이문열	고릴라박스
		행복한 글쓰기	게일 카슨 레빈	주니어김영사

5학년 국어 교과서수록도서 & 교과연계도서

교과	단원	책 제목	지은이	출판사
국어 5-2 가	독서단원	고백을 도와주는 마술사 클럽 1 –매직코인의 초대	장한애	웅진주니어
		뻔뻔한 가족	박현숙	서유재
		쿠킹 메이킹	권요원	바람의아이들
		크리에이터가 간다	최은영	개암나무
		휴대폰에서 나를 구해 줘!	다미안 몬테스	봄볕
		서찰을 전하는 아이	한윤섭	푸른숲주니어
		로봇친구 앤디	박현경	별숲
		리얼 미래	황지영	문학과지성사
		소리 질러, 운동장	진형민	창비
	1. 마음을 나누며 대화해요	니 꿈은 뭐이가?	박은정	웅진주니어
		바다가 튕겨 낸 해님	박희순	청개구리
		공감 씨는 힘이 세!	김성은	책읽는곰
		귀는 잘 들으라고 있는 거래	강효미	개암나무
		내 얘기를 들어주세요	안 에르보	한울림어린이
		말이 통하는 아이	노여심	주니어김영사
		슬퍼!	최형미	을파소
		어린이를 위한 경청의 힘	구원경	참돌어린이
	2. 지식이나 경험을 활용해요	어린이 문화재 박물관 2	문화재청	사계절
		전통 속에 살이 숨 쉬는 첨단 과학 이야기	윤용현	교학사
		남산골 한옥마을	이흥원	주니어김영사
		너무 신나는 과학	리사 리건	매직사이언스
		루저 클럽	앤드루 클레먼츠	웅진주니어
		비무장지대	김훈이	주니어김영사
		잃어버린 책	서지연	웅진주니어
	3. 의견을 조정하며 토의해요	어린이를 위한 발표와 토론 습관	황승윤	꿈꾸는사람들
		우리는 반대합니다	클라우디오 푸엔테스	초록개구리
		좋아? 나빠? 인터넷과 스마트폰	이안	뭉치
		회의 토론, 어디까지 아니?	김윤정	고래가숨쉬는도서관
	4. 겪은 일을 써요	글쓰기 대장 나가신다!	윤영선	생각하는책상
		글쓰기 실력을 키워주는 즐거운 책 만들기	강승임	소울키즈

교과	단원	책 제목	지은이	출판사
국어 5-2 나	4. 겪은 일을 써요	어린이를 위한 글쓰기 수업	서예나	푸른날개
		이 책 먹지 마	데이비드 신든	가람어린이
		지금, 국어 문법을 해야 할때	동아출판 편집부	동아출판
	5. 여러 가지 매체 자료	악플 전쟁	이규희	별숲
		SNS가 뭐예요?	에마뉘엘 트레데즈	개암나무
		난생신화 조작 사건	김종렬	다림
		너도나도 디지털 시민	벤 허버드	라임
		세상에 대하여 우리가 더 잘 알아야 할 교양 52 : 가짜뉴스	금준경	내인생의책
		유튜브 스타 금은동	임지형	국민서관
		조선스타실록	최설희	상상의집
	6. 타당성을 생각하며 토론해요	뻥튀기는 속상해	한상순	푸른책들
		생각이 꽃피는 토론1,2	황연성	이비락
		어린이를 위한 말하기 7법칙	최효찬	주니어김영사
		어린이를 위한 말하기 수업	이정호	푸른날개
		토론왕 아무나 하냐?	김성준	아주좋은날
	7. 중요한 내용을 요약해요	존경합니다, 선생님	패트리샤 폴라코	미래엔아이세움
		파브르 식물 이야기	장 알리 파브르	사계절
		한지돌이	이종철	보림
		교과서에 날개를 달아주는 어휘	황근기	계림북스
		교과서에서 쏙쏙 뽑은 초등 필수 어휘 1~3	김일옥	북멘토
		이 단어 뜻이 뭘까? 5학년	류지홍	다락원
		훈민이와 정음이의 낱말 모아 국어 왕	김대조	주니어김영사
	8. 우리말 지킴이	그래서 이런 말이 생겼대요	우리누리	길벗스쿨
		맛있는 순 우리말	이상배	좋은꿈
		무슨 말이야?	허정숙	보리
		바른 말이 왜 중요해?	최은순	크레용하우스
		바른 우리말 사용 설명서	KBS 아나운서실 한국어연구회	주니어김영사
		사라진 우리말을 찾아라!	이영란	풀과바람
		틀리기 쉬운 우리말 바로쓰기	정재윤	현북스
		알 듯 말 듯 우리말 바루기	이상배	뜨인돌어린이

5학년 수학·사회 교과서수록도서 & 교과연계도서

교과	단원	책 제목	지은이	출판사
수학 5-1	공통	개념 잡는 초등수학사전	커스틴 로저	주니어김영사
		고양이 속눈썹까지 세는 수학 공주를 아세요?	임기린	우리학교
		그래서 이런 수학이 생겼대요	우리누리	길벗스쿨
		너무 신나는 수학	리사 리건	매직사이언스
	1. 자연수의 혼합 계산	멋진 수학 이야기	트레이스 영	그린북
		시꾸기의 꿈꾸는 수학교실 5~6학년	박현정	파란자전거
		이야기로 배우는 교과서 수학	이혜옥	거인
		정교수의 파자마 수학 탐험대. 1 수와 연산	정완상	아울북
	2. 약수와 배수	수학에 푹 빠지다 : 약수와 배수	김정순	경문사
		약수와 배수로 유령 선장을 이긴 15소년	정영훈	뭉치
		초등 선생님이 콕 집은 제대로 수학개념 5~6학년	장은주	다락원
		페르마가 들려주는 약수와 배수 1 이야기	김화영	자음과모음
	3. 규칙과 대응	별별 이야기 속에 숨은 수학을 찾아라	서지원	찰리북
		수학천재의 비법노트-수와 연산:비와 비율	브레인 퀘스트	우리학교
		어떻게 문제를 풀까요?	이레네 벤투리	알라딘북스
		페르마, 수리수리 규칙을 찾아라	황근기	뭉치
	4. 약분과 통분	분수 비법 : 연산편(덧셈과 뺄셈)	강미선	하우매쓰앤컴퍼니
		몬스터 마법과학 5 : 루시퍼의 지구 침공 – 상	정완상	경향에듀
	5. 분수의 덧셈과 뺄셈	가우스는 소수대결로 마녀들을 물리쳤어	김정	뭉치
		괜찮아, 수학 책이야	안나 체라솔리	뜨인돌어린이
		분수와 소수가 우리 집으로 들어왔다!	황혜진	생각하는아이지
		분수의 변신	에드워드 아이훈	키다리
		수학이 자꾸 수군수군 2 : 분수	샤르탄 포스키트	주니어김영사
		신통방통 분수의 덧셈과 뺄셈	서지원	좋은책어린이
	6. 다각형의 둘레와 넓이	수학하는 어린이 2 도형	이광연	스콜라
		원주율로 떠나는 오디세우스의 수학 모험	노영란	뭉치
		입체도형으로 수학왕이 된 앨리스	계영희	뭉치
		평범한 아이 수학영재 만드는 수학놀이	어린이클럽	이너북
수학 5-2	1. 수의 범위와 어림하기	수학에 번쩍 눈뜨게 한 비밀 친구들 5	황문숙	가나출판사

교과	단원	책 제목	지은이	출판사
수학 5-2	1. 수의 범위 와 어림하기	아르키는 어림하기로 걸리버 아저씨를 구했어	김승태	뭉치
		어림하기	김리나	성우주니어
	2. 분수의 곱셈	분수와 소수 이야기	고와다 마사시	지브레인
		수학이 자꾸 수군수군, 2 : 분수	샤르탄 포스키트	주니어김영사
	3. 합동과 대칭	수학에 푹 빠지다 3 : 선과 평면	김정순	경문사
		오각형 꽃, 삼각형 줄기, 육각형의 눈	이윤순	그린북
		입체도형으로 수학왕이 된 앨리스	계영희	뭉치
	4. 소수의 곱셈	빨라지고 강해지는 이것이 연산이다	시매쓰수학연구소	시매쓰
		수학이 쉬워지는 숫자의 비밀, 더 넘버스	고바야시 미찌마사	아티오
	5. 직육면체	도형이 이렇게 쉬웠다니!	정유리	파란정원
		똑똑해지는 수학퍼즐 3단계: 4, 5학년	하이라이츠 편집부	아라미
		마지막 수학전사 2 : 오벨리스크의 문을 열다	서지원	와이즈만북스
	6. 평균과 가능성	맞혀 볼까? 확률	정완상	이치사이언스
		속담 속에 숨은 수학 2 : 확률과 통계	송은영	봄나무
		수학천재의 비법노트 : 확률과 통계, 함수	브레인 퀘스트	우리학교
사회 5-1	1. 국토와 우리 생활	구석구석 우리나라 지리여행	양승현	아이앤북
		놀면서 배우는 한국 축제	유경숙	봄볕
		바위에 새긴 이름 삼봉이	김일광	봄봄출판사
		방방곡곡 한국지리 여행	김은하	봄나무
		비밀 지도	조경숙	샘터사
		세상에 대하여 우리가 더 잘 알아야 할 교양 65 인구 문제	필립 스틸	내인생의책
		지도로 볼 수 없는 우리 땅을 알려 줄게	홍민정	해와나무
		초등 지리 바탕 다지기 : 지도 편	이간용	에듀인사이트
	2. 인권 존중과 정의로운 사회	법을 아는 어린이가 리더가 된다	김숙분	가문비어린이
		선생님, 헌법이 뭐예요?	배성호	철수와영희
		어린이 세계 시민 학교	박지선	파란자전거
		어린이를 위한 법이란 무엇인가?	예영	주니어김영사
		어린이를 위한 세계 법률 여행	박홍규	토토북
		우리 어린이 인권 여행	김일옥	별숲
		차별은 세상을 병들게 해요	오승현	개암나무

5학년 사회·과학 교과서수록도서 & 교과연계도서

교과	단원	책 제목	지은이	출판사
사회 5-2	1. 옛사람들의 삶과 문화	고구려에서 만난 우리 역사	전호태	한림출판사
		삼국유사 어디까지 읽어 봤니?	이강엽	나무를심는사람 들
		생방송 한국사 1: 선사시대 고조선	장선미	아울북
		세계와 만난 우리 역사	정수일	창비
		열 살에 꼭 알아야 할 한국사	김영호	나무생각
		우리 역사에 숨어 있는 민주주의 씨앗	박미연	북멘토
		조선 건국의 진짜 주인공을 찾아라	이광희	라임
		큰 별쌤 최태성의 초등 별★별 한국사 3	최태성	엠비씨씨앤아이
		한국사 뛰어넘기 1	이정화	열다
		한국사 사건 사전	이진경	시공주니어
		한눈에 쏙 세계사 2 : 고대 통일 제국의 등장	서지원	스푼북
	2. 사회의 새로운 변화와 오늘날의 우리	편지로 우애를 나눈 형제 정약전과 정약용	홍기운	머스트비
		김구, 독립운동의 끝은 통일	박도	사계절
		보고 듣고 말하는 호락호락 한국사 6 조선시대 2	문원림	뭉치
		설민석의 한국사 대모험 10 임시정부 편	설민석	아이휴먼
		수원화성 – 정조의 꿈이 담긴 조선 최초의 신도시	김준혁	주니어김영사
		역사 탐험대, 일제의 흔적을 찾아라!	정명섭	노란돼지
		왜 일본은 조선을 수탈했을까?	김인호	자음과모음
		조선 : 개항부터 광복까지	안미연	현암주니어
		처음 배우는 3.1운동과 임시 정부	박세영	북멘토
과학 5-1	1. 과학자는 어떻게 탐구 할까요?	로로로 초등 과학 5학년	윤병무	국수
		최훈 선생님이 들려주는 과학자처럼 생각하기	이상희	우리학교
	2. 온도와 열	가르쳐주세요! 열에 대해서	정완상	지브레인
		앗 뜨거! 열이란 무엇일까	밥 하비	매직사이언스
		열과 온도의 비밀	김정환	상상의집
	3. 태양계와 별	궁금했어, 우주	유윤한	나무생각
		별의별 박사의 별자리 연구소	김지현	파란정원
		세상에서 가장 아름다운 밤하늘 교실	모리야마 신페이	봄나무
		신비하고 아름다운 우주	캐서린 바	노란돼지

교과	단원	책 제목	지은이	출판사
과학 5-1	3. 태양계와 별	우주, 어디까지 알고 있니?	크리스 모나	푸른숲주니어
		지구인이 우주로 가는 방법	피에르 프랑수아 모리오	라이카미
		초등학생을 위한 개념과학 150	정윤선	바이킹
		태양계 너머 거대한 우주속으로	자일스 스패로우	다섯수레
	4. 용해와 용액	과학천재의 비법노트:물리화학	브레인 퀘스트	우리학교
		왜? 하고 물으면 과학이 답해요 : 화학	정성욱	다락원
		팡팡 터지고 탁탁 튀는 엄마의 오지랖	김용희	그린북
	5. 다양한 생물과 우리 생활	식물로 세상에서 살아남기	신정민	풀과바람
		식물은 참 신기해	심후섭	가문비어린이
		우리가 꼭 알아야 할 생물 다양성 그림 백과	로라나 지아르디	머스트비
		정브르가 알려주는 파충류 체험 백과	정브르	바이킹
		피터와 함께 떠나는 미생물 원정대	윤준서	디자인펌킨
과학 5-2	1. 재미있는 나의 탐구	THE BIG BOOK 바다 동물	유발 좀머	보림
		무당벌레 살리기	임정진	현북스
		사소한 질문들	김은정	한권의책
		아카디아의 과학 파일 : 가을	케이티 코펜스	생각하는아이지
	2. 생물과 환경	꿀벌 소년 1-꿀벌 소년의 탄생	토니 드 솔스	샘터
		내일을 지키는 작은 영웅들	이자벨 콜롱바	한울림어린이
		도시에서 만난 야생 동물 이야기	정병길	철수와영희
		왜 물고기들은 물에 빠져 죽지 않을까?	안나 클레이보른	생각하는책상
	3. 날씨와 우리 생활	그림으로 보는 기후 말뜻 사전	조지욱	사계절
		꼬불꼬불나라의 기후이야기	서해경	풀빛미디어
		두 얼굴의 하늘 날씨와 재해	신방실	아르볼
		자연의 마지막 경고, 기후 변화	김은숙	미래아이
		지구를 숨 쉬게 하는 바람	정창훈	웅진주니어
	4. 물체의 운동	맛있는 과학 10 : 속력과 교통 수단	박현	주니어김영사
		초등학생을 위한 과학실험 380	E. 리처드 처칠	바이킹
	5. 산과 염기	그래서 이런 과학이 생겼대요 2 : 생물.화학	우리누리	길벗스쿨
		맛있는 과학 8 : 산 염기 지시약	심영미	주니어김영사
		왜? 하고 물으면 과학이 답해요 : 화학	정성욱	다락원
		초등학생을 위한 요리 과학실험 365	주부와 생활사	바이킹

6학년 국어 교과서수록도서 & 교과연계도서

교과	단원	책 제목	지은이	출판사
국어 6-1 가	독서단원	가짜 뉴스를 시작하겠습니다	김경옥	내일을여는책
		어린이를 위한 독서 습관의 힘	이아연	참돌어린이
		복제인간 윤봉구	임은하	비룡소
		무엇이든 세탁해 드립니다	원명희	위즈덤하우스
		노잣돈 갚기 프로젝트	김진희	문학동네
	1. 비유하는 표현	가랑비 가랑가랑 가랑파 가랑가랑	정완영	사계절
		내 마음의 동시 6학년	유경환	계림북스
		뻥튀기	고일	주니어이서원
		100대 기업의 인재상 변화	대한상공회의소	대한상공회의소
		2019 오늘의 좋은 동시	김이삭	푸른사상
		맛있게 읽는 북한 이야기	문인철	박영사
		밤 한 톨이 땍때굴	방정환	창비
		찰칵찰칵 피는 봄	한국동시문학회	시선사
		판다와 사자	박방희	청개구리
		학교를 구한 양의 놀라운 이야기	토마 제르보	푸른숲주니어
	2. 이야기를 간추려요	소나기	황순원	다림
		우주 호텔	유순희	해와나무
		황금사과	송희진	뜨인돌어린이
		네 머릿속엔 뭐가 들었니?	황서영	청개구리
		붉은 보자기	윤소희	파랑새
	3. 짜임새 있게 구성해요	이놈 할아버지와 쫄보 초딩의 무덤 사수 대작전	최유정	리틀씨앤톡
		창경궁 QR코드의 비밀	배정진	예림당
		첫사랑 탐구하기	이하은	청개구리
	4. 주장과 근거를 판단해요	어린이 토론학교: 과학과 기술	김지은	우리학교
		중학교 국어책이 쉬워지는 토론 수업	김소라	팜파스
		창의력을 키우는 초등 글쓰기 좋은 질문 642	826 VALENCIA	넥서스Friends
		학폭위 열리는 날	김문주	예림당
	5. 속담을 활용해요	속담 하나 이야기 하나	임덕연	산하
		교과서 속담사전	이태영	좋은꿈
		빙글빙글 속담놀이	걸음마	버금
		지혜와 재미가 쏙쏙 속담풀이	정철	북파크

교과	단원	책 제목	지은이	출판사
국어 6-1 가	5. 속담을 활용해요	초등 선생님이 뽑은 남다른 속담	박수미	다락원
		초등학생 교과서 속담 200	옛이야기 연구회	주니어김영사
	6. 내용을 추론해요	조선왕실의 보물 의궤	유지현	토토북
		나이트북 : 밤의 이야기꾼	J.A. 화이트	위니더북
		마법에 걸린 방	황선미	웅진주니어
		방과 후 탐정교실	추필숙	청개구리
		붉은 보자기	윤소희	파랑새
	연극단원	등대섬 아이들	주평	신아출판사
		말대꾸하면 안 돼요?	배봉기	창비
국어 6-1 나	7. 우리말을 가꾸어요	우리 토박이말 사전	한글학회	어문각
		글짓기는 가나다 : 논설문	한국소설대학	자유지성사
		대한민국 글쓰기 교과서	김종상	파란정원
		어린이를 위한 한글 이야기	강영임	파라주니어
		어린이를 위한 헷갈리는 우리말 100	배상복	이케이북
		왕가리 마타이	김민경	리젬
		읽으면서 바로 써먹는 어린이 맞춤법	한날	파란정원
		잔소리 없는 날	안네마리 노르덴	보물창고
		찌아찌아족 나루이의 신기한 한글 여행	장경선	리틀씨앤톡
		학교 글쓰기 대회에서 일등 하는 법	이혜영	주니어김영사
	8. 인물의 삶을 찾아서	샘마을 몽당깨비	황선미	창비
		얘, 내 옆에 앉아!	연필시 동인	푸른책들
		5·6학년이 꼭 읽어야 할 교과서 동화	한국아동문학인 협회	효리원
		봉놋방 손님의 선물	김옥애	청개구리
		세상을 바꾼 여성 리더십	정진	아라미
		아이들이 꿈꾸는 세상	가스 선뎀	파라주니어
		안네 프랑크	이사벨 토머스	웅진주니어
		장애를 넘어 인류애에 이른 헬렌 켈러	권태선	창비
	9. 마음을 나누는 글을 써요	아버지의 편지	정약용	함께읽는책
		생각 깨우기	이어령	푸른숲주니어
		아름다운 위인전	고진숙	한겨레아이들
		아버지의 편지 : 다산 정약용 편지로 가르친 아버지의 사랑	정약용	함께읽는 책

6학년 국어 교과서 수록도서 & 교과연계도서

교과	단원	책 제목	지은이	출판사
국어 6-2 가	독서단원	나에게 없는 딱 세 가지	황선미	위즈덤하우스
		몽실언니	권정생	창비
		모두 깜언	김중미	창비
		80일간의 세계일주	쥘 베른	삼성출판사
	1. 작품 속 인물과 나	구멍난 벼루 : 김정희와 허련의 그림 이야기	배유안	토토북
		노래의 자연	정현종	시인생각
		아낌없이 주는 나무	셸 실버스타인	분도출판사
		열두 사람의 아주 특별한 동화	송재찬	파랑새어린이
		의병장 윤희순	정종숙	한솔수북
		이모의 꿈꾸는 집	정옥	문학과지성사
		주시경	이은정	비룡소
		세상에서 가장 가난한 대통령 무히카	전지은	을파소
	2. 관용 표현을 활용해요	고사성어 말꼬리 잡기 101	김종상	북멘토
		국어실력에 날개를 달아주는 우리말 : 관용구	문향숙	계림북스
		귀가 번쩍 관용어, 무릎을 탁! 국어왕	김현영	상상의집
		도대체 뭐라고 말하지? : 알쏭달쏭 관용 표현	곽영미	한솔수북
		스토리텔링 초등 우리말 교과서 3 : 굳어진 문장(관용구 속담)	김일옥	북멘토
		유행어보다 재치있는 100대 관용어 고사성어	한상남	삼성출판사
		이해력이 쑥쑥 교과서 관용구 100	김종상	아주좋은날
		하루 한 장 관용어 따라쓰기	레드오렌지 콘텐츠	레드오렌지
	3. 타당한 근거로 글을 써요	사회 선생님이 들려주는 공정 무역 이야기	전국사회교사모임	살림출판사
		생각 깨우기	이어령	푸른숲주니어
		지구촌 아름다운 거래 탐구 생활	한수정	파란자전거
		공부가 되는 일등 멘토의 명연설	글공작소	아름다운사람들
		넓게 보고 깊게 생각하는 논술 교과서 : 주장과 근거	최영민	분홍고래
		바디맵으로 술술 초등 논술영재 되기	이명자	연두세상
		어린이를 위한 말하기 7법칙	최효찬	주니어김영사
		초등논술일기	권혜진	파란정원

교과	단원	책 제목	지은이	출판사
국어 6-2 가	4. 효과적으로 발표해요	어린이를 위한 대화 발표의 기술	서지원	위즈덤하우스
		교과연계 자기주도형 체험학습 보고서쓰기	서유리	아주큰선물
		자라는 어린이 잘하는 어린이 1 신문편	박세준	인물과사상사
		나는야 프레젠테이션 발표왕	박민영	한스미디어
		나만의 체험활동 포트폴리오	어린이동아	어린이동아
		내가 뉴스를 만든다면? – 토토 사회 놀이터	손석춘	토토북
		스토리텔링 발표왕 : 아나운서 김채현 선생님과 함께하는	김채현	보랏빛소
국어 6-2 나	연극단원	배낭을 멘 노인	박현경	대교북스주니어
	5. 글에 담긴 생각과 비교해요	쉽게 읽는 백범 일지	김구	돌베개
		장복이, 창대와 함께 하는 열하일기	강민경	한국고전번역원
		내 왼편에 서 줄래?	장성자	문학과지성사
		봄 여름 가을 겨울 그리고 어린이	염희경	산하
		사로국 명탐정과 황금보검 도난 사건	손주현	파란자전거
		정민 선생님이 들려주는 고전 독서법	정민	보림
		회의 · 토론, 어디까지 아니?	김윤정	고래가숨쉬는 도서관
	6. 정보와 표현 판단하기	헤밍웨이 테마 위인 58 오리아나 팔라치	정은	한국헤밍웨이
		여기는 취재 현장	신옥희	사계절
		특종! 수상한 기자들	다비드 그루아종	노란상상
	7. 글 고쳐 쓰기	아트 & 맥스	데이비드 위즈너	베틀북
		교감으로 시작하는 독서록	이슬	타임주니어
		동화로 통찰하라! 낙서장	이경애	낙서당
		마음을 열어 주는 글쓰기 상자	김종미	소울키즈
		명문대 합격 글쓰기	진순희	초록비책공방
		쌍둥이네 가족의 좌충우돌 일기 쓰기 : 초등 글쓰기가 대학을 결정한다	김기은	봄풀출판
		일하는 아이들 –이오덕의 글쓰기 교육	이오덕	양철북
	8. 작품으로 경험하기	나는 비단길로 간다	이현	푸른숲주니어
		식구가 늘었어요	조영미	청개구리
		나이트북 : 밤의 이야기꾼	J. A. 화이트	위니더북
		바다 마법서	장자화	보림
		안녕, 명자	장경선	리틀씨앤톡
		짝짝이 양말	황지영	웅진주니어

6학년 수학·사회 교과서수록도서 & 교과연계도서

교과	단원	책 제목	지은이	출판사
수학 6-1	공통	개념 잡는 초등수학 사전	커스틴 로저	주니어김영사
		눈으로 배우는 수학	어린이 클럽	이너북주니어
		백점왕 만드는 절대어휘 수학·과학	박수미	다락원
		수학 선생님도 궁금한 101가지 초등 수학 질문사전	김남준	북멘토
		이것이 수학이다	플로랑스 피노	베틀북
		지금하자 개념 수학	강미선	휴먼어린이
		초등수학 개념사전	심진경	아울북
		초등수학 핵심용어	함기석	다봄
	1. 각기둥과 각뿔	수학 종이접기	오영재	종이나라
		천하무적 창의수학 연구소 4 : 입체도형	한헌조	보랏빛소
	2. 분수의 나눗셈	매스 히어로와 분수녀석들	린다 포울리	조선북스
		조각조각 분수	정완상	이치사이언스
	3. 소수의 나눗셈	마지막 수학전사 1 : 이집트 신들의 문제를 풀다	서지원	와이즈만북스
		분수와 소수 이야기 : 그림으로 배우는 초등수학 교과서	고와다 마사시	지브레인
	4. 비와 비율	로미오와 줄리엣이 첫눈에 반할 확률은?	김원섭	뭉치
		마법을 파는 가게	아나 알론소	알라딘북스
		비 비율, 거기 셋	홍선호	북멘토
	5. 원의 넓이	생활에서 발견한 재미있는 수학55	에릭 요다	뜨인돌어린이
		원	캐서린 셸드릭 로스	비룡소
		원주율의 정체를 밝혀라	홍선호	지경사
	6. 직육면체의 겉넓이와 부피	마지막 수학전사.3	서지원	와이즈만북스
		초등수학교과서: 도형편	초등수학을 즐기는모임	베이직북스
수학 6-2	1. 분수의 나눗셈	분수 넌 내 밥이야	강미선	북멘토
		분수와 소수	로지 디킨스	어스본코리아
		분수의 변신	에드워드 아인혼	키다리
		판타지 수학대전 5 : 분수의 계산법	그림나무	주니어RHK
	2. 소수의 나눗셈	몬스터 마법수학 7 : 화성 탈출(상)	정완상	경향에듀
		분수와 소수 이야기	고와다 마사시	Gbrain
	3. 공간과 입체	쌓기나무, 널 쓰러뜨리마!	강미선	북멘토
		피에트 하인이 만든 쌓기나무 익히기	김태완	자음과모음

교과	단원	책 제목	지은이	출판사
수학 6-2	4. 비례식과 비례배분	비례배분으로 보물섬을 발견한 해적 실버	박신식	동아엠앤비
		자연의 아름다운 규칙을 수학적으로 표현하는 비례식	안재찬	아이오비엠에스
	5. 원의넓이	생활에서 발견한 재미있는 수학55	에릭 요다	뜨인돌어린이
		원주율의 정체를 밝혀라	홍선호	지경사
		지금 하자! 개념 수학 4 : 측정, 함수	강미선	휴먼어린이
	6. 원기둥, 원뿔, 구	몬스터 마법수학 8 : 지구 최후의 날(상)	정완상	경향에듀
		반원의 도형 나라 모험	안소정	창비
사회 6-1	1. 새로운 사회를 향한 움직임	내일을 위한 경제와 환경	한재윤	한겨레아이들
		대한 독립 만세	홍은아	노란돼지
		독립운동가로 보는 한국 근대사 독립운동 스타실록	최설희	상상의집
		선생님, 대한민국은 어떻게 시작되었나요?	배성호	철수와영희
		우리가 잊지 말아야 할 독립운동가 2 : 안중근	송년식	파랑새
		처음 배우는 3 · 1 운동과 임시 정부 – 한 뼘 더 역사 01	박세영	북멘토
		한국사 뛰어넘기. 6 : 광복부터 대한민국의 발전까지	김란향	열다
	2. 우리나라의 정치 발전	초등학생을 위한 맨처음 한국사 4 : 근대의 시작부터 일제의 침략까지	전국역사교사모임	휴먼어린이
		4.19 혁명으로 이룬 민주주의	김한종	통큰세상
		대한민국 정부가 세워지다	김한종	통큰세상
		생각을 열어 주는 사회가치사전	구민정	고래이야기
		순간포착! 한국사 명장면 3 : 근대와 현대	이광희	생각을담는어린이
		왜 5.18 제대로 모르면 안 되나요?	이이리	참돌어린이
	3. 우리나라의 경제 발전	100년 전 우리는	김영숙	토토북
		광복군 할아버지가 들려주는 태극기 이야기	신현배	가문비어린이
		그림으로 보는 한국사 5 : 조선의 개항부터 현대까지	황은희	계림북스
		역사공화국 한국사법정 57 : 왜 4.19 혁명이 일어났을까	박은화	자음과모음
		이해력이 쑥쑥 교과서 사회 · 경제 용어 100	조시영	아주좋은날
		처음으로 만나는 한국사 5 : 개화기부터 현대까지	강응천	녹색지팡이

6학년 사회·과학 교과서수록도서 & 교과연계도서

교과	단원	책 제목	지은이	출판사
사회 6-2	1. 세계 여러 나라의 자연과 문화	100가지 사건으로 쉽게 보는 세계사	롭 로이스	어스본코리아
		거인의 나라로 간 좌충우돌 탐정단	정경원	하루놀
		놀면서 떠나는 세계 문화 여행	레베카 길핀	그린북
		다문화 세계 국기 여행하기	배수현	가나북스
		둥글둥글 지구촌 지리 이야기	박신식	풀빛
		문학으로 배우는 세계사	심중수	봄볕
		세계 나라 사전	테즈카 아케미	사계절
		열 살에 꼭 알아야 할 세계사	황근기	나무생각
		지도 펴고 세계 여행 : 입체 지도로 보는 세계 여러 나라	이응곤	책읽는곰
		초등학생이 알아야 할 세계사 100가지	로라 코완외	어스본코리아
		한눈에 들어오는 세계지리	신영란	한국슈바이처
	2. 통일 한국의 미래와 지구촌의 평화	어린이를 위한 정치란 무엇인가	이은재	주니어김영사
		독도가 우리 땅인 이유 33가지	참어린이독서 연구원	세용
		렛츠 통일 : 치유와 통합 : 초등학생이 꼭 알아야 할 통일 이야기	건국대학교 통일 인문학연구단	씽크스마트
		세계 어린이 인권 여행	아렌트 판 담	별숲
		재미있는 선거와 정치 이야기	조항록	가나출판사
	3. 인권 존중과 정의로운 사회	모두섬 이야기 : 세계화는 지구를 행복하 게 만드는가?	오진희	내인생의책
		어린이를 위한 인권 이야기	이해진	파라주니어
		우리 아빠는 행복한 노동자예요	유혜진	책읽는달
		지구촌 곳곳에 너의 손길이 필요해	예영	뜨인돌어린이
		피노키오에게도 인권이 있을까?	행복한 공부연구소	플러스예감
		혐오와 인권	장덕현	풀빛
과학 6-1	1. 과학자처럼 탐구해볼까 요?	우리 집 구석구석 원소를 찾아라!	마이크 바필드	원더박스
		화학의 아버지 라부아지에	맹은지	와이즈만북스
	2. 지구와 달의 운동	달 : 지구의 하나뿐인 위성	최영준	열린어린이
		맛있는 과학 36 : 지구와 달	정효진	주니어김영사
		별아저씨의 별난 우주 이야기1 : 달과 지구	이광식	들메나무
	3. 여러가지 기체	6학년이 만나는 과학	정은미	글사랑
		기체의 비밀을 밝힌 보일	류상하	와이즈만북스
		노벨 아저씨네 미스터리 팡팡센터	김하은	주니어김영사

교과	단원	책 제목	지은이	출판사
과학 6-1	4. 식물의 구조와 기능	변화무쌍 공기의 비밀	프티 데브루야르 협회	파란자전거
		자연 생태 개념 수첩	노인향	자연과생태
		초등과학 개념짱 생물	최재훈	기탄교육
		초등학생을 위한 자연과학 365 1학기	자연사학회연합	바이킹
	5. 빛과 렌즈	과학을 훔친 수상한 영화관	서지원	뭉치
		반사하고 굴절하는 빛	정완상	이치사이언스
		브리태니커 만화 백과 – 빛과 소리	봄봄 스토리	아이세움
		사진 : 세상을 찰칵	로라 베르그	다림
		세상을 꾸민 요술쟁이 빛	오채환	웅진주니어
과학 6-2	1. 전기의 이용	반짝반짝 마을의 전기 실종 사건	이지윤	한국셰익스피어
		슝 달리는 전자 흐르는 전기	곽영직	웅진주니어
		실험으로 배우는 어린이 전자공학	외위빈 뉘달 달	뭉치
		찌릿찌릿 통하는 전기	정완상	이치사이언스
	2. 계절의 변화	내 이름은 태풍	이지유	웅진주니어
		맛있는 과학 30 : 계절, 낮과 밤	민주영	주니어김영사
		알쏭달쏭 과학 아카데미	토마스 데 파도바	알라딘북스
		통째로 빙빙 돌고 도는 태양계	미셸 프란테스코니	개암나무
	3. 연소와 소화	촛불 아저씨의 두 얼굴 : 연소와 소화	음인혜	한국셰익스피어
		밑줄 쫙! 교과서 과학실험노트	서울과학교사모임	국민출판
		화르르 뜨겁게 타오르는 불	성혜숙	웅진주니어
		뜨끈뜨끈 온돌	김준봉	한국톨스토이
	4. 우리 몸의 구조와 기능	내 몸과 마음을 지휘하는 놀라운 뇌 여행	댄 그린	사파리
		내 몸 사용 설명서	이승진	꿈꾸는사람들
		먹는 과학책	김형자	나무야
		사람 백과사전	메리 호프만	밝은미래
		우리 몸을 흐르는 피와 혈액형	백은영	뭉치
		초등학생이 알아야 할 우리 몸 100가지	알렉스 프리스	어스본코리아
	5. 에너지와 생활	두 얼굴의 에너지, 원자력	김성호	길벗스쿨
		브리태니커 만화 백과 : 힘과 에너지	봄봄 스토리	미래엔아이세움
		에너지를 지켜라!	정성현	꿈터
		지구별을 지키는 미래 에너지를 찾아라!	오윤정	크레용하우스
		태양이 주는 생명 에너지	몰리 뱅	웅진주니어

초등용 독후 활동지

다음의 자료들은 제가 학교 현장에서 실제 사용 중인 다양한 독후 활동지 중에서 아이들이 쉽고 재미있게 잘 따라하는 것들로 고른 것입니다. 독후 활동지는 학년 구분으로 나누지 않고 난이도에 따라 크게 1~3단계로 구성하였습니다. (각 활동명 앞 별표 표시로 구분해 두었습니다.)

독후 활동은 가급적 쉬운 것부터 시작하는 것이 좋습니다. 또 아이들마다 독서 수준, 독서 흥미, 학습 습관 등의 차이가 있기 때문에 특성에 따라서 순서 없이 아이가 좋아할 만한 활동을 골라 적용하는 것이 효과적입니다. 그림 그리는 것을 선호하는 친구는 그림 그리기 활동으로 먼저 시작하고, 글 쓰는 것을 어려워하는 친구는 매일 1줄 쓰기부터 시작하는 것도 좋습니다. 책을 싫어하는 아이도 자신이 흥미가 있는 아이템을 다룬 책이나 예전에 재미있게 읽었던 책을 다시 보고 독후 활동을 하면 즐겁게 참여할 수 있습니다. 아울러 지속적인 독서 습관을 위해 매월 독서 달력을 작성하거나 독서 기록 카드에 기록하는 것을 권합니다. 여기에 실은 독후 활동지 외에도 여러 출판사, 대한어린이출판연합회, 어린이책사랑모임 등의 홈페이지에서 다양한 자료를 공유하고 있으니 두루 참고하여 활용하시기 바랍니다.

초등 하루 10분 책 읽기

골든타임
독서 기록 카드

독서 목표량 【   】권

학년   반

이름:

Books 슬기로운 독서 생활

1️⃣ 등을 구부리거나 고개를 너무 숙여서 읽지 않아요.

2️⃣ 책과 눈 사이에는 30cm 이상 거리를 두어요.

3️⃣ 너무 어두운 곳에서 읽지 않아요.

4️⃣ 여럿이 독서할 때 다른 사람에게 방해가 되지 않도록 해요.

5️⃣ 책을 읽는 도중에 중요한 대목이나 구절은 독서록에 기록하고
독후감을 써서 남기면 좋아요.

6️⃣ 좋은 책은 다른 친구들에게도 알려주어 돌려 읽으면 기쁨이 더 커져요.

7️⃣ 책을 꺼낼 때나 집어넣을 때 아주 소중하게 다루어요.

8️⃣ 책 속에 그려진 그림과 글을 연결하여 읽어보도록 해요.

(   )의 독서 다짐

◉ 기 간: 20   년   월   일 ~ 20   년   월   일

★나는 매일 (   )분 이상 독서를 하겠습니다.

★나는 1년 동안 (   )권의 책을 읽겠습니다.

☞독서 활동 기록물을 잘 정리하여 실천 증거로 제출하겠습니다.

(   )와의 독서 약속을 반드시 실천하겠습니다.

20   년   월   일

이름

독서 기록표

순서	책 제목	읽은 날	몇 번 읽었나요?	부모님 확인
			☆ ☆ ☆	
			☆ ☆ ☆	
			☆ ☆ ☆	
			☆ ☆ ☆	
			☆ ☆ ☆	
			☆ ☆ ☆	
			☆ ☆ ☆	
			☆ ☆ ☆	
			☆ ☆ ☆	
			☆ ☆ ☆	
			☆ ☆ ☆	
			☆ ☆ ☆	
			☆ ☆ ☆	
			☆ ☆ ☆	
			☆ ☆ ☆	

부모님 칭찬 한마디:

기적의 1줄 쓰기

※ 책을 읽고 새롭게 알게 된 사실이나 느낌, 가장 기억에 남는 문장을 써보세요.

날짜	책 제목		확인
/			

날짜	책 제목	
/		

날짜	책 제목	
/		

날짜	책 제목	
/		

날짜	책 제목	
/		

★☆☆

생각그물로 나타내기(1)

쓴 날짜	년 월 일 요일	출판사	
책 제목		지은이	
생각 열기	❤책의 제목이나 글감 또는 주제를 종이의 한가운데에 씁니다. ❤눈을 감고 잠시 생각을 합니다. 마음속에서 순간적으로 떠오르는 생각들을 그물처럼 적습니다. ❤생각은 선과 화살표를 이용하여 연결하세요.		

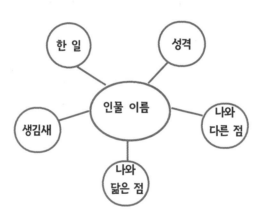

🧑 책을 읽고 떠오른 생각이나 느낌을 써봅시다.

★☆☆

생각그물로 나타내기(2)

쓴 날짜	년 월 일 요일	출판사	
책 제목		지은이	

생각 열기	♥책을 읽고 난 후 책 제목과 작품과 관련된 내용으로 생각을 떠올립니다. ♥가운데 부분에 책 제목을 쓰고 책 내용과 관련된 생각이나 단어를 자유롭게 가지를 뻗어나가세요. 간단한 기호나 그림으로 표현해도 됩니다. ♥떠오른 생각은 선과 화살표를 이어가며 연결하세요.

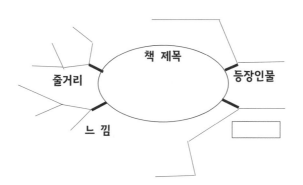

★☆☆　　　그림이 있는 이야기

쓴 날짜	년　월　일　요일	출판사	
책 제목		지은이	
생각 열기	❤책을 읽고 가장 인상 깊은 장면을 생각하여 그림으로 표현해보세요.		

🦉 가장 기억에 남는 장면을 그려보세요.

🦉 위 그림은 어떤 장면인가요? 이 그림을 그린 이유를 써보세요.

★☆☆ 네 컷 독서 만화

쓴 날짜	년 월 일 요일	출판사	
책 제목		지은이	

생각 열기	❤책을 읽고 나서 어떤 장면이 가장 기억에 남나요? ❤책 속 주인공 또는 나오는 등장인물이 무슨 말과 행동을 했나요? ❤재미있거나 인상 깊은 부분을 <u>네 장면</u>으로 나누어 만화로 그려보세요.

①

②

③

④

내가 좋아하는 주인공 캐릭터

쓴 날짜	년 월 일 요일	출판사	
책 제목		지은이	
생각 열기	❤책을 읽고 나서 내가 제일 좋아하는 인물이나 주인공은 누구인가요? ❤주인공의 특징은 어떤 점이 있나요? ❤인물의 캐릭터를 그리고 말주머니를 넣어 간단하게 소개해보세요.		

👻 주인공을 가장 크게 그리고 다른 인물들은 주인공보다 작게 그리세요.

👻 위 주인공을 그린 이유를 써보세요.

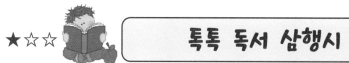

★☆☆ **톡톡 독서 삼행시**

쓴 날짜	년 월 일 요일	출판사	
책 제목		지은이	

생각 열기	❤책 제목, 주인공 이름의 첫 글자를 따서 재미있게 말을 만들어보세요. ❤책을 읽고, 인물이나 책 제목, 내용과 관련 있는 낱말을 떠올립니다. 삼행시 짓기에 적절한 낱말을 선택합니다. 글자 수에 따라 '삼행시' '사행시' '오행시' 등이 됩니다. ❤시를 쓸 때에는 가능한 한 작품과 관련된 내용을 쓰는 것이 좋습니다. ❤문장끼리 뜻이 이어져 하나의 내용이 되도록 써보세요.

★☆☆ 주인공 칭찬 상장 주기

쓴 날짜	년 월 일 요일	출판사	
책 제목		지은이	
생각 열기	❤책을 읽고 내가 마음에 드는 주인공(등장인물)을 떠올려보세요. ❤주인공의 작은 것이라도 칭찬할 점을 찾아보고, 상을 주는 이유를 잘 써보세요. ❤작품 속에 나오는 여러 인물들 모두를 칭찬한 다음 모두에게 상장을 주어도 됩니다.		

🦋 주인공 또는 나오는 인물의 칭찬할 점 🦋

1	
2	
3	

호

상 장

이 름 :

위 (   )은

하였기에 이 상장을 줍니다.

20   년   월   일

(   )학년 (   )반   (인)

★☆☆  자음과 모음을 찾아라!

쓴 날짜	년 월 일 요일	출판사	
책 제목		지은이	
생각 열기	♥오늘 내가 읽은 책에서 새롭게 알았거나 마음에 드는 낱말이 있었나요? ♥기억하고 싶은 낱말을 6개 찾아 써보세요. ♥찾은 낱말을 자음과 모음으로 찾아서 써보세요.		

🦉 책을 다시 읽으면서 자신의 마음에 드는 낱말을 6개 써보세요.

① _____ ④ _____
② _____ ⑤ _____
③ _____ ⑥ _____

🦉 위에 찾은 낱말을 자음과 모음으로 찾아서 각각 써보세요.

자음	모음
①	①
②	②
③	③
④	④
⑤	⑤
⑥	⑥

★☆☆ **기억에 남는 낱말 빙고게임**

쓴 날짜	년 월 일 요일	출판사	
책 제목		지은이	

생각 열기	❤책을 읽으면서 기억에 남는 낱말을 찾아보세요. ❤등장인물 이름이나 흉내 내는 말이나 새롭게 알게 된 낱말도 좋습니다. ❤가족이나 친구와 함께 낱말을 쓰고 나서 낱말 빙고게임을 해보세요.

★ ☆ ☆

흉내 내는 말을 찾아라!

쓴 날짜	년 월 일 요일	출판사	
책 제목		지은이	
생각 열기	❤내가 읽은 책에서 소리나 모양을 흉내 내는 말을 실감나게 읽어보세요. ❤책을 다시 한 번 읽으면서 흉내 내는 말을 8개 찾아 써보세요. ❤찾은 흉내 내는 말 중에 한 낱말을 골라 짧은 문장을 만들어보세요.		

🦉 책을 다시 읽으면서 흉내 내는 말을 8개 찾아 써보세요.

①	②
③	④
⑤	⑥
⑦	⑧

🦉 위에 찾은 흉내 내는 말을 가지고 짧은 문장을 만들어보세요.

흉내 내는 말을 넣어 문장 만들기

감동 가득 독서 달력

★☆☆

쓴 날짜	년 월 일 요일	출판사	
책 제목		지은이	

생각 열기	❤내가 읽은 책 중에서 마음에 드는 책표지나, 인상 깊었던 장면을 그려봅시다. ❤매월 달력에 맞게 날짜를 쓰고, 날짜 칸에 읽은 책 제목을 써보세요. ❤매월 말 독서 결과 계획을 잘 실천했는지 기록합니다.

🦉 감동 깊은 장면을 그렸어요.

🦉 그림의 내용은…

요일 단계	일	월	화	수	목	금	토
☺							
☺							
☺							
☺							
☺							

▶독서 결과		계 획	권	실 천	권
▶반성 및 다음 달 계획					

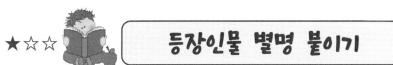

★ ☆ ☆ 　　　**등장인물 별명 붙이기**

쓴 날짜	년 월 일 요일	출판사	
책 제목		지은이	
생각 열기	❤오늘 내가 읽은 책 속에 나오는 인물들의 특징이나 성격을 떠올려보세요. ❤그 인물들에게 적당하면서 특이한 별명을 이유나 까닭을 생각하면서 붙여보세요. ❤책 속에 나오는 인물은 사람뿐 아니라 사물, 동물, 식물도 가능합니다.		
	별 명	왜? (이유나 까닭)	

인 물　　별 명　　**별명의 까닭**

인 물　　별 명　　**별명의 까닭**

인 물　　별 명　　**별명의 까닭**

★ ☆ ☆　　　　　등장인물 칭찬 선물 주기

쓴 날짜	년　　월　　일　　요일	출판사	
책 제목		지은이	
생각 열기	❤책을 읽으면서 등장인물 중에서 선물을 주고 싶은 사람을 생각해보세요. ❤주인공에게 주고 싶은 선물을 생각하여 가장 어울리는 선물을 주고 선물 주는 이유를 써보세요. ❤선물을 그림으로 그리거나 신문 또는 잡지에서 찾아 오려 붙여도 됩니다.		

🐦 선물을 주고 싶은 사람:

🐦 내가 주고 싶은 선물:

🐦 선물을 주는 이유(까닭):

★☆☆

다섯 고개 퀴즈

쓴 날짜	년 월 일 요일	출판사	
책 제목		지은이	

생각 열기	❤재미있게 읽은 책 내용으로 다섯 고개 퀴즈를 만들어봅시다. ❤읽은 내용 중에 중요한 내용을 생각해보세요. ❤다섯 고개 문제를 만들어 가족과 같이 문제를 풀어보세요.

한 고개 :

정답 ⇒

두 고개 :

정답 ⇒

세 고개 :

정답 ⇒

네 고개 :

정답 ⇒

다섯 고개 :

정답 ⇒

짧은 글 짓기

쓴 날짜	년 월 일 요일	출판사	
책 제목		지은이	

생각 열기	❤책을 읽고 나서 기억에 남는 낱말을 넣어 짧은 문장을 써봅시다. ❤기억에 남는 낱말을 4개 골라 써봅니다. ❤낱말을 넣어 책을 읽고 난 느낌을 짧은 글로 문장을 써보세요.

★ ☆ ☆

책 속의 명대사!

쓴 날짜	년 월 일 요일	출판사	
책 제목		지은이	
생각 열기	❤책을 읽으면서 감동을 주었거나 기억에 남는 명대사나 글귀를 적어봅시다. ❤이 구절을 명대사로 뽑은 이유를 적어봅시다. ❤이 명대사나 글귀를 어떤 상황의 누구에게 말해주고 싶은지 적어봅시다.		

기억해두고 싶은 글귀	기억하고 싶은 이유

★★☆　　　　　　**다시 태어난 책 표지**

쓴 날짜	년 월 일 요일	출판사	
책 제목		지은이	
생각 열기	❤재미있게 읽은 책을 준비하여 나만의 표지를 다시 만들어봅시다. ❤책 제목, 지은이(글쓴이), 그린이, 출판사 등을 써넣습니다. 책 제목도 같이 바꿔도 됩니다. ❤표지에 나와 있는 장면도 함께 그려서 책 표지를 꾸밉니다.		

★★☆

시인이 되어

쓴 날짜	년 월 일 요일	출판사	
책 제목		지은이	

생각 열기	♥책의 줄거리나 감동적인 장면을 담아 동시를 쓰고 어울리게 그림을 그려보세요.
	♥동시 제목, 중심 내용과 글감은 무엇으로 나타낼까요? 몇 개의 연으로 나눌까요? 시
	  배경은 어떤 곳으로 할까요? 생각해보세요.
	♥책의 내용이 잘 드러나도록 줄거리를 동시로 나타내봅시다. 동시에 어울리는 그림도
	  그려보세요.(색연필, 사인펜, 파스텔, 색종이, 나뭇잎 등을 이용하여 꾸며보세요.)		

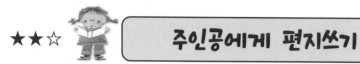

주인공에게 편지쓰기

★★☆

쓴 날짜	년 월 일 요일	출판사	
책 제목		지은이	

생각 열기	❤주인공(등장인물)에게 하고 싶었던 말을 편지글로 말하듯이 써봅시다. 책을 읽고 가장 기억에 남는 인물을 선택하세요. ❤선택한 인물에게 하고 싶은 말, 배울 점 등을 예쁜 글씨로 편지를 써보세요. ❤편지 형식: 받는 사람 → 첫인사 → 책을 읽게 된 동기 → 하고 싶은 말(내용, 재미있거나 감동적인 장면, 나의 생각이나 느낌 등) → 끝인사 → 보내는 사람

To.

년   월   일

쑴(올림)   From.

★★☆ 엄마랑 나랑 독서 퀴즈

쓴 날짜	년 월 일 요일	출판사	
책 제목		지은이	
생각 열기	♥내가 읽은 책의 줄거리와 등장인물 등을 이용하여 독서 퀴즈를 만들어봅시다. ♥책 제목 맞추기를 하거나 내가 읽은 책에서 이야기의 내용과 나오는 인물로 독서 　퀴즈를 만들어보세요.(OX퀴즈, 단답형 또는 사지선다형, 서술형 문제도 가능해요.) ♥정답은 아래에 거꾸로 쓰세요.		

	🐦 퀴즈 문제 (책 제목 맞추기 또는 책에 나오는 내용) 🐦
1	
2	
3	
4	
5	
6	
7	
8	

🐦 정 답 🐦			
1		5	
2		6	
3		7	
4		8	

★★☆

기자가 되어 인물 인터뷰

쓴 날짜	년 월 일 요일	출판사	
책 제목		지은이	
생각 열기	❤책을 읽고 인터뷰하고 싶은 인물이 있다면 무슨 대화를 하고 싶은지 생각해보세요. ❤책을 읽으면서 궁금했던 점, 그때의 주인공 마음, 앞으로 어떻게 되었을까? 하는 것들을 주인공에게 질문하세요. ❤기자의 답에 책 속 주인공의 입장이 되어 대답을 씁니다.		

🐧 등장인물은 누구누구인가요?

🐧 어떤 인물에게 질문할 것인가요?

🐧 어떤 질문을 하고 싶은가요? 아래에 질문과 대답을 적어보세요.

🐚 기자의 질문과 주인공의 대답 🐚

★ 질문 1 :

☞ 대답 1 :

★ 질문 2 :

☞ 대답 2 :

★ 질문 3 :

☞ 대답 3 :

지금까지   기자였습니다.

★ ★ ☆

본받고 싶어요

쓴 날짜	년 월 일 요일	출판사	
책 제목		지은이	

생각 열기	❤홀륭한 위인의 어떤 점을 본받고 싶나요? ❤주인공이 한 일, 가장 인상에 남는 사건, 인물의 됨됨이, 내가 배울 점을 정리해봅시다. ❤읽은 책 속의 위인을 만난다면 어떤 말을 하고 싶은지 써보세요.

🤭 위인전의 이름과 읽은 이유?

🤭 위인의 어렸을 때 모습

🤭 위인이 한 일과 하기까지 어떤 노력이 있었나요?

♣ 위인이 한 일:

♣ 위인이 한 노력:

♣ 위인의 성격이나 인물 됨됨이:

🤭 가장 인상에 남는 사건

🤭 나의 생활과 비교해보며 내가 본받고 싶은 점

🤭 위인을 만난다면 어떤 말을 하고 싶나요?

★★☆ 등장인물을 소개해요

쓴 날짜	년 월 일 요일	출판사	
책 제목		지은이	
생각 열기	❤내가 읽은 책의 주인공 중 친구들에게 소개하고 싶은 주인공을 소개해주세요. ❤주인공이 한 일을 떠올리며 주인공의 모습을 그려봅니다. ❤등장인물이 한 일을 소개하거나, 좋은 점을 칭찬해봅시다. 인물 이름, 모습, 성격, 좋아하는 것들, 버릇 등을 소개하는 글을 써봅니다.		

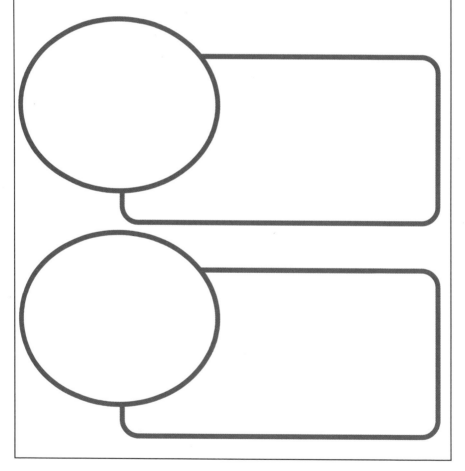

★★☆ **그림이 있는 독서 일기**

쓴 날짜	년 월 일 요일	출판사	
책 제목		지은이	
생각 열기	♥오늘 일기에 남기고 싶은 책이 있나요? 읽은 후 그림일기 형식으로 써보세요. ♥책을 읽게 된 동기, 기억에 남는 장면과 그 이유, 나와 주인공 비교하기, 각오 및 다짐, 느낀 점 등을 중심으로 하여 독서 일기를 써보세요.		

월   일   요일   날씨 ☼ ☁ ☂ ☃

제 목	

이야기가 있는 독서 일기

쓴 날짜	년 월 일 요일	출판사	
책 제목		지은이	
생각 열기	❤오늘 일기에 남기고 싶은 책이 있나요? 읽은 후 일기 형식으로 써보세요. ❤책을 읽게 된 동기, 기억에 남는 장면과 그 이유, 나와 주인공 비교하기, 각오 및 다짐, 느낀 점 등을 중심으로 하여 독서 일기를 써보세요.		

월   일   요일   날씨 ☼ ☁ ☂ ☃

제 목	

forever... *
  * Love..

★★★

뒷이야기가 궁금해!

쓴 날짜	년 월 일 요일	출판사	
책 제목		지은이	
생각 열기	❤내가 읽은 책의 마지막 장면은 어떻게 끝났나요? 내가 작가가 되어 그 뒤에 이어질 이야기를 상상하여 그림을 그려보고 이야기로도 써보세요. ❤인물이나 사건, 배경, 결말 등 무엇을 바꿔 쓸지 생각합니다. 이야기 흐름에 맞게 마음껏 상상해서 표현해보세요. ❤이야기를 바꿔 쓴 후 어떻게 달라졌는지 원래 내용과 비교해봅시다.		

👧 뒷이야기를 상상하여 그림으로 표현해보세요.

👧 나는 이 책의 끝이 이렇게 될 것 같아요.

'만약에...' 이야기 바꿔 쓰기

쓴 날짜	년 월 일 요일	출판사	
책 제목		지은이	
생각 열기	♥이야기 내용을 바꾸고 싶은 책이 있나요? 작가가 되어 내용을 바꾸어봅시다. ♥책을 읽고, 인물이나 사건, 배경, 결말 등 무엇을 바꿔 쓸지 생각합니다. ♥'만약에 ~ 라면 어떻게 되었을 것이다.' 하고 가정하고 써보세요.		

👻 내가 만일 주인공이라면...

⇒

👻 그 때 그 일이 일어나지 않았더라면...

⇒

👻 어떤 인물이 만약 이렇게 했더라면...

⇒

👻 시간이나 장소가 달랐더라면...

⇒

★★★

내가 주인공이라면...

쓴 날짜	년 월 일 요일	출판사	
책 제목		지은이	
생각 열기	❤내가 가장 재미있게 읽은 책을 선택합니다. ❤내가 책 속의 주인공이라면 어떻게 했을지 상상해봅시다. ❤인상 깊은 장면, 감동 받은 부분을 중심으로 내가 주인공이라면 어떻게 했을지 생각 하며 글을 써봅시다.		
만약 ~ 이라면 **(책 속의 상황)**	**어떻게 되었을 것이다, 또는 어떻게 하겠다.** **(나는 어떻게 했을까?)**		

★★★  내가 사랑하는 책

쓴 날짜	년 월 일 요일	출판사	
책 제목		지은이	

생각 열기	❤내가 가장 즐겁게 다시 읽고 싶은 책을 소개해봅시다. ❤책의 줄거리, 마음에 드는 인물, 등장인물 성격(특징), 가장 감동적인 대목, 기억에 남는 장면이나 말, 새로 알게 된 점, 이해되지 않는 부분, 의문점, 소개하는 이유 등을 적어봅시다.

📖 책의 줄거리 :

📖 등장인물 :

📖 가장 감동적인 대목(장면이나 말 등), 새로 알게 된 점, 의문점 등 :

📖 내가 이 책을 좋아하는 이유(소개하는 이유) :

📖 친구에게 한마디 :

★★★ 줄거리 간추리기

쓴 날짜	년 월 일 요일	출판사	
책 제목		지은이	

책의 종류	전래 · 창작 · 명작 · 역사 · 과학 · 위인전기 · 기타
등장인물	

처음	책을 읽게 된 이유와 크게 와닿은 내용	
	주인공 소개	

가운데	감동적이거나 가장 기억에 남는 부분	
	내가 주인공이라면 어떻게 할까?	

끝	느낀 점	

★★★

책 광고하기

쓴 날짜	년 월 일 요일	출판사	
책 제목		지은이	
생각 열기	❤내가 책을 파는 책장수라고 생각하고, 친구들에게 내 책을 광고해보세요. ❤그림과 글을 섞어서 창의적으로 광고해보세요. 어떤 점을 말해주면 친구들이 내 책을 살 수 있을까요? ❤다른 사람이 그 책을 읽어보고 싶도록 재미있는 말을 만들어보세요.		

★★★

노랫말 만들기

쓴 날짜	년 월 일 요일	출판사	
책 제목		지은이	
생각 열기	❤나는 작사가입니다. 내가 읽은 이야기를 노래로 만들어보세요. ❤내가 읽은 책의 내용을 '산토끼'나 '나비야'처럼 잘 아는 노래 멜로디에 맞춰 가사로 적어봅니다. ❤'방울꽃' 노래(4학년 음악 교과서 수록)에 맞추어 가사를 써보고 불러보세요.		

1절: | | | | |

(   )(   )(   )(   )

| | | | |

(   )(   )(   )(   )

2절: | | | | |

(   )(   )(   )(   )

| | | | |

(   )(   )(   )(   )

★★★

책 읽고 주장하는 글쓰기

쓴 날짜	년 월 일 요일	출판사	
책 제목		지은이	

생각 열기	♥책을 읽으면서 주장하고 싶은 내용을 주제로 주장하는 글을 써봅시다. ♥서론, 본론, 결론 형식에 맞추어서 주장하는 글을 써봅시다.

주제		
처음	이 글을 쓰는 까닭 (관심 끌기)	
가운데	근거 (내 의견 말하기) 이유, 근거	
끝	요약 강조	

★★★

독서 감상문

쓴 날짜	년 월 일 요일	출판사	
책 제목		지은이	
생각 열기	❤책을 읽은 후 나의 느낌이나 생각을 자유롭게 적어보세요. ❤책을 읽게 된 동기, 가장 인상 깊은 장면, 나오는 인물에 대한 나의 생각, 새롭게 알게 된 점, 본받을 점, 비판할 점, 나와 주인공 비교하기, 각오 및 다짐, 느낀 점 등을 써보세요. ❤내용이 바뀔 때 문단이 시작될 때 들여쓰기를 하도록 합니다.		

제 목 :

초등 하루10분 독서 독립

초판 1쇄 인쇄 2021년 1월 15일
초판 1쇄 발행 2021년 1월 22일

지은이 박은주
발행인 손은진
개발책임 손승덕
개발 김민정 조연수
제작 이성재 장병미
디자인 이정숙 김나정
서체 사용 KCC무럭무럭, 김포평화제목, 서울한강체M, 서울남산체M
발행처 메가스터디(주)
출판등록 제2015-000159호
주소 서울시 서초구 효령로 304 국제전자센터 24층
전화 1661-5431 팩스 02-6984-6999
홈페이지 http://www.megastudybooks.com
이메일 megastudy_official@naver.com

ISBN 979-11-297-0706-2 03590

메가스터디BOOKS

'메가스터디북스'는 메가스터디㈜의 출판 전문 브랜드입니다.
유아/초등 학습서, 중고등 수능/내신 참고서는 물론, 지식, 교양, 인문 분야에서 다양한 도서를 출간하고 있습니다.